图1-1-12　起绉面料

图1-1-13　凸条面料

图1-1-14　光泽面料

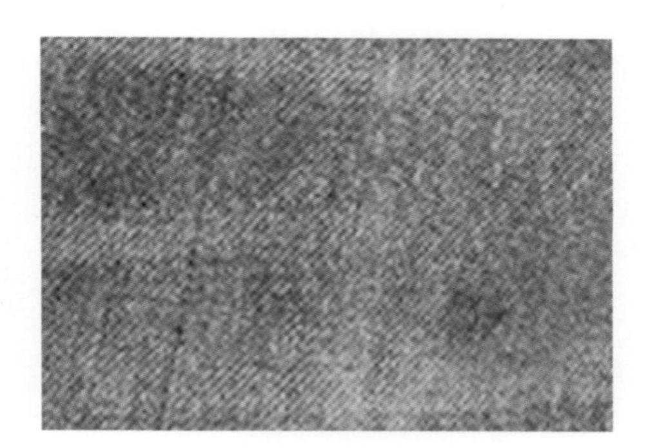

图1-1-15　粗犷面料

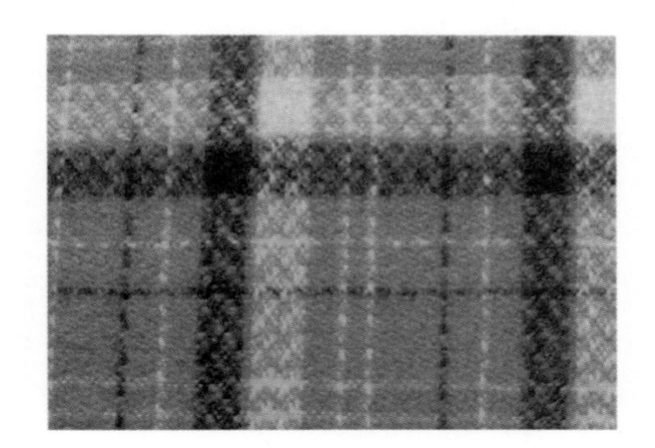

图1-1-16　毛类织物

图1-1-17　麻类织物

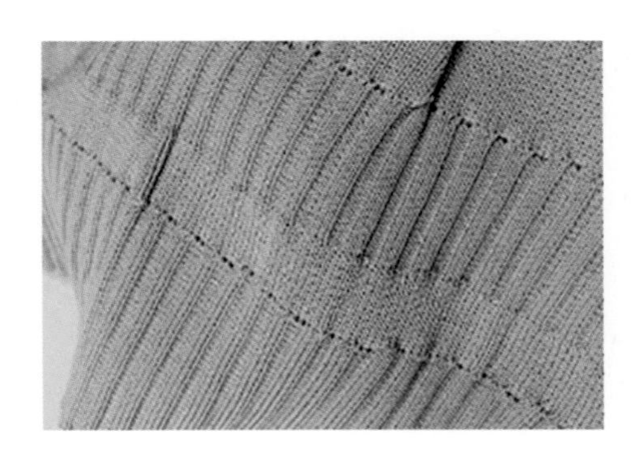

图1-1-18　针织物

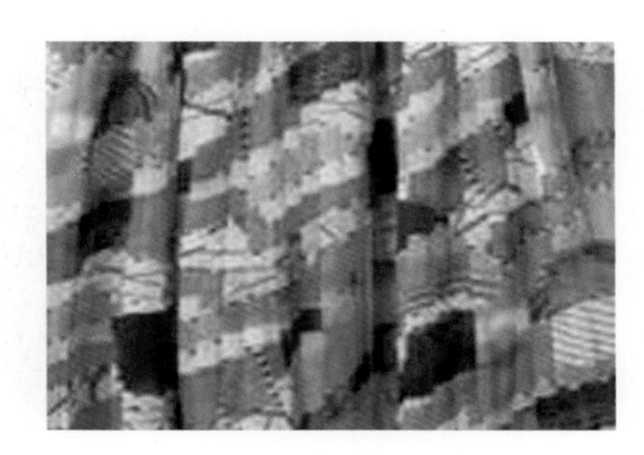

图1-1-19　轻薄类

图1-1-20　厚重类

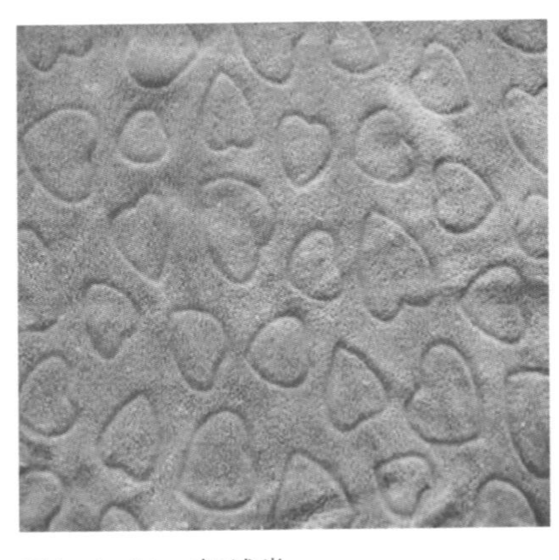

图1-1-21　起绒类

图1-1-22　柔软型面料款式设计

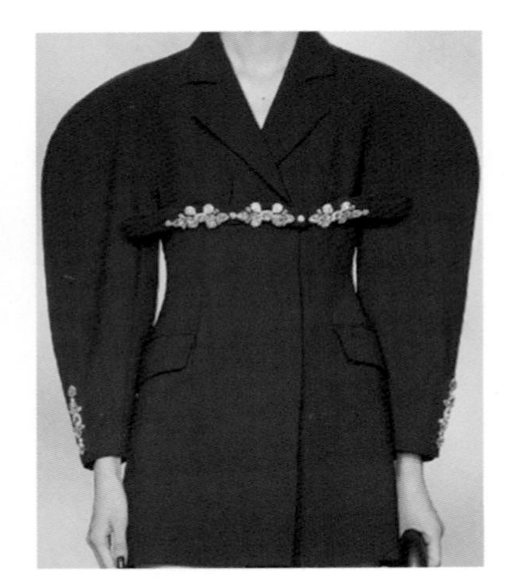

图1-1-23　挺爽型面料款式设计

图1-1-24　光泽型面料款式设计

图1-1-25　厚重型面料款式设计

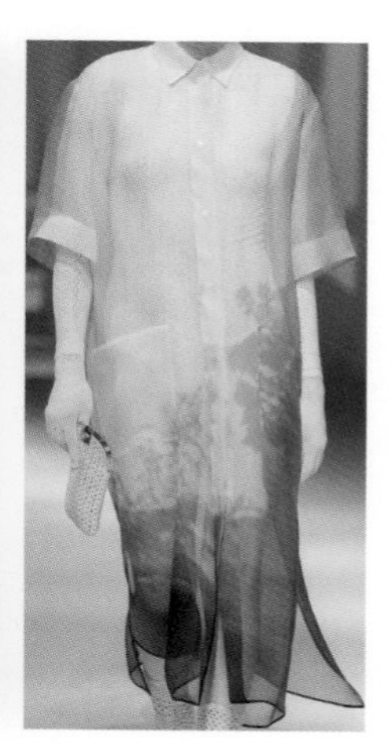

图1-1-26　透明型面料款式设计

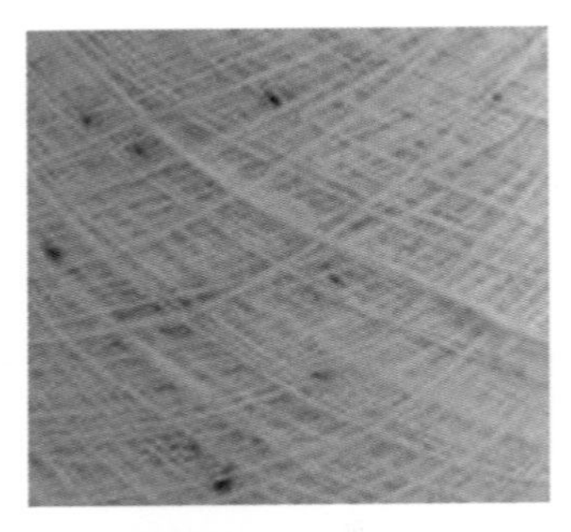

图1-2-17　彩点线

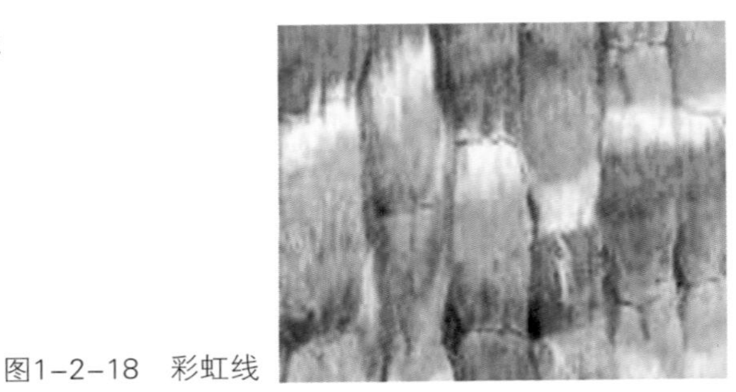

图1-2-18　彩虹线

图1-2-19　圈圈线

图1-2-20　竹节线

图1-2-21　结子线

图1-2-22　金银丝

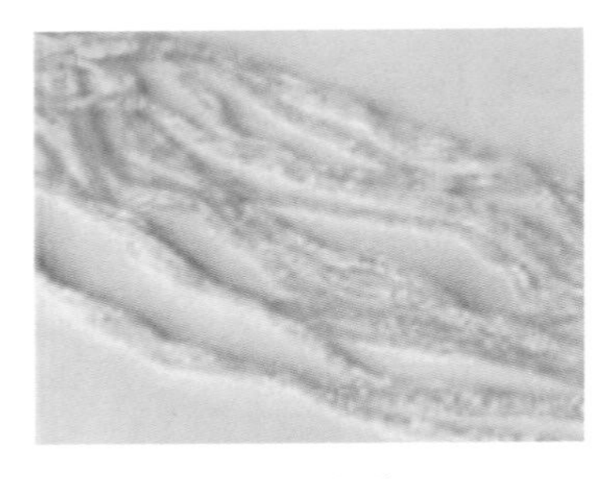

图1-2-23　雪尼尔线

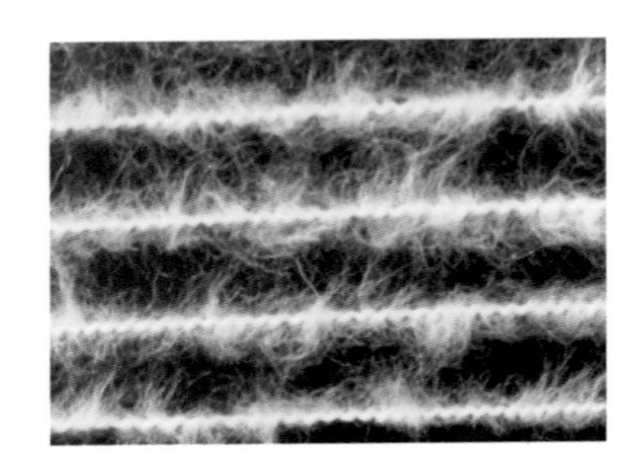

图1-2-24　拉毛线

（a）大肚纱

（b）念珠纱

（c）灯笼纱

（d）桑蚕纱

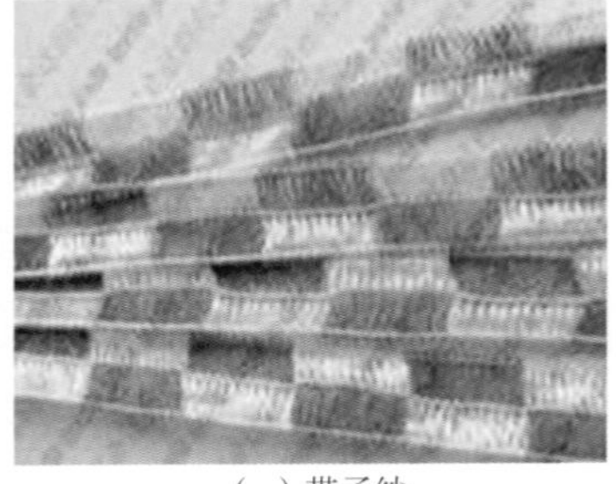

（e）带子纱

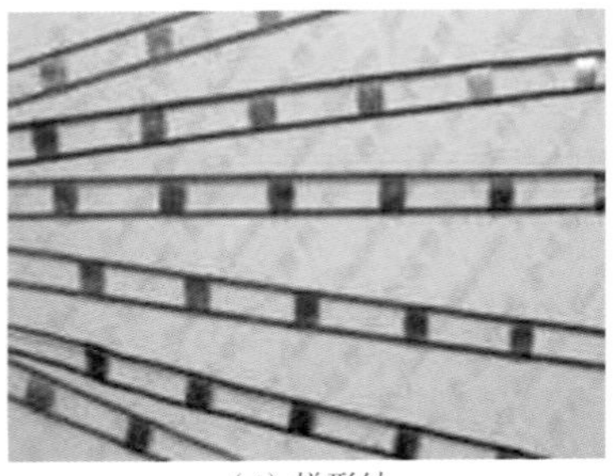

（f）梯形纱

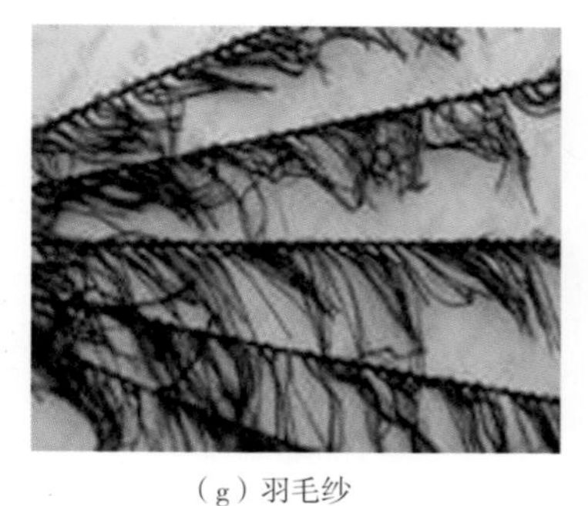

（g）羽毛纱

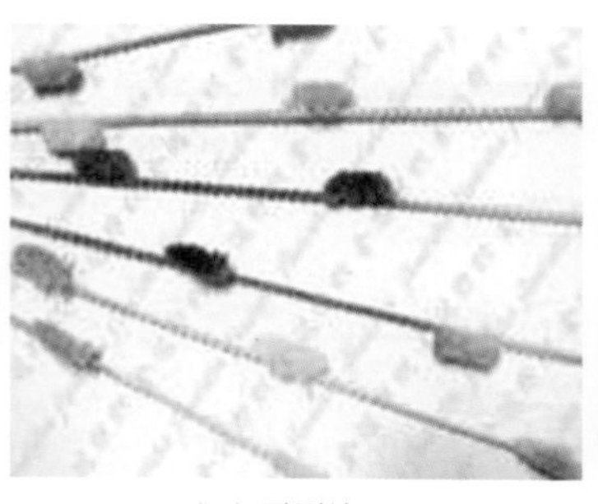

（h）牙刷纱

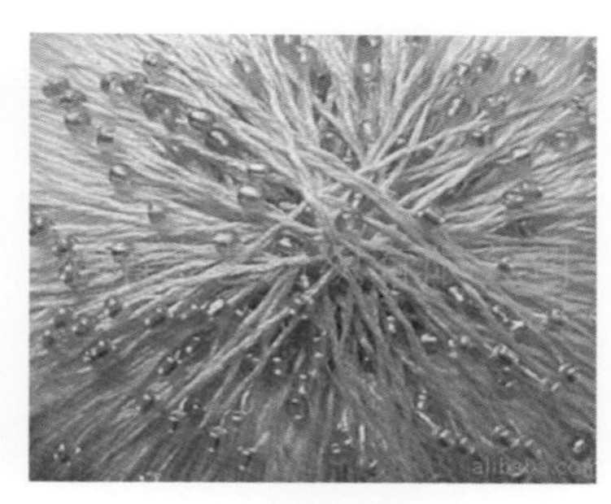

（i）珠管连线纱

图1-2-25　其他花饰线

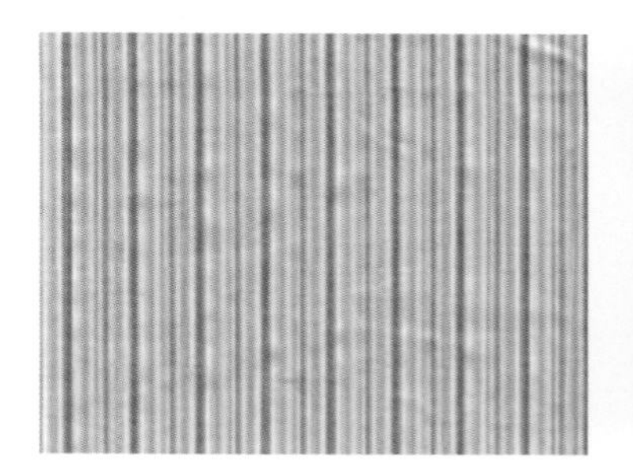

图1-2-49　府绸

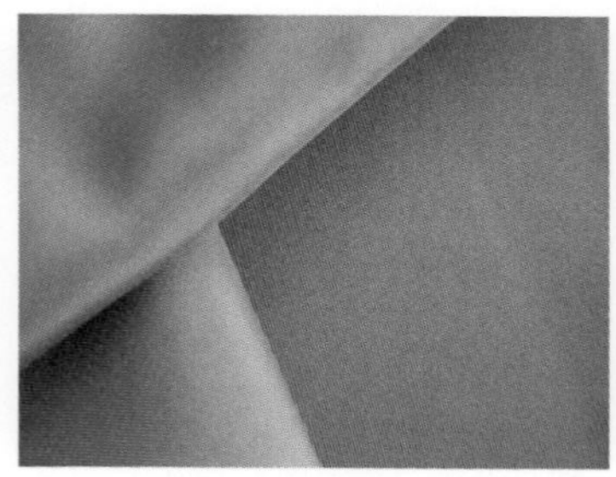

图1-2-50　华达呢

图1-2-51　灯芯绒

图1-2-52　仿麻花呢

图1-2-53　麻/涤绉纱

图1-2-54　麻/涤派力司

图1-2-55　啥味呢

图1-2-56　花呢

图1-2-57　贡呢

图1-2-58　大衣呢

图1-2-59　女式呢

图1-2-60　钢花呢

图1-2-61　电力纺

图1-2-62　乔其纱

图1-2-63　砂洗绸

图1-2-64　织锦缎

图1-2-65　绡类

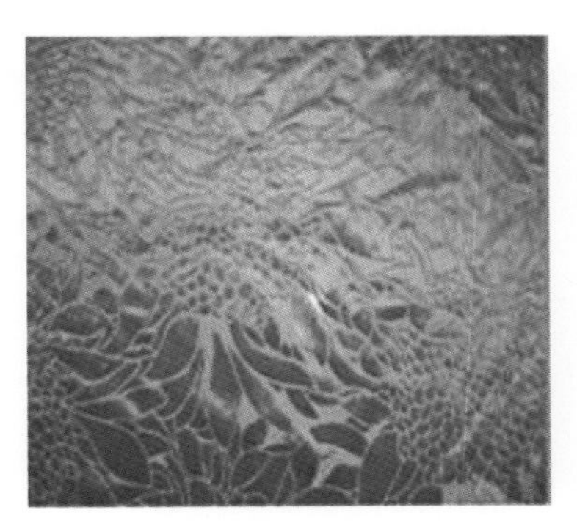

图1-2-66　绒类

图1-4-6　泼墨点缀法

图1-4-7　勾勒深色法

图1-4-8　压印与手绘结合法

图1-4-9　喷染

图1-4-10　浸染

图1-4-11　点染

图1-4-12　蜡染（a）

图1-4-12　蜡染（b）

图1-4-13　泼染

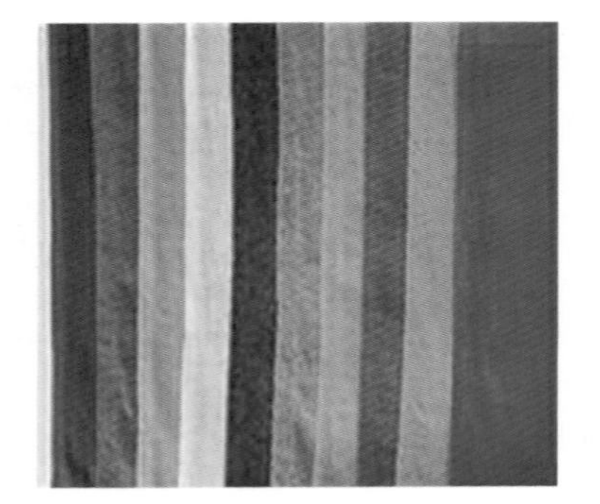

图1-4-14　染色布

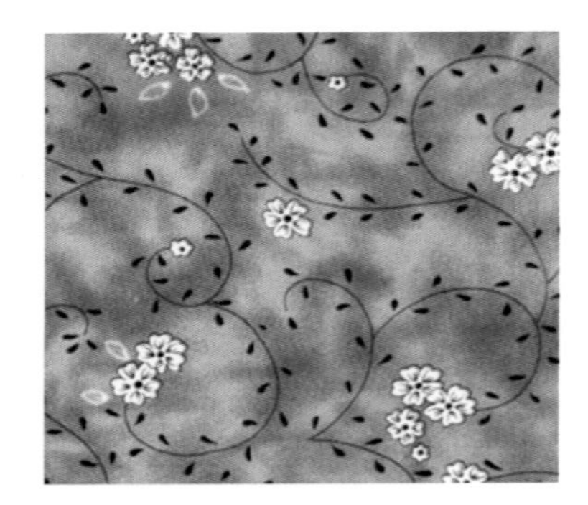

图1-4-15　印花布（a）

图1-4-15　印花布（b）

图1-4-20　轧纹面料

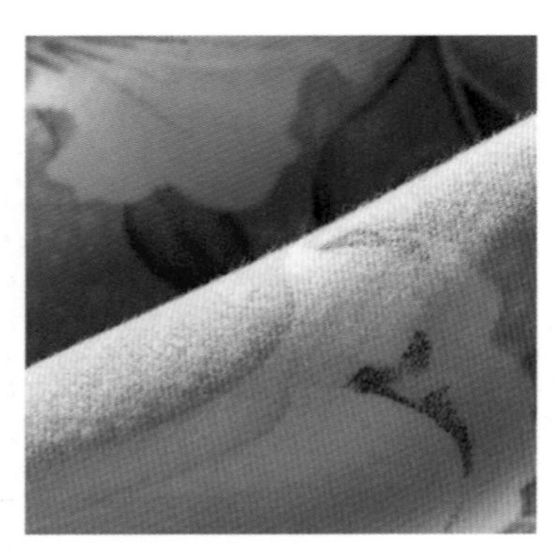

图1-4-21　磨毛面料

图1-4-22　水洗牛仔

“十四五”职业教育国家规划教材

纺织服装高等教育“十四五”部委级规划教材

新形态教材

FUZHUANG CAILIAO YU YUNYONG

服装材料与运用

（3版）

唐琴 吴基作 主编 / 郭川川 副主编

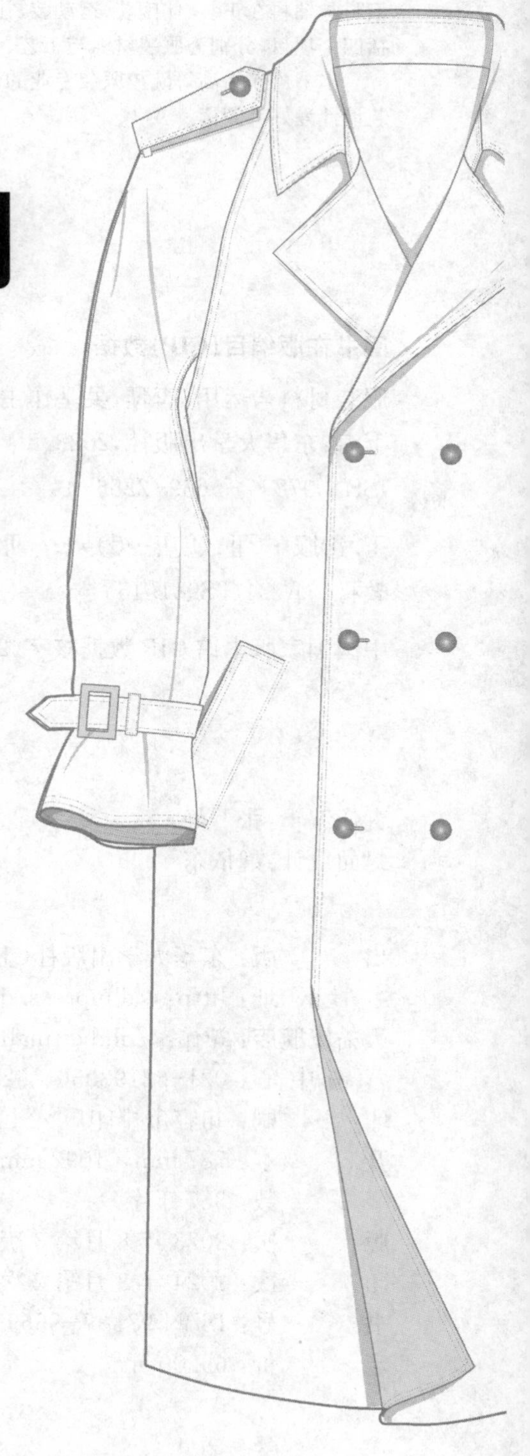

東華大學出版社

·上海·

内容提要

本书主要内容分为三篇：第一篇为基础篇，包括四个项目，分别为服装与服装材料的关系、服装面料的识别与运用、服装辅料的识别与运用，以及服装的标识、整理与保养；第二篇为运用篇，包括六个项目，主要涉及面料与辅料在正装、休闲装、运动装、礼服和童装设计中的应用及服装面料的再造设计；第三篇为职业篇，包括四个项目，分别为服装材料与工艺、服装跟单与服装材料、服装设计与服装材料、服装生产管理与服装材料。

本书可作为高等院校服装专业的教材，也适合服装设计、服装跟单、服装生产管理等从业人员及广大服装设计爱好者阅读。

图书在版编目(CIP)数据

服装材料与运用/唐琴，吴基作主编. —3 版. —
上海：东华大学出版社，2023. 8
ISBN 978-7-5669-2256-4

Ⅰ. ①服… Ⅱ. ①唐…②吴… Ⅲ. ①服装—材料—
教材 Ⅳ. ①TS941. 15

中国国家版本馆 CIP 数据核字(2023)第 146777 号

责任编辑：张 静
封面设计：魏依东

出 版：东华大学出版社（上海市延安西路 1882 号，200051）
本 社 网 址：http://dhupress. dhu. edu. cn
天猫旗舰店：http://dhdx. tmall. com
营 销 中 心：021-62193056 62373056 62379558
印 刷：句容市排印厂
开 本：787 mm×1092 mm 1/16 印张 15. 5
字 数：387 千字
版 次：2023 年 8 月第 3 版
印 次：2024 年 8 月第 2 次印刷
书 号：ISBN 978-7-5669-2256-4
定 价：69. 00 元

前　言

本书针对职业教育特点及服装业的岗位能力需求，突出实用性和通用性，增加服装材料设计中的应用实例及服装面料在各岗位流程中的应用，将服装材料与工艺相联系，改变现有同类教材中单纯介绍服装材料的模式，使学习者能通过服装材料在服装设计和服装生产中的实际应用，真正认识服装材料，并掌握其选用原则。书中采用了大量图片，既直观又生动。

本书根据项目和具体任务组织内容，包括学习目标、能力目标、任务引入、任务分析、相关知识和任务实施环节。在编写过程中，按照学生的接受程度，由浅入深地展开，注重材料运用，从基础篇、运用篇到职业篇，并融入最新的服装材料信息，构建成新的内容体系。在实践方面，注重理论与实践结合，让学生在充分了解和认识各类服装材料的种类、特点和性能的基础上，完成设计实践环节，在实践中学会合理选择和搭配服装材料。

本书由唐琴、吴基作担任主编，负责全书统稿；由郭川川任副主编。各章节的编写人员如下：

绪论，第一篇项目二和项目四，第三篇项目一由唐琴执笔；

第一篇项目三由唐琴、张务建执笔；

第一篇项目一，第二篇项目一、项目四和项目五，第三篇项目二和项目三由吴基作执笔；

第二篇项目二、项目三由郭川川执笔；

第二篇项目六由张务建执笔；

第三篇项目四由黄冠辉执笔。

由于编者水平有限，加之时间仓促，本书内容上出现疏漏和不足在所难免，希望广大同仁和读者批评指正。

编　者

目　录

绪 论

☞引入：

衣、食、住、行是人们生活的四大要素，衣位于四大生活要素之首。随着服装工业的发展和技术进步，我国已成为世界服装生产大国，我们的服装品牌已逐渐为世人所熟知。但是，与欧美发达国家相比，还存在较大差距。分析原因，不难发现，高科技附加值产品已成为当今世界服装业的发展趋势，服装产品的竞争，归根到底是材料的竞争。因此，掌握最基本的服装材料知识，将成为服装专业人士抓住契机、把握时尚、领导潮流的根本所在

【相关知识】

一、服装材料的概念与分类

1. 服装材料的概念

狭义：人们穿着的各种衣服。

广义：人体的着装状态，对包裹人体各个部位或者某一部位的物品的总称。也就是说，凡用于服装构成的材料，都属于服装材料，包括衣服、手套、帽子等。

2. 服装材料的分类

(1) 根据主次作用分类

服装材料包括服装的面料和辅料。

面料是指构成服装的基本用料和主要用料，对服装的款式、色彩和功能起主要作用，一般指服装最外层的材料(图 1)。

在构成服装的材料中，除面料外，其余均为辅料。辅料包括里料、衬料、垫料、填充材料(絮填材料)、缝纫线、纽扣、拉链、钩环、尼龙搭扣、绳带、花边、标识、号型尺码带及使用说明等(图 2)。

(2) 根据材质、品种分类

服装材料所使用的原料范围广泛。由于材料形态和特性各异，所以影响着服装的外观、加工性能、服用性能及保养性和经济性等。根据材质、品种不同，服装材料的分类如图 3 所示。

图1　面料

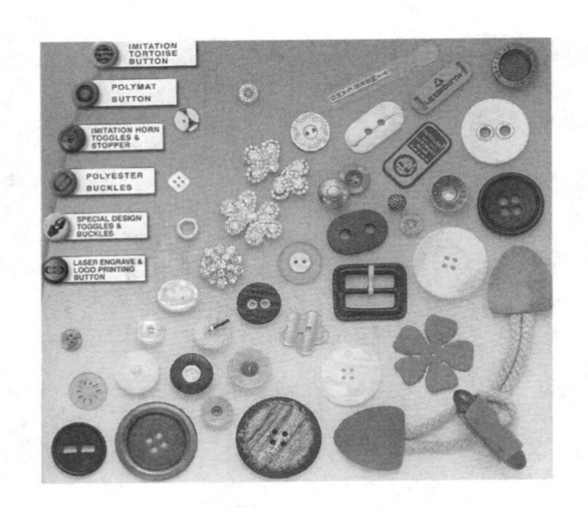

图2　辅料(扣类)

- 纤维制品
  - 纺织制品
    - 布类(机织物、针织物、花边、网眼织物)
    - 线带类(织带、编织带、捻合绳带、缝纫线、织编线等)
  - 集合制品：毛毡、絮棉、非织造布、纸等
- 皮革制品
  - 皮革类(兽皮、鱼皮、爬虫类皮)
  - 毛皮类(裘皮类)
- 皮膜制品：黏胶薄膜、合成树脂薄膜、塑料薄膜、动物皮膜
- 泡沫制品：泡沫薄片、泡沫衬垫
- 金属制品：钢、铁、铜、铝、镍、钛等材料制成的服装辅料和服饰配件
- 其他制品：木质、贝壳、石材、橡胶、骨质制品等

图3　服装材料的分类

二、服装材料在服装中的作用

众所周知，服装的色彩、款式和材料是构成服装的三要素。服装的颜色、图案、材质风格等是由服装材料直接体现的，服装的款式和造型亦需由服装材料的性能提供保证。任何服装都需通过对服装材料进行选用、设计、裁剪、制作等过程，从而达到穿着、展示的目的。因此，服装材料在服装中的重要性可从服装材料与服装设计、服装结构工艺(制作)、消费者三方面的关系加以论述。

1. 服装材料与服装设计的关系

一个成功的服装设计作品，在于款式、面料(材料)和工艺三方面综合因素的成功组合。

服装材料是服装的物质载体，是赖以体现设计思想的物质基础和服装制作的客观对象。缺少了材料，设计仅仅是一纸“空图”。材料的服用性能与风格质感自然会作用于服装，并表现在服装的造型、功能、肌理、装饰等方面。比如，轻薄透明的面料才可采用多层、重叠、衬垫、翻边等设计形式；夏装注重面料的凉爽、吸湿、散湿和透气性能，要选择棉、麻、真丝等吸湿透气面料。

从服装材料到服装艺术的演变，是一个艰苦创作的过程，尤其在要求服装较深层次地体现特定的风格理念时，对空间进行多层次的研究，追求多维视觉形象的创造，以及对材料质感和肌理进行探索，都十分重要。

材料的选用是否恰当，直接影响着服装设计的成败。服装设计要有的放矢，合理选用材料，做到物尽其用。只有深入了解服装材料，发挥其特性与优点，才能使设计的服装无论在外观上还是性能上，都能达到所预期的效果。

2. 服装材料与服装结构和工艺的关系

制作是将设计意图和服装材料组合成实物状态的服装的加工过程，是服装产生的最后步骤。制作包括两个方面：一是服装结构，也称结构设计，是对设计意图的解析，决定着服装裁剪的合理性，服装的一些物理性能上的要求往往通过严格的结构设计得以实现；二是服装工艺，是借助手工或机械手段将服装裁片结合起来的缝制过程，决定着服装成品的质量。

在服装制作前，首先要考虑服装用料的多少、用料数量与服装面料的幅宽的联系等。结构和工艺设计是对服装的结构与制作工序进行合理性设计，涉及具体的面料、辅料的裁剪、整烫，关系到服装的最终效果。不同材料所具有的特性决定和影响着结构和工艺设计的每一道工序，把握不好，则无法产生预期的设计效果，甚至导致无法弥补的不良后果。

3. 服装材料与消费者的关系

消费者在选购服装时，常考虑以下几个因素：

① 服装的外审美性。服装的外观美由服装的款式造型、面料的颜色、光泽和图案花型、布面组织纹路等构成。

② 服装的安全舒适性。随着经济的发展，消费者更加追求轻松、舒适的生活方式，于是很在乎服装是否轻便、透气和活动自如。

③ 服装的易管理性。在快节奏的生活中，消费者青睐那些省时、省力而容易管理的服装，如机可洗、洗后无需熨烫以及能防污、防蛀的服装等。

④ 服装的耐用性和经济性。虽然人们的生活水平有了很大的提高，但是广大消费者仍然喜欢实惠经济的服装。

⑤ 服装的流行性。近年来，我国的服装市场和消费者日益成熟，自觉或不自觉地受着服装潮流的支配，虽然消费者有先行者与跟随者之分，但是新潮服装好卖、过时服装滞销是有目共睹的。

综上所述，无论是从服装的要素来看，还是从消费者的要求来看，服装材料都起着重要的作用。服装材料已成为人们选购服装的首要因素。因此，只有了解和掌握服装材料的类别、特性及其对服装的影响，才能正确地选用服装材料，设计和生产出令消费者满意的服装。

三、服装面料的流行趋势

20 世纪 90 年代以来，材料已成为服装流行的重要因素。往往是一种新材料的出现，就造成了新服装的流行，而流行的服装又促进了材料的发展。加之，服装面料的织造工艺、风格创新，近年来，国际服装面料的发展趋势呈现下述特点(图 4)：

1. 健康、环保型材料

服装新材料的产生与发展可以从两个方面得到体现：一是服装新材料以“与人类亲善”为目的；二是服装新材料视“环境友好”为目标。服装新材料不仅有利于人的肌体，而且能愉悦人的精神，不仅满足了人们的日常生活要求，而且为人类的特殊要求提供帮助。所谓环境友好，就是指环境保护，即服装新材料的生态属性。

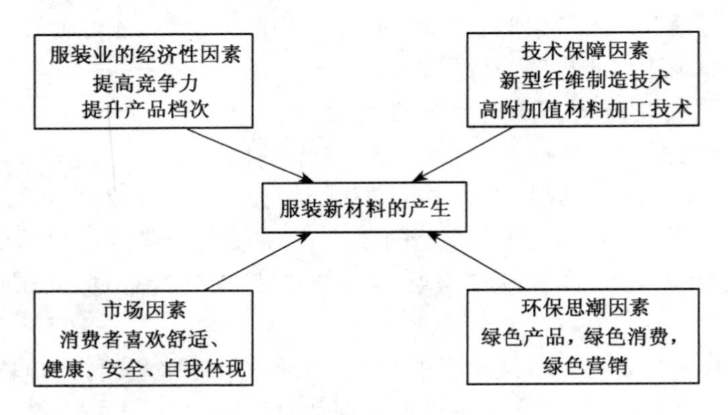

图4 服装新材料的产生

人们日益重视生态和环保及安全保健，用绿色纤维制成的环保服装倍受重视。

2. 将多种纤维、织物组合利用

随着社会经济的发展，人们追求更舒适、轻松的生活方式，加之全球气候日益转暖，服装材料已趋向于舒适（吸湿、透气）、轻薄、柔软，并富有弹性。因此，天然纤维面料、人造纤维与合成纤维交织面料，以及弹性材料和细腻、轻薄的材料，很受欢迎。那些由多种纤维混纺或多组分共聚的复合纤维织物，已成为流行的材料。

涂层织物、复合织物，以及新型的具有特殊结构和外观的织物，成为时髦的面料；金属涂层面料、聚氨酯涂层面料、不同织物的复合面料（如针织物、机织物复合），以及用新颖纱线织制的面料，也是当前的时髦。

3. 开发新型、功能性纤维

通过改变纤维组分或进行物理和化学改性，以及采用新材料（如甲壳质纤维、陶瓷纤维、微元生化纤维、莱卡、碳纤维、芳纶）等方法，使化学纤维新品种大大增加。改性的差别化纤维，不仅在外观上具有仿棉、仿毛、仿丝、仿麂皮、仿皮革效果，而且在性能上保持了弹性、抗皱性等优点，并克服了吸湿性差、易沾污等缺点。

4. 应用后整理高新技术

对织物进行物理和化学的新型整理，使服装材料具有防水透湿、隔热保温、吸汗透气、阻燃、防蛀、防霉、保健、抗菌、抗熔融及防臭、抗静电、防污等功能，以满足消费者对服装的特殊功能需求，大大提高了服装产品的附加值。该类功能性服装面料不但受到消费者的欢迎，而且为服装企业带来更大的利润空间。

高新技术的发展给产品设计领域的许多门类带来崭新的材料，为这些门类的设计提供了宽广的表现天地。服装也不例外地受到科学技术阳光的沐浴，令人称奇的新颖材料不断涌现，刺激着设计师的设计灵感，使服装外观不断改变。

【拓展知识】

有趣的服装

利用新型材料，人们制作了很多新奇、有趣且实用的新型服装，下面简单介绍几种有趣的服装：

(1) 可"吃"的服装

20世纪末，出现了一种高蛋白服装。这种服装不仅和普通服装一样穿着舒适，而且可以"吃"。以牛奶为原料，进行脱水、脱脂，再配以专门的穿着用溶剂，经高压喷射，即可制成如蚕丝般又细又长的牛奶纤维。牛奶纤维有丰富的蛋白质，和人体皮肤的成分很接近，用它制成内衣，贴身穿着特别舒服。

这种可"吃"的服装可洗涤，且易干、免烫，尤其适合野外工作者和部队战士穿用。一旦遇险或给养中断时，这种服装便成为"救命食品"，只要有水喝，就能赢得时间，等待救援。当这种衣服穿破报废时，可以回收处理，经过粉碎制成饲料，可供家禽等动物食用，没有一点废弃物，对环境保护也十分有利。

(2) 可"闻"的服装

在我国古代，就有使用檀香、薄荷、玫瑰、茉莉等有香味的植物熏衣服或作为饰物佩戴的现象。芳香气味不仅能使人消除疲劳，提神醒脑，还具有消毒灭菌、消炎镇痛等医疗保健作用。

用芳香纤维制成的面料制成服装、被褥等床上用品，可使人们仿佛置身于树木参天的深山老林中，呼吸着大自然的芬芳，令人心情舒畅、心旷神怡。

(3) 会"说"的服装

利用特种电子织物与语言合成器，可以制出"会说话"的服装。其原理是在绝缘的面料表层增加一层导电的浸炭纤维网。这种特制的双层面料在局部受到外力挤压时，导电纤维网中的低电压信号会产生波动，与它相连的微处理器即能判断出被触压的部位。这样，根据事先设计的程序，规定触压衣服的不同部位，与其相连的语音合成器就会发出相关的语言信息，让正常人了解聋哑人想说什么。

该技术用于医疗保健，可供暂时失去语言能力的病人与护理人员交谈，提出自己的要求；制成智能褥子，可提示瘫痪病人哪里长了褥疮。由此还可发展成更复杂的电脑服装，穿在受测试者的身上，可起到健康监护器的作用，及时提供被测试者身体各部位的温度、皮肤湿度及血液酸度等多种人体生物数据。

(4) 驱赶蚊蝇的服装

为驱赶蚊蝇，有人研究出了一种方法，在纺织材料表面覆盖一层除虫菊和二氧苯醚酯的混合物，蚊蝇只要与之接触，15 s内就昏迷死亡；而且，有趣的是，蚊蝇一旦闻到这种气味，就会身不由己地"凑"上去，自投罗网。用这种材料制成外衣，驱赶和消灭蚊蝇的效果极佳。如用这种材料制成蚊帐、睡袋或外衣，供野外工作者和野战部队使用，驱赶蚊蝇的效果更好。

【思考与练习】

1. 掌握服装材料的概念和分类。
2. 了解服装材料在服装中起到的作用。
3. 了解服装面料的流行趋势。
4. 了解服装材料的发展历史。

第一篇

基础篇

项目一

服装与服装材料的关系

服装形式美法则的运用

☞ 学习目标：

- 了解服装材料的种类，常见面料的特点和风格
- 调研服装材料的类别和流行趋势等，收集中国元素在服装设计上的成功案例，增强学生的文化自信
- 分析不同材质的服装面料对服装款式的影响，能根据面料特点进行简单的服装款式设计
- 能运用“整体与部分”辩证统一原理，正确处理“服装与服装材料”的关系，并将这种哲学观点运用在服装设计中

任务一　服装材料与款式应用分析

任务引入

给定某一面料，感受面料的质感，根据面料的特征，进行合适的服装款式设计（图 1-1-1）。

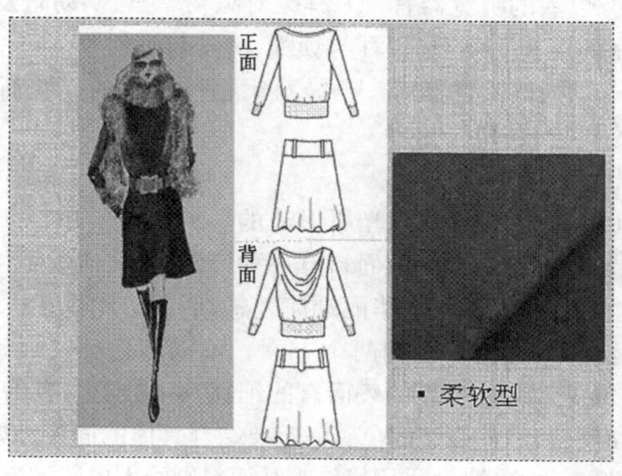

图 1-1-1　根据面料质感设计款式

任务分析

面料是设计的基础，如何巧妙运用各种服装材料进行款式设计，对服装设计者来说，是非常重要的任务之一。首先要对各种面料风格加以比较，获得面料的基本信息，作为选材的基础，再者学会分析面料的特点、面料的使用范围、面料对款式的影响等。

相关知识

服装造型(款式)是指有形的材料在空间占有一定的位置而产生的视觉形象，不仅仅是物体的形态，还包括构成物体材料的材质感。换言之，服装造型是依靠材料支持的，服装材料不仅应完成造型，若在造型时能把材料的性能风格与服装款式的需求完全统一，是达到服装完美效果的保证之一。

一、服装材料与款式的选配

任何一款服装或一块面料，都有各自的性格和特点，选择、搭配得好，则互相映衬、相得益彰，设计的主题、服装的效果才能得到真正表现。

1. 服装材料的风格特征

(1) 织物风格特征的基本概念

织物风格特征是由人的感觉器官对织物所做的综合评价，是织物所固有的物理力学性能作用于人的感觉器官所产生的综合效应。

(2) 织物风格特征的内容

织物风格特征包括视觉、触觉、听觉和嗅觉方面的内容。

① 视觉——外观。以人的视觉器官——眼睛对织物外观所做出的评价。

光泽：自然、柔和、明亮；颜色：纯正、鲜艳、流行；表面：平整、凹凸、粗糙、细密。

② 触觉——手感。以人的触觉器官——手对织物的触摸感觉所做出的评价。

表面特征：光滑、平挺、粗糙；软硬度：柔软、生硬、软烂；冷暖感：温暖、阴凉；体积感：丰满、蓬松；质量感：沉重、轻快；弹挺感：挺括、柔弹。

③ 听觉——声响。以人的听觉器官——耳朵对织物摩擦、飘动时发出的声响所做出的评价。如织物产生的声音的柔和与刺激、悦耳与烦躁、清亮与沉闷等。

④ 嗅觉——气味。以人的嗅觉器官——鼻对织物所发出的气味所做出的评价。如动物毛气味、樟脑气味、腈纶气味、香料气味等。

(3) 织物风格特征的表现

① 光感。光感是由织物表面的反射光所形成的一种视觉效果。人们常用柔光、膘光、电光、极光等来描述织物的光感。如光泽型面料有一种耀眼华丽、活泼明快的膨胀感。真丝软缎属于柔软的光泽型织物，光泽柔和，给人华丽端庄之感，适用于制作正式场合穿着的礼服。

② 色感。色感主要包括色相和色调两个方面。不同的色感可以让人产生不同的感觉。如寒冷、温暖、快乐、烦躁等。服装面料的表面有的细腻，有的粗犷，有的光滑，有的粗糙。这些都会影响光泽的吸收和反射，因此服装的色感一定要结合具体的面料。如大红颜色采用丝绸面料，给人以浓艳、豪放、热辣、时髦之感，采用桃红呢绒面料则给人以娇媚、甜美、温柔、快乐之感。

③ 质感。质感是织物的外观形象和手感质地的综合效果，包括手感（粗、细、厚、薄、滑、弹、挺）、外观（细腻、粗犷、平滑感、立体感、光滑、起绉）。

④ 形感。形感是指织物在其物理力学性能、纱线结构、组织结构、后整理及工艺制作条件等多方面因素的作用下所反映出的造型视觉效果。如悬垂性、飘逸感、造型能力、线条表现力及合身性等。

⑤ 舒适感。舒适感是指织物的光感、色感、质感、形感带给人是否舒适的心理感觉。如冷暖、闷感、爽感、涩感等。

织物风格特征的评定，一般直接通过人体的感觉器官对织物的外观手感进行主观评定，其特点是简便、快速、易行、准确率高，但有其局限性。此外还可利用织物的风格测试进行客观评定。

2. 传统服装款式设计的选材

服装设计多半在于材料的使用。同样的风格，运用不同的面料，所表达的感觉会有所不同。每种面料都有其固定的属性：棉制面料柔软朴实，毛类面料厚实凝重，丝绸面料高贵华丽等。轻薄的面料，会显现轻盈活泼的性格（图 1-1-2）；厚重的面料，制成服装后会给人粗犷、稳重的感觉（图 1-1-3）。挺括和柔软的面料所表现的服装性格则恰恰相反，挺括的面料使穿着者仪态稳重，柔软的面料会使穿着者潇洒自在。

图 1-1-2　轻薄面料应用

图 1-1-3　厚重面料应用

如图 1-1-4～图 1-1-6 所示，面料的性格还会随着色彩、花纹、结构、整理等方面的不同而变化。若要彰显女性文雅恬静的性格，以采用浅淡、柔软而富有弹性的面料为好。如女衣呢、

图 1-1-4　法兰绒面料应用

图 1-1-5　针织面料应用

图 1-1-6　裘皮面料应用

女式呢、法兰绒等。要显示富贵、华丽的特征，以色彩鲜艳的丝绸面料为好。针织面料质地柔软、吸湿透气，有优良的弹性与延伸性，其服装穿着舒适，给人贴身感。冬季则以裘皮面料为好。总之，有多少种面料就有多少种性格。这种性格主要受织物的外观和性能的影响。

3. 面料再造设计的选材

(1) 点材的选用

点是较小的视觉形态，其形状各异，在款式设计中往往能起到画龙点睛的作用(图 1-1-7)。常用的点状材料有纽扣、珠片、花朵、装饰球、羽毛、石材、贝壳等。

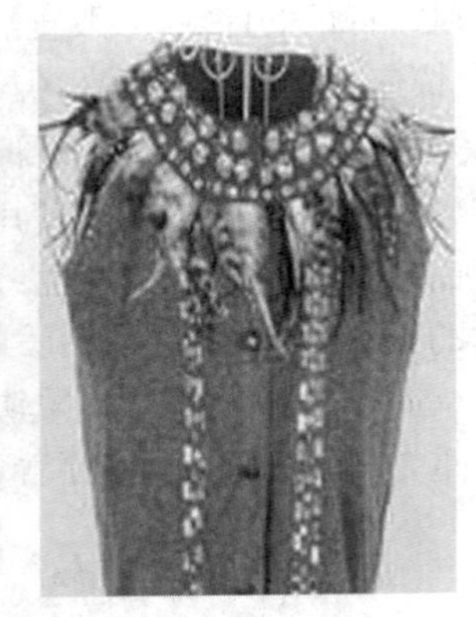

图 1-1-7 各类点材在面料再造中的应用

(2) 线材的选用

面料中的纱线由纤维加工而成，具有一定的强度、细度和不同外观。纱线的结构、性能、花色，直接影响并决定着织物的性能、风格、质量。

在服装材料的塑造中，对显得细长的缝合线、衣褶线、花边、带饰等，都可看作线。常用的线材有绳、花边、丝带、毛线、拉链等。近年来不断涌现出各式花线，其特殊的外观、色彩、结构、质地，为服装材料的塑造提供了更多素材(图 1-1-8)。各式花线包括竹节线、大肚线、毛虫线、花圈线、疙瘩线、金银丝线、雪尼尔线、带子纱等。

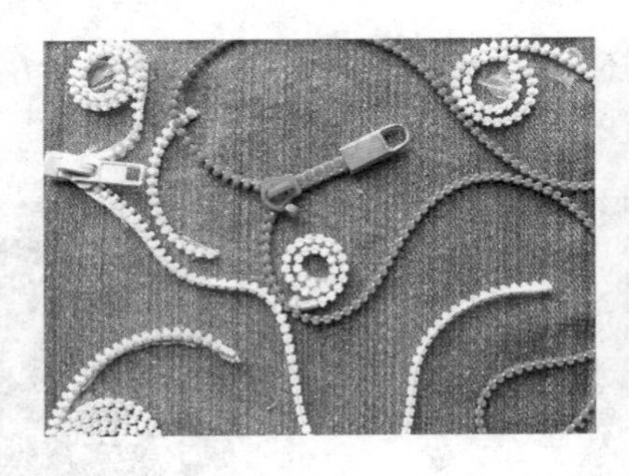

图 1-1-8 各类线材在面料再造中的应用

(3) 面材的选用

常规的面料，重要的是不拘泥于约定俗成的材料，用开拓的思维不断探索和创新。常规的面料有机织物、针织物、非织造布和复合面料等，按染色方法不同可分为原色面料、印染面料、色织面料、色纺面料等。通过面料再造手法可改变其原有的面料特征，如图 1-1-9 所示。

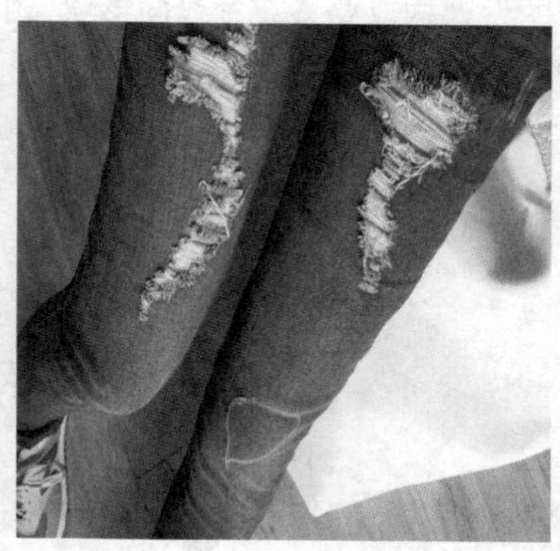

图 1-1-9　各类面材在面料再造中的应用

二、服装材料与款式细节的关系

1. 褶裥款式与服装材料的关系

在服装造型中，服装褶裥是现代服饰中不可缺少的形式。在服装设计中，面料本身所具有的形式、特点有时难以表达人们对服饰美的要求，褶裥则是行之有效的一种方法。褶裥有很多种，其基本的类别有抽褶、垂坠褶、波浪褶、活褶等。各种褶裥在服装中的运用如图 1-1-10 所示。在古今中外的服装中，褶裥得到了广泛应用，使服装的造型得到了极大的丰富，服装的表现形式进一步扩展，为服装造型的创新提供了更加丰富的手段。

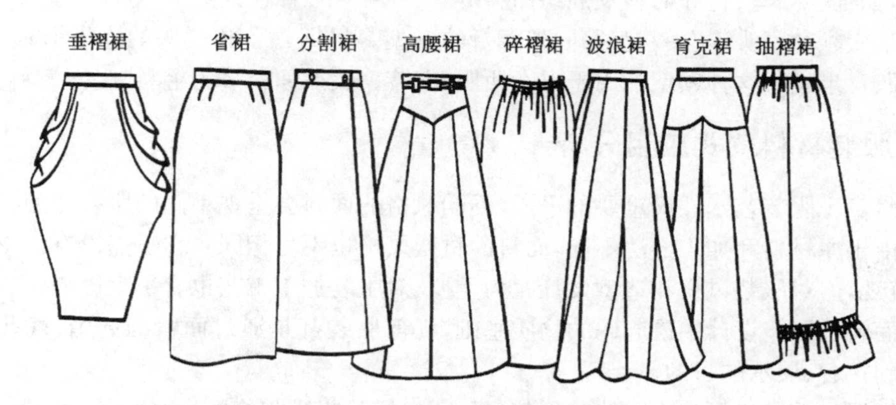

图 1-1-10　各种褶裥在服装造型中的应用

对面料施力就可以形成褶裥，但不同纤维、纱线、织物结构、质感的面料所表现出的效果与风格是不同的。一般来说，悬垂性好十分有利于面料造型。对裙装褶皱而言，这些造型十分讲究自然的感觉，而良好的悬垂性能使成品显得自然、柔和，不会因为显得生硬而使人不舒服。织物的弯曲刚度和抗弯长度过大，则织物偏硬，动态时服装的随身性差，宽松类的服装就会显得僵硬，带褶裥处如裙装下摆的摆动也不自然，故麻织物不适合采用褶裥。

2. 领型设计与服装材料的关系

服装的领子处于服装的上部，是服装造型设计中最为重要的部分，可以修饰人的脸型。领子的设计构成要素有领线的形状、领座的高低、翻折线的形态、领轮廓线的形状及领肩修饰。领子按外形分类，有无领、立领、翻领、驳领等(图 1-1-11)。

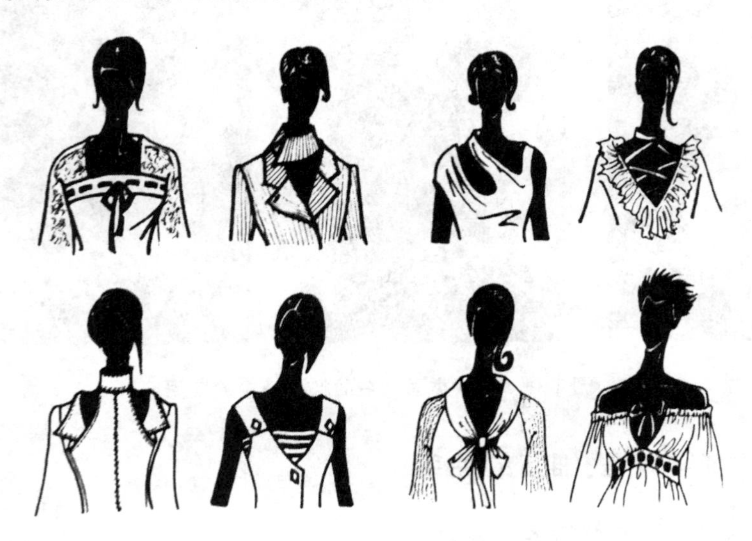

图 1-1-11　常见的领型

立领的领面竖立在领圈上，端庄、典雅，具有东方情趣美。采用的材料，除与服装主体协调外，还需有一定的硬挺性，一般选用棉或混纺材料，避免使用麻，因为麻比较容易出褶。

翻领(企领、翻折领)是领面向外翻摊的领型，具有领座小(个别领座很小)的特点，用的面料较广泛，如棉、毛、丝、化纤面料及混纺面料等。

驳领是衣领和驳头连在一起，并向外翻折的领型。根据领子和驳头的连接形式分为平驳领、戗驳领、青果领。这种领型多用于男女西服、套装、大衣，面料多为毛料、呢面面料。

三、服装材料款式应用分析

面料是表现服装艺术性最重要的手段，不同风格的面料会呈现不同的服装造型、不同的设计风格。由于原材料和加工方法不同，面料的材质风格也不尽相同。它虽然没有色彩、图案那样醒目、直观，但对服装风格和造型设计尤为重要，对服装加工工艺也有很大影响。

服装面料是服装设计中最起码的物质基础，任何服装都是通过面料的选用、裁剪、制作等过程来达到穿着、展示的目的。

面料根据材质风格可分为立体与平整、光亮与暗淡、粗犷与细腻、柔软与硬挺、厚实与薄透等类别。下面将不同材质面料的造型特点以及在服装设计中的运用进行简单介绍：

1. 立体感与平整类

面料实际上属三维立体物，但由于其厚度远远小于其长度和宽度，故可视为片状平面体。

面料的立体感是指由于纱线、组织结构及后整理工艺，面料表面呈现出平整、起绉(图 1-1-12)、凹凸、凸条(图 1-1-13)等立体视觉效应。不同肌理的视觉效应，不仅有助于服装风格和造型设计，其相应的摩擦性、保暖性、耐污性等，对服装缝制工艺、服装的服用性能及保管性能均有直接的影响。

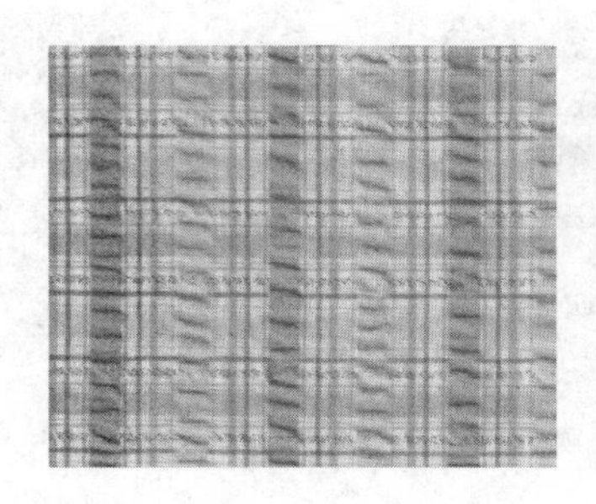

图 1-1-12 起绉面料

图 1-1-13 凸条面料

2. 光泽感和粗犷类

面料的光泽感和粗犷感主要指人体对面料所展现的不同光泽以及粗犷或细腻效果所产生的感官效应。构成面料的纤维、纱线、组织结构、后整理等因素，对此都有直接的影响。如：棉、麻纤维及平纹组织的光泽较为暗淡；桑蚕丝、醋酯丝、加捻丝线的光泽较为柔和；有光黏胶人造丝、金属丝、三角异形丝等原料，平经平纬（经纬向均不加捻），缎纹组织，丝光、轧光等后整理，能较大程度地增加面料的光泽感（图 1-1-14、图 1-1-15）。

超细纤维、高支纱等有助于提高织物的细腻程度；条干不均匀的粗棉纱线、麻纱线、双宫丝、大条丝、疙瘩形花式纱线等，会使织物产生不同程度的粗犷感，其中粗棉纱线和大条丝织制的面料的光感较差。光泽感或粗犷感的选用在一定程度上受流行趋势及使用场合的约束，而面料的光滑或粗糙对服装缝制工艺、皮肤的触感舒适性等的影响较大。

图 1-1-14 光泽面料

图 1-1-15 粗犷面料

3. 刚柔类

面料的刚柔感通常分为柔软和硬挺两个方面，是面料的刚柔性对人体感官的反映。

面料的刚柔性指面料的抗弯刚度和柔软性，面料抵抗其沿弯曲方向形状变化的能力称为抗弯刚度或硬挺度，常用来评价其相反的特性——柔软度。

面料的抗弯刚度取决于组成面料的纤维与纱线的抗弯性能及结构，并随面料的厚度增加而显著增加。纤维细、纱线细、摩擦系数小、组织点少、密度和紧度小，织物的弯曲刚度小，手感柔软。针织物因其线圈结构的特点，其柔软性比机织物好。纯毛织物的弯曲刚度较涤/腈、涤/黏织物小，故柔软性较好。相对而言，麻类面料的柔软性较差。此外，面料的染整工艺，如松式染整和柔软整理都有助于提高面料的柔软性；反之，紧式染整和硬挺整理则有助于硬挺度的增加（图 1-1-16～图 1-1-18）。

图 1-1-16　毛类织物

图 1-1-17　麻类织物

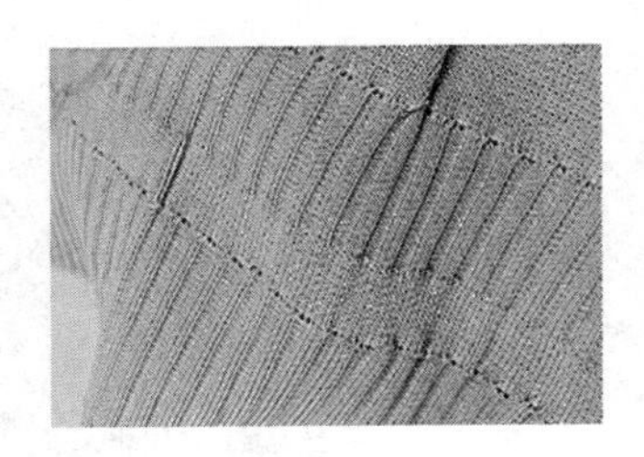

图 1-1-18　针织物

服装款式和风格的不同，需要面料有一定的刚柔性和悬垂性，而面料的刚柔性直接影响服装的悬垂性。所以，面料的刚柔感对服装造型设计起着非常关键的作用。一般来说，内面料需要良好的柔软性，外面料则需一定的硬挺度或悬垂性，以体现服装造型。

4. 厚实类

面料的厚实感是服装选料时最为直接和重要的感官因素之一，对服装的季节定价起着决定性的作用。厚度是影响服装保暖性的重要指标，对服装的强度也有积极的作用。面料蓬松与否不仅影响服装的保暖性，而且对皮肤产生完全不同的触感。此外，面料的厚实感对服装造型和服装缝制工艺的影响也较大。

面料的厚度可用织物厚度仪进行测量，通常采用目测法。面料的厚薄、松紧主要与织成面料的纱线粗细、结构设计及后整理工艺有关。一般来说，真丝类面料较轻薄，毛类面料较厚重，粗纱线、重组织等有助于增加面料的厚度，起绒组织、拉毛加工等有助于增加面料的蓬松度（图 1-1-19～图 1-1-21）。

图 1-1-19　轻薄类

图 1-1-20　厚重类

图 1-1-21　起绒类

四、不同材质在各类款式中的应用

有人把服装设计喻为面料的雕塑，服装的外形是用服装材料来体现的，厚重的布料能产生粗重的线条，轻薄的布料能流露轻盈的线条，硬挺或柔软的布料所表现的轮廓线也各不相同。现代服装越来越注重舒适、美观、实用的原则。在以面料作为基材、人体作为对象的服装设计中，设计师必须掌握和运用服装材料，才能创造出尽善尽美的作品。

1. 柔软型面料

一般为轻薄、悬垂、造型线条光滑、服装轮廓自然舒展的面料。常用直线型简练的风格造型来体现人体的优美曲线。

柔软型面料主要包括织物结构疏松的针织面料和丝绸面料以及软薄的麻纱面料等。柔软的针织面料，在服装设计中，常采用直线型简练造型来体现人体的优美曲线；丝绸、麻纱等面料则多见松散型和有褶裥效果的造型，以表现面料线条的流动感（图 1-1-22）。

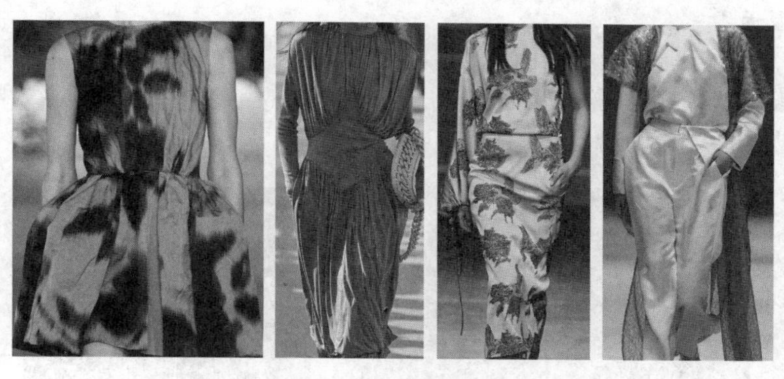

图 1-1-22　柔软型面料款式设计

2. 挺爽型面料

面料线条清晰有体量感，能形成丰满的服装轮廓。常见的有棉布、涤/棉布、灯芯绒、亚麻布及中厚型的毛料和化纤织物等。该类面料可用于突出服装造型精确性的设计，如西服、套装的设计（图 1-1-23）。

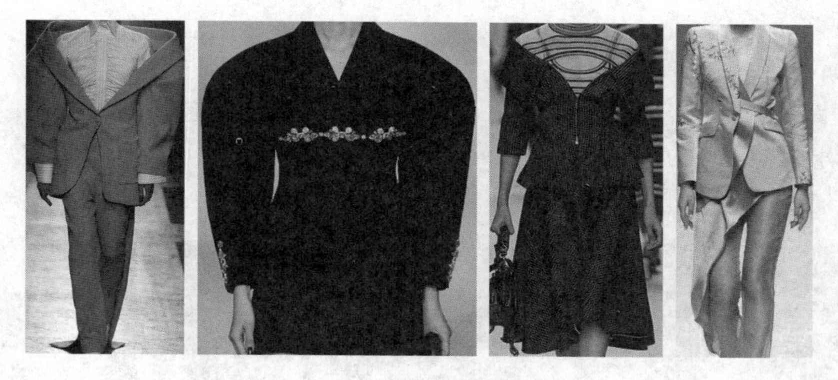

图 1-1-23　挺爽型面料款式设计

3. 光泽型面料

面料表面光滑，并能反射出亮光，有熠熠生辉之感。这类面料包括缎纹结构的织物，常用

图 1-1-24　光泽型面料款式设计

于制作夜礼服或舞台表演服，具有华丽耀眼的强烈视觉效果。光泽型面料在礼服表演中的造型自由度很广，可采用简洁的设计或较为夸张的造型方式(图 1-1-24)。

4. 厚重型面料

厚重型面料厚实挺括，能产生稳定的造型效果，而且具有形体夸张感，不宜过多地采用褶裥和堆积，包括各类厚重型呢绒和绗缝织物。这类面料的手感硬挺，赋予服装庄重质感，造型设计中以 A 型和 H 型最为恰当(图 1-1-25)。

图 1-1-25　厚重型面料款式设计

5. 透明型面料

透明型面料的质地轻薄、通透，具有优雅而神秘的艺术效果，包括棉、丝、化纤等织物，如乔其纱、缎条绢、蕾丝等。为了表达面料的透明度，常用线条自然丰满、富于变化的 H 形和圆台形设计(图 1-1-26)。

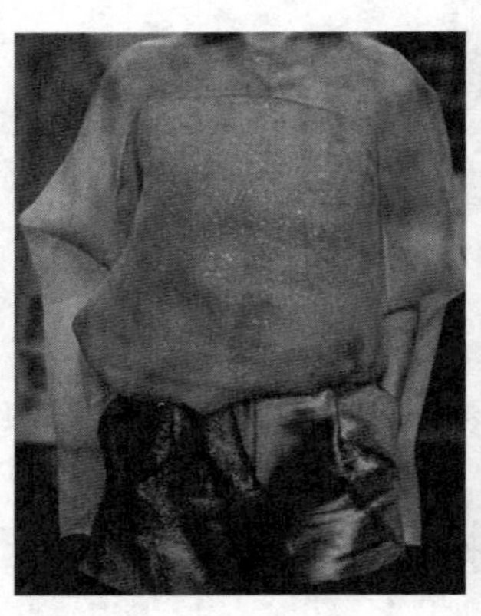

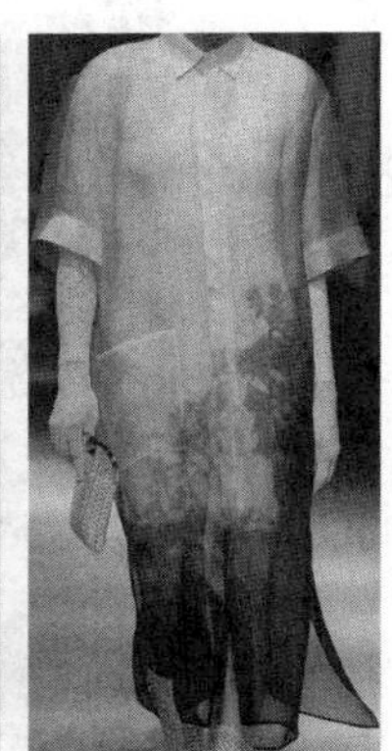

图 1-1-26　透明型面料款式设计

任务实施

选定面料设计服装款式

根据自己选定的面料，感受面料的风格，分析面料特征，进行相关款式设计，并贴上面料。

具体实例如下：

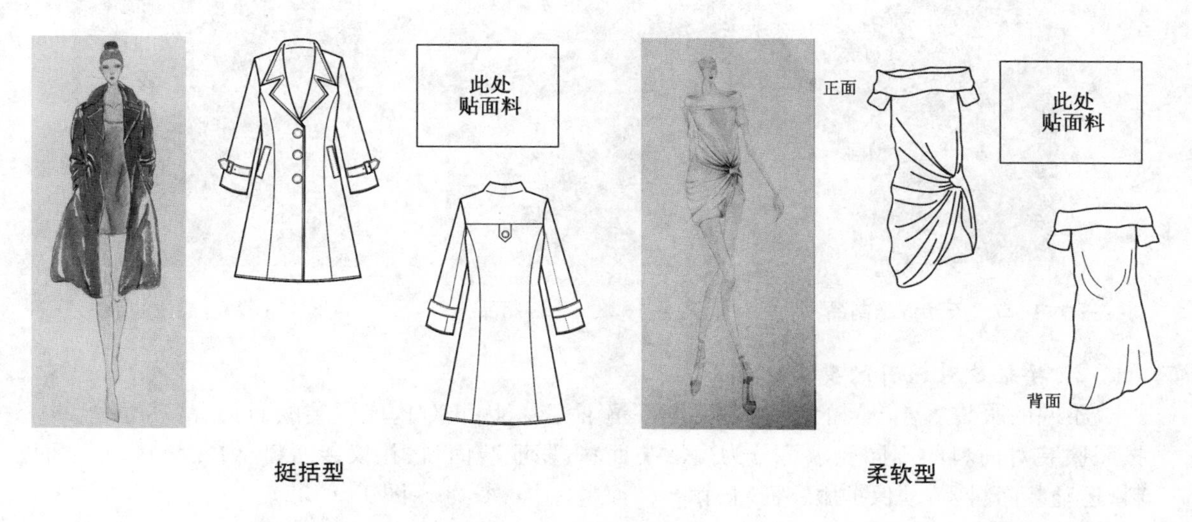

挺括型　　柔软型

任务二　服装材料分类及调研

任务引入

对服装材料市场进行调研，了解服装面料的现状，分析服装面料的流行趋势；了解服装面料的原料材质、组织构成、风格分类，并进行分析，加强对材料的运用。

任务分析

根据选定的调研目的，确定调研范围，设计调查问卷或完成一份服装材料市场调研总结材料或调研报告等。

相关知识

服装材料是服装设计的基础。随着科技发展和现代社会、人们生活需求的变化，服装材料的品种越来越多。在设计服装前，对服装材料进行市场调研是非常有必要的。

一、服装材料的分类

1. 按材料的属性分类

按服装材料的属性进行分类，服装面料一般可以分为纤维制品和裘皮制品。纤维制品根据原料不同可分为天然纤维制品（棉、麻、毛、丝）和化学纤维制品（黏胶纤维、醋酯纤维、铜氨纤维、涤纶、锦纶、腈纶、丙纶、维纶、氯纶、氨纶等），根据制造方式不同可分为机织物、针织物、非织造织物（图 1-1-27～图 1-1-29）。

图 1-1-27　天然纤维制品

图 1-1-28　化纤制品

图 1-1-29　裘皮制品

2. 按服装对面料的要求分类

不同的服装适合不同的用途，在不同环境下穿着，因此对构成服装的面料有不同的要求。按照服装对面料的不同要求可分为生活装面料、职业装面料、礼仪装面料、内衣面料、童装面料、运动装面料、劳动保护服装面料、舞台装面料(图 1-1-30～图 1-1-32)。

图 1-1-30　童装面料

图 1-1-31　职业装面料

图 1-1-32　生活装面料

(1) 生活装面料

生活服装的穿着要求一般以整洁悦目、舒适方便为主，类型比较多，如外出生活装、居家生活装、厨房服装、寝室服装、沐浴服装等。外出穿着的生活装，面料需要耐磨的性能、与外部环境相适应的色彩格调、舒适的穿着感和塑造形象的织物身骨等。

外出生活装过去多以机织物为主，其外观平整、结构稳定、耐磨性好；随着针织物的发展，其在外出生活装中的应用日趋增多。居家生活装一般以手感柔软、色彩温和、图案清新、穿着舒适的棉织物为主，随着生活质量的提高，真丝面料越来越多地用作居家服面料。此外，厨房服装、寝室服装、沐浴服装分别有其不同的功能，需具备耐脏、易清洗、保暖、随意、吸湿、触感好等性能。

(2) 职业装面料

职业服装面料以端庄大方、适应众多对象的群体穿着为依据，一般选择素色传统面料，并在不同的部位镶嵌显著色彩的标志。面料的档次、性能按不同职业的要求而不同。不同的职业可根据各自的工作特点和行业的要求，确定职业服的色彩和面料。

(3) 礼仪装面料

礼仪类服装一般在比较特定的场合穿着。穿着的目的，有的是为了符合礼节，表示敬意，显示自我。礼仪服装对面料的要求,外观性能是第一位的,一般选择比较高档的面料,或纱支较高、质感细腻、外观平整、色泽柔和的高档羊毛面料,或色彩鲜艳、图案秀美、织工精细、光泽宜人的绸缎面料,或肌理和质感新颖奇持、外观效果别具一格、色彩和光泽明艳照人的高档化纤面料,等等。

(4) 内衣面料

内衣是直接接触人体皮肤的服装,其穿着目的除卫生、舒适之外,还有矫正人体、使体型美观的功能。内衣对面料的要求,首先当然是舒适、卫生和有良好的触感,一般选择吸湿、透气性能优良的天然纤维,如棉纤维、毛纤维及蚕丝等。针织物手感柔软、伸缩性好,在内衣中的应用最多。

用作矫形内衣的面料要能承受一定的力,并和外衣配伍。近年来,内衣的发展很快,装饰功能日益突出。因此,对面料的要求也在改变。许多花边织物广泛运用于各种内衣,手感柔软、弹性好、穿着贴身的氯纶包芯织物在内衣中普遍运用,触感更加光洁、舒适、柔软、暖和的高支全棉针织双层空气层暖棉内衣裤、牛奶丝针织内衣裤、真丝针织内衣裤等倍受青睐。

(5) 童装面料

儿童服装的穿着目的是为了适应儿童生长发育时期的特点,满足儿童生理和心理需要,保护儿童不受伤害。儿童稚嫩、好动、天真、活泼,因此对面料有特别的要求。不同年龄段的儿童有不同的特点,对面料的要求也不完全相同。如婴儿的皮肤稚嫩,而新陈代谢旺盛,要求面料非常柔软、稀松、吸湿性能好,以满足婴儿生长需要。儿童服装一般选择带卡通图案、色彩明快的面料,与儿童好动、天真、活泼的性格相符。

(6) 运动装面料

运动服是指运动员在训练、比赛、表演时穿着的服装,以及人们在健身和进行体育锻炼时穿着的服装,穿着目的是为了便于大运动量的活动,吸收人体在运动时大量排放的热量和汗水,以及呈现运动员在比赛、表演时清晰的动作和优美的英姿,同时有一定的安全保障作用。运动装应选用柔软、弹性好、吸湿透气的面料。

(7) 劳动保护服装面料

劳动保护服装是为保护人体安全,在特殊的操作环境中所穿着的服装。劳保服面料的选择对服装能否起到保护人体安全的作用关系重大。不同的劳保服对面料有不同的要求。比如,电焊工人的劳保服、炼钢工人的劳保服和电气工人的劳保服,有的需要耐火、隔热的特殊性能,有的需要防辐射热的功能。劳保服一般采用经过特殊处理的功能面料。

(8) 舞台装面料

舞台服不同于生活装。舞台服的穿着目的是追求悦目的舞台表演效果。舞台服装的面料,在舞台灯光的照射下,需显现亮艳动人的色彩和轻柔飘拂的质感。舞台服注重的是远距离灯光下服装的色彩、图案、质感的夸张效果,而不太在意服装的穿着性能。因此,舞台服装面料以特殊的外观感觉为首要因素,对面料的色彩、图案以及能刺激感官的各种装饰进行重点设计,并根据剧情和人物角色的需要,选择与外观相吻合的面料。

3. 按不同季节分类

按不同季节可以将面料分为春秋季服装面料、夏季服装面料和冬季服装面料。

(1) 春秋装面料

春秋季节气候宜人,是人们着装打扮的好时光,爱美人士完全可以按自己的喜好穿着自己喜爱的服装。这两个季节的服装面料是最丰富的，也是最美的。一般来说，春季服装的色彩，稍浅也感觉时髦，可能是漫长冬季的深色让人渴望轻松的缘故；而秋季服装的色彩，浓重一些更漂亮。

春秋季可以根据服装的需要选择不同的面料，一般以中等厚薄的面料为佳。比如，各种全毛精纺、混纺或化纤仿毛面料、棉织物、丝织物、针织面料等。春秋季服装因气候的原因，对面料的一些性能要求明显降低。由于气温宜人，天然纤维织物或化学纤维织物的服装，都不会使穿着者不舒服。另外，化学纤维织物在吸湿性方面的改进，使其容易产生静电的缺点正得到逐渐克服。

(2) 夏装面料

在炎热的夏季，明亮、浅淡的色彩，特别是一些冷色调的色彩，如蓝色、蓝紫色、蓝绿色等，可以使人感觉轻松、悦目。在夏季，人们容易出汗，对服装面料的舒适凉爽的要求是第一位的。真丝是夏季服装的理想面料；各种化纤仿真丝绸面料的手感和质地越来越好，而且花色新颖、易洗快干、不用熨烫，是快节奏的现代人所喜爱的；各种薄型的全棉织物、涤/棉混纺织物、黏胶纤维织物等，也是夏令服装常用的面料。值得一提的是高档的亚麻和苎麻织物，其优良的性能特别适合夏季易出汗的人们。

(3) 冬装面料

一般来说，冬季服装以较深的颜色为主，暖色调的红色、橙色等能使人感觉温暖舒适。冬季天气比较寒冷，多穿衣服才会感觉暖和，但是穿多了又会感觉臃肿，而且活动不便，因此，轻巧、柔软、暖和是现代人对冬季服装的要求。毛织物蓬松、柔软，保暖性好，最适合冬季服装；真丝织物柔软、隔热，用作冬季服装面料也很好；化纤织物中，柔软细腻的超细纤维织物，性能与毛织物最相似的腈纶织物，蓬松暖和的变形丝织物等，都非常适合冬季服装；天然的裘皮和皮革有良好的隔热、挡风效果，常用作冬季风衣面料。

任务实施

服装材料的调研

1. 调研依据

调研可遵循5W1H原则：谁穿(Who)，为什么穿(Why)，在什么地方和场合穿(Where)，什么时候穿(When)，选择什么服装材料(What)，什么样的价格(How many)。

2. 调研方法

采用的调研方法有询问法调查、观察法调查和实验法调查。

(1) 询问法调查

调查员直接接触被调查对象，通过询问的方式，收集服装有关信息的方法，称为询问法调查。询问法按接触方式不同分为三种形式，即走访调查法、信息调查法和电话调查法。

走访调查法是调查员面对面地向被调查对象提出有关问题，由被调查对象回答，调查员当场记录的一种询问法。信息调查法是把事先精心设计的问卷，通过信函的方式寄送给被调查对象，由被调查对象填写后寄回给调查员的一种询问调查法。这种方法比较客观，被调查对象可真实填写自己的见解，并有充分的时间思考问题，而且调查成本较低，可节省大量时间；缺点是有些调查对象可能认为事不关己，回答问题肤浅，问卷回收率低。可采用一些激励方法，如完成答卷送小礼物等。

（2）观察法调查

此法是调查员亲临所要调查的现场（如销售现场）进行实地调查，或在被调查者毫无察觉的情况下，对他（她）们的有关行为、反应进行调查统计的一种方法。观察法经常用来调研相关服装店的店主会议，专门安排时间定期到其他商店的销售货架旁边，或专门到电影院门口、十字路口、繁华街区等地方，观察各种各样的消费者的穿着情况，统计流行信息，用于开发自己的产品。

（3）实验法调查

实验法调查是指选择较小的范围，确定一至两个因素，并在一定的条件下，对影响服装销售的因素进行实验，然后对结果进行分析和研究，进而在大范围进行推广的一种调查方法。实验调查法的应用比较广泛。每推出一个系列的服装款式，都可以在小范围内进行实验，了解顾客对服装的款式、色彩、质量、包装、价格、陈列方式等因素的反应，然后决定是否大批量生产。实验法可采取多种形式，连锁店可专门设试销店，一般服装店可设试销货架，进行新产品销售。

3. 调研步骤

根据调研目的和对象（地点），确定调研内容（如服装的款式、色彩、质量、包装、价格、陈列方式等），设计调研表或调查问卷，收集、整理、汇总，进行分析，完成总结材料或调研报告，如下表：

调 查 问 卷

调查目的：
调查时间：
调查对象（地点）：
调查内容：
调查意义（小结）/ 市场分析

项目二

服装面料的识别与运用

☞ 学习目标：

- 了解服装材料的种类，面料的基本知识、分类和规格参数，调研服装材料的类别
- 掌握服装面料分析的内容和方法；在任务实施过程中，注重培养学生的精益求精的工匠精神
- 能根据面料风格进行服装款式设计

常用的服装面料有机织物和针织物。服装面料的生产过程为纤维→纱线→织物→面料。因此，服装面料的基础原料为纤维，纤维的性能是影响服装面料的服用性能和风格的重要因素之一。

任务一　纤维认识与鉴别

任务引入

在服装的吊牌的耐久性标签上，都写明了纤维成分或主要成分，如图 1-2-1 所示，可见纤维在服装中有着举足轻重的作用。认识纤维和鉴别纤维，了解纤维在服装中起的作用，是认识服装材料的首要任务。

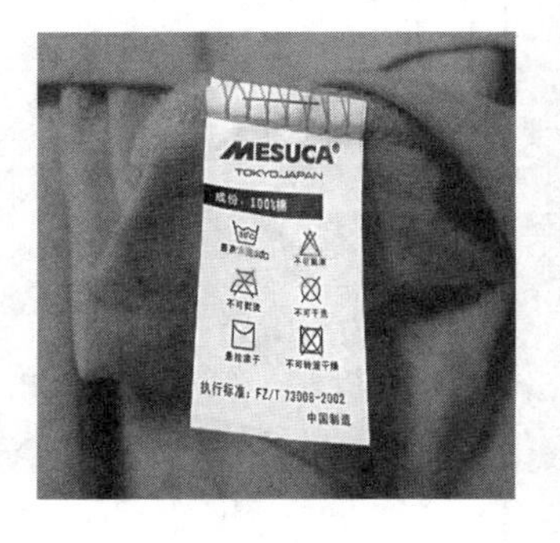

图 1-2-1

任务分析

① 认识常见纤维的基本特征，了解纤维性能对服装性能的影响。

② 能通过手感、燃烧等常用的鉴别方法，识别给定面料中的纤维成分。

③ 熟练掌握常见纤维的鉴别方法，学会混纺材料的识别。

④ 初步掌握服装设计中各纤维性能的实际应用。

相关知识

1. 服装用纤维原料概述

① 服装原料。用于制作服装材料的原料，称为服装原料。

② 纺织纤维。狭义地说，服装原料是指纺织用纤维，即直径为数微米到数十微米，长度比直径大许多倍（甚至上千倍），且长度为数十毫米以上，具有一定的强度、可挠曲性和其他服用性能的纤细物质。

按纤维的来源，服装用纤维分为天然纤维和化学纤维两类。表 1-2-1 列出了常见纤维的分类与命名。

表 1-2-1　常见纤维的分类与命名

天然纤维命名			
中文名称	英文名称	中文名称	英文名称
棉（天然纤维素纤维）	cotton	苎麻、亚麻	ramie，flax
绵羊毛（天然蛋白质纤维）	wool	山羊绒	cashmere
桑蚕丝	mulberry silk	柞蚕丝	tussah silk
化学纤维命名			
中文名称	英文名称	中文名称	英文名称
黏胶纤维（再生纤维素纤维）	viscose（VI，CV）	锦纶	polyamide（PA）
甲壳素纤维	chitin	腈纶	acrylic（PAN）
酪素纤维（再生蛋白质纤维）	azlon casein	丙纶	polypropylene（PP）
醋酯纤维	acetate	维纶	polyvinylalcohol（VA）
铜氨纤维	cupra（CUP）	氨纶	elastane or spandex （PU）
涤纶（合成纤维）	polyester（T，PET）	含氯纤维/氯纶	chlorofibre （PVC）

2. 服装用纤维特征

纺织纤维（服装用纤维）是指可用来加工生产制成纺织品的纤维，要求具有以下特征：

① 具有一定的长度和细度。

② 具有一定的强度和可挠性。强度代表纤维的耐用性，一般用断裂强度表示。可挠性表示纤维抵抗弯曲变形的能力，可反映纤维的弹性、柔韧性和延伸性，是纤维最重要的性质之一。

③ 具有一定的化学稳定性。纤维应对热稳定，对酸、碱、氧化剂等化学物质有一定的耐受和抵抗能力。

④ 具有一定的服用性能。纤维除结实耐用外，还应使服装满足人体生理上的需要，如隔热保温、吸湿透气、伸缩变形等，以达到服装穿着舒适的目的。

一、天然纤维的认识与比较

天然纤维是自然界存在的、可以直接获得的纤维，分为植物纤维、动物纤维和矿物纤维三种。

认识棉纤维

认识麻纤维

认识毛纤维

认识丝纤维

1. 天然纤维的分类

(1) 植物纤维

植物纤维又称天然纤维素纤维，是从植物的种籽、果实、茎、叶等处获得的纤维，包括种子纤维、韧皮纤维和叶纤维(图 1-2-2～图 1-2-4)。

① 种子纤维：如棉、木棉等。

② 韧皮纤维：如苎麻、亚麻、黄麻、槿麻、罗布麻等。

③ 叶纤维：如剑麻、蕉麻等。

图 1-2-2　棉花

图 1-2-3　亚麻

图 1-2-4　剑麻

(2) 动物纤维

动物纤维又称天然蛋白质纤维，是从动物的毛发或腺分泌物中获得的纤维，包括毛发类和腺分泌物类(图 1-2-5、图 1-2-6)。

① 毛发类：指羊毛、山羊绒、驼毛、兔毛、牦牛绒等。

② 腺分泌物类：指桑蚕丝、柞蚕丝、蓖麻蚕丝、木薯蚕丝等。

(3) 矿物纤维

矿物纤维又称天然无机纤维，是从矿物中提取的纤维，主要包括各类石棉(图 1-2-7)。

图 1-2-5　绵羊

图 1-2-6　蚕茧

图 1-2-7　石棉

2. 天然纤维原料的形态结构

纤维的形态结构是指在光学显微镜或电子显微镜下所观察到的纤维的截面形状和纵向结构。由于不同纤维的纵横形态各不相同，常可用来鉴别各类纤维。

(1) 棉纤维的形态结构

棉纤维是棉花成熟后去籽而得到的，有长绒棉、细绒棉、粗绒棉和草棉四种。将棉纤维放在显微镜下观察，可见其纵向形态呈扁平带状，表面有扭绞的天然转曲；横截面形态呈腰圆形，中间有中腔(图 1-2-8)。中腔的大小表示棉纤维品质的好坏，中腔小，说明棉纤维较成熟，品质较好,可制高档服装面料。

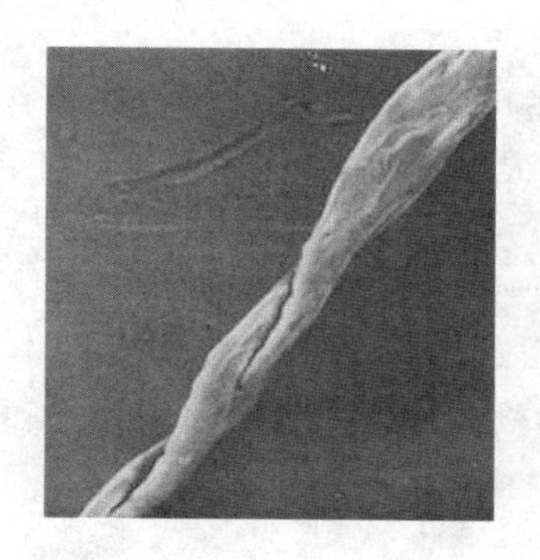

图1-2-8(a) 棉纤维纵截面

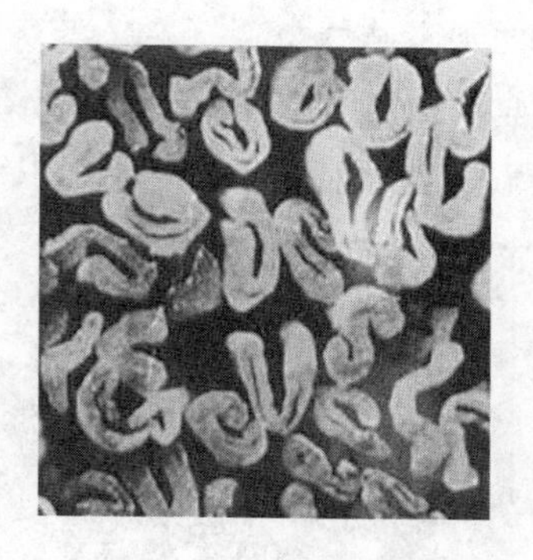

图1-2-8(b) 棉纤维横截面

(2) 麻纤维的形态结构

麻纤维属草本植物,是从麻茎的韧皮中取得的纤维。麻纤维的种类很多,用于服装面料的麻纤维有两种,即苎麻和亚麻。在显微镜下观察这两种麻纤维,会发现它们的形态结构有所不同(图 1-2-9):苎麻纤维的纵向表面有横节和竖纹,横截面呈腰圆形,有中腔,截面上有大小不等的裂缝纹;亚麻纤维的纵向形态同苎麻,横截面呈多角形,有较小的中腔。

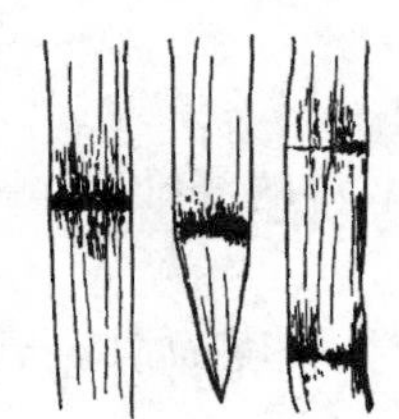

图 1-2-9(a) 纵向形态

图 1-2-9(b) 苎麻截面形态

图 1-2-9(c) 亚麻截面形态

(3) 毛纤维的形态结构

毛纤维是指从动物身上获取的纤维。毛纤维根据其来源不同,可分为羊毛、羊绒、兔毛、牦牛毛等,其中以绵羊毛最为常用。在显微镜下观察,得到羊毛的纵横向截面如图 1-2-10 所示。

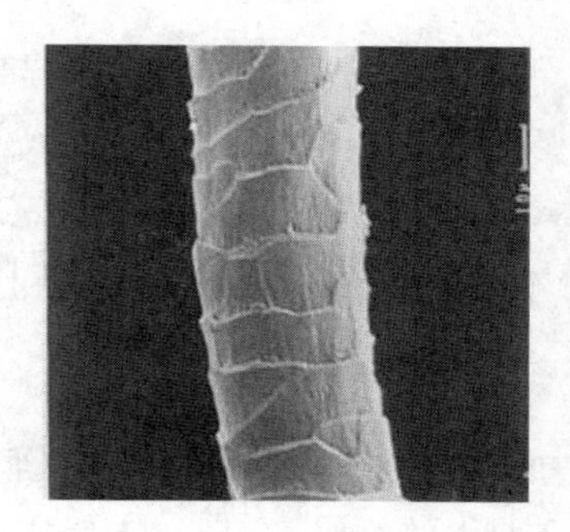

图 1-2-10(a) 羊毛纵向形态

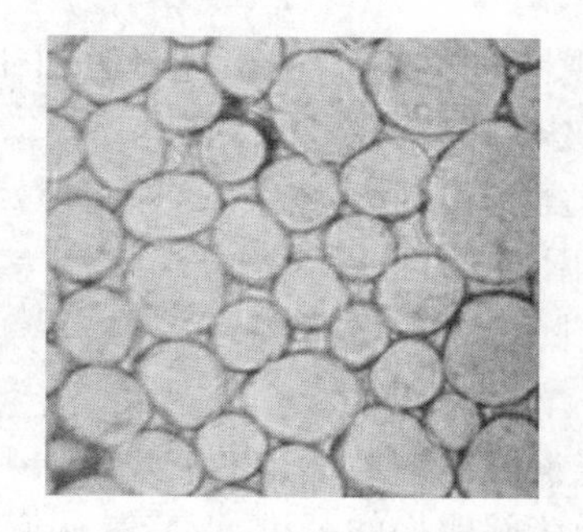

图 1-2-10(b) 羊毛横截面形态

纵向形态:羊毛表面覆盖有鳞片层,头端指向羊毛的梢部。鳞片的覆盖形态随毛纤维种类不同而不同,分为环状覆盖、瓦状覆盖和龟裂状覆盖三种。

横截面形状:呈大小不等的圆形,有些有断续的毛髓层(一般在粗毛中),毛髓层对羊毛的强力不利。

(4) 蚕丝的形态结构

蚕丝是由蚕结茧时吐丝而成的腺分泌物。与前述几种纤维不同，蚕丝为长纤维，每根纤维长度为500～1000 m，纤维较细。在显微镜下观察蚕丝，很容易区别蚕丝和其他纤维(图1-2-11)。

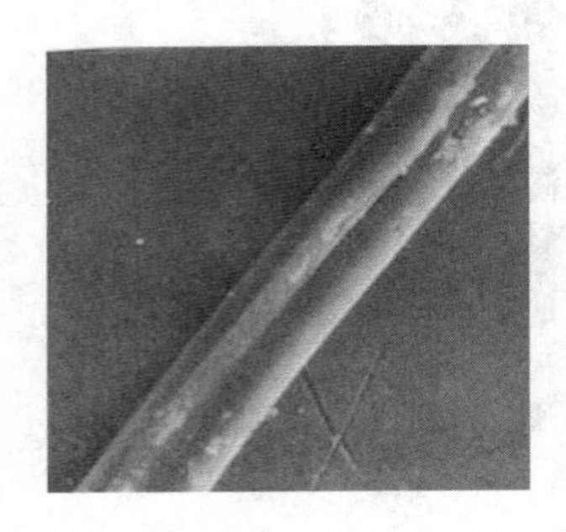

图1-2-11(a) 蚕丝纵向形态

图1-2-11(b) 蚕丝横截面形态

纵向形态：一根蚕丝由两根平行的单丝(丝素)，外包丝胶构成，如树干状，粗细不匀，且有许多异状节(即疵点)。

横截面形状：桑蚕丝的单丝截面呈三角形，柞蚕丝的横截面形状为锐三角形，更为扁平呈楔状。

3. 常见天然纤维及织物性能比较

(1) 棉纤维及织物的基本特性

棉纤维是最常见的纺织原料，它是从棉属的各种棉植物的种子上取得的纤维，主要成分是纤维素。其主要性能与特点如下：

① 长度。细绒棉的平均手扯长度为25～33 mm，长绒棉的平均手扯长度为33～45 mm。

② 线密度。细绒棉为0.143～0.222 tex，长绒棉为0.111～0.143 tex。

③ 吸湿性。回潮率为8%～13%，公定回潮率为8.5%。

④ 强伸性。细绒棉的断裂长度为20～30 km，断裂伸长率为3%～7%。

⑤ 化学稳定性。较耐碱而不耐酸，无机酸对棉织物有水解作用；棉织物的耐碱性好，若用20%烧碱液处理，面料会剧烈收缩，断裂强度明显增加，并获得耐久光泽，这就是常说的“丝光作用”。

⑥ 外观性能。染色性好；光泽柔和、暗淡，风格自然朴实；弹性差，不挺括，易起皱，常用免烫整理，以改善其外观。

⑦ 舒适性能。手感较柔软，保暖性好，吸湿、透气，穿着舒适，不易产生静电。

⑧ 耐用性与加工保养性能。弹性差，耐磨性不够好；易霉，易变质；长时间暴晒会导致褪色和强力下降。

(2) 麻纤维及织物的基本特性

麻纤维一般指麻类植物的韧皮纤维和叶纤维。苎麻和亚麻是常用的纺织纤维，苎麻是从苎麻植物的茎部取得的纤维，亚麻是从亚麻植物的茎部取得的纤维，它们的主要成分都是纤维素，并含有较多的半纤维素和木质素。其主要性能与特点如下：

① 长度和细度。苎麻的平均长度为20～250 mm，线密度为0.4～0.9 tex；亚麻的平均长度为17～25 mm，线密度为0.29 tex。

② 吸湿性。回潮率在14%左右。

③ 强伸度。单纤强度为 5.3～7.9 cN/dtex，在天然纤维中居首位，湿强高于干强。

④ 外观性能。光泽较好，颜色较灰暗；制品粗硬，有挺爽的手感和粗细不匀的纹理特征；弹性差，易皱。

⑤ 舒适性能。吸湿性好，吸湿放湿快，导热性好，不易产生静电；比较粗硬，毛羽与人体接触时有刺痒感。

⑥ 耐用性与加工保养性能。强度高(是棉的两倍)，制品结实耐用；熨烫温度在常用纤维中为最高；纤维较脆硬，经常折叠的地方容易断裂，保存时不应重压。

(3) 毛纤维及织物的基本特性

毛纤维是指从某些动物身上取得的纤维，其中羊毛、羊绒、马海毛等是常用的纺织纤维，具有许多优良性能，主要成分是蛋白质。其主要性质与特点如下：

① 长度和细度。绵羊毛中，细毛的长度为 6～12 cm，半细毛的长度为 7～18 cm；平均直径为 14.5～25 μm，品质支数在 60 支以上。

② 吸湿性。常见纤维中为最好，回潮率为 15%～17%。

③ 强伸度。强度是常见天然纤维中最低的，伸长是常见天然纤维中最大的，弹性回复力是常见天然纤维中最好的，故毛织物不易产生皱纹。

④ 缩绒性。在湿热及化学试剂的作用下，经机械外力反复挤压，羊毛纤维集合体逐渐收缩紧密，并相互穿插纠缠，交缠毡化。这一性能称为羊毛的缩绒性。在现实生活中，羊毛衫洗涤后缩小是羊毛缩绒性的体现。

⑤ 化学稳定性。较耐酸而不耐碱，不耐氯化和氧化，对羊毛进行氯化处理(表面改性)，不但消除羊毛鳞片，而且纤维变细，强力、光泽等性能变好，称为“丝光处理”。

⑥ 外观性能。吸水性好，易染色；光泽柔和，手感滑糯、丰满，弹性好。

⑦ 舒适性能。保暖性好，延伸性及弹性极高。

⑧ 耐用性能与加工保养性能。不宜在太阳下暴晒，耐干热性差，湿态下的耐热性较好，易受虫蛀，不可用氧化剂漂白。

(4) 丝纤维及织物的基本特性

丝纤维是由一些昆虫丝腺分泌的，特别是由鳞翅目幼虫分泌的两根丝素蛋白长丝，并通过丝胶黏合形成的纤维。常用丝纤维有桑蚕丝和柞蚕丝。桑蚕丝颜色洁白，光泽好；柞蚕丝含有天然淡黄色色素，不易去除。桑蚕丝主要用于高档产品。蚕丝具有以下特点和性能：

① 长度和细度。蚕丝属于天然长丝纤维，其长度可以人为确定；桑蚕丝的细度为 1.4～2.0 dtex，柞蚕丝的细度为 2.8 dtex 左右。

② 吸湿性。吸湿性好，桑蚕丝和柞蚕丝的公定回潮率均为 11%。

③ 强伸性。强度大于羊毛而接近棉，桑蚕丝为 2.5～3.5 cN/dtex，柞蚕丝为 3～3.5 cN/dtex；断裂伸长率小于羊毛而大于棉，桑蚕丝为 15%～25%，柞蚕丝为 23%～27%。蚕丝的弹性回复能力小于羊毛而优于棉。

④ 外观性能。桑蚕丝颜色洁白，光泽较柔和，柔软有弹性，染色鲜艳；柞蚕丝呈淡黄色。

⑤ 舒适性能。蚕丝触感柔软、舒适、凉爽，穿着舒适。

⑥ 耐用性与保养加工性能。不耐盐水侵蚀，汗液中的盐分可使蚕丝强度降低，洗涤时应避免使用碱性洗涤剂，洗后不能绞干，应摊平晾干。不能用含氯的漂白剂进行处理，耐酸性低于羊毛，耐碱性比羊毛稍强。不耐日晒，低温熨烫。

二、化学纤维的认识与比较

化学纤维是指由人工加工制成的纤维状物体，可分为再生纤维、合成纤维和无机纤维三类。

1. 化学纤维的分类

(1) 再生纤维

再生纤维是以天然聚合物为原料，经化学方法制成，与原聚合物在化学组成上基本相同的化学纤维。

① 再生纤维素纤维：黏胶纤维、莫代尔纤维、铜氨纤维、醋酯纤维、莱赛尔纤维、富强纤维等(图 1-2-12)。

② 再生蛋白质纤维：大豆蛋白纤维、花生蛋白纤维、再生角朊纤维、再生丝素纤维等。

③ 再生淀粉纤维：利用玉米、谷类淀粉物质制成的纤维，如聚乳酸(PLA)纤维。

④ 再生合成纤维：利用废弃的合成纤维作为原料，经熔融或溶解，再经纺丝加工制成的纤维。

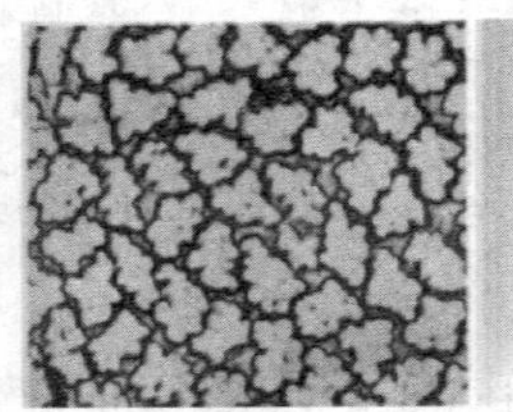
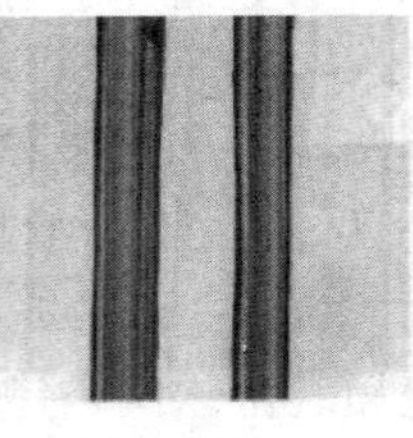

图 1-2-12(a)　黏胶纤维

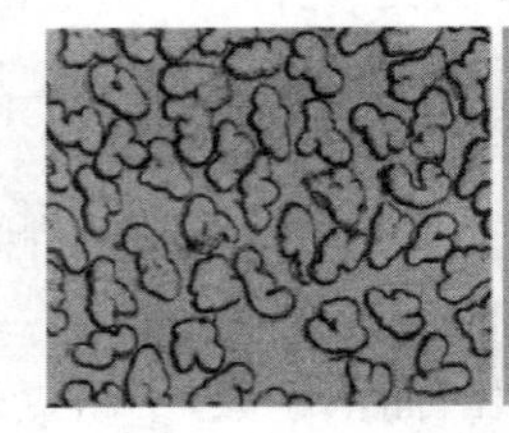
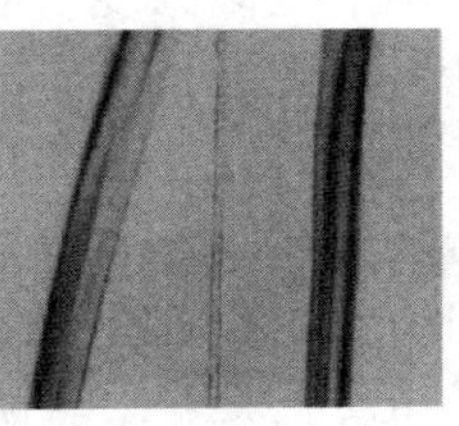

图 1-2-12(b)　高湿模量黏胶纤维

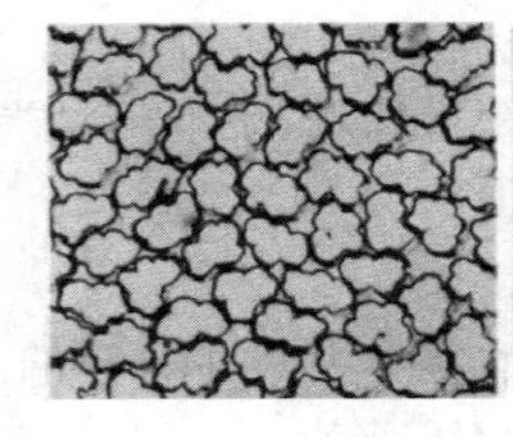

图 1-2-12(c)　醋酯纤维

(2) 合成纤维

利用单体经人工合成获得的聚合物为原料而制成的化学纤维，称为合成纤维。

① 聚酯纤维：利用大分子链中的各链节通过酯基相连的成纤聚合物纺制的合成纤维。

② 锦纶：分子主链由酰胺键连接起来的合成纤维。

③ 腈纶：由丙烯腈含量在 85%以上的丙烯腈共聚物或均聚物纺制的合成纤维。

④ 丙纶：分子组成为聚丙烯的合成纤维。

⑤ 维纶：以聚乙烯醇为原料，并在后加工中经缩甲醛处理得到的合成纤维。

⑥ 氯纶：分子组成为聚氯乙烯的合成纤维。

⑦ 其他：乙纶、氨纶、乙氯纶及混合高聚物纤维等。

(3) 无机纤维

主要成分由无机物构成的纤维。

① 玻璃纤维：以玻璃为原料，通过拉丝成形的纤维。

② 金属纤维：由金属物质制成的纤维，包括外涂塑料的金属纤维、外涂金属的高聚物纤维及包覆金属的芯线。

③ 陶瓷纤维：以陶瓷类物质制得的纤维，如氧化铝纤维、碳化硅纤维、多晶氧化物纤维。

④ 碳纤维：以高聚物合成纤维为原料，经碳化加工制取，纤维化学组成中碳元素质量占总质量 90%以上的纤维，是无机化的高聚物纤维。

2. 化学纤维的形态结构比较

化学纤维在生产过程中可由人工加以控制，其长短、粗细可按照需要进行选定。化学纤维可根据需要制成长丝，如涤纶长丝、黏胶长丝等；也可制成短纤维，如棉型化纤（长度为 30～40 mm，用于仿棉或与棉混纺）、毛型化纤（长度为 75～150 mm，用于仿毛或与毛混纺）和中长型化纤（长度为 40～75 mm，用于仿毛织物）。

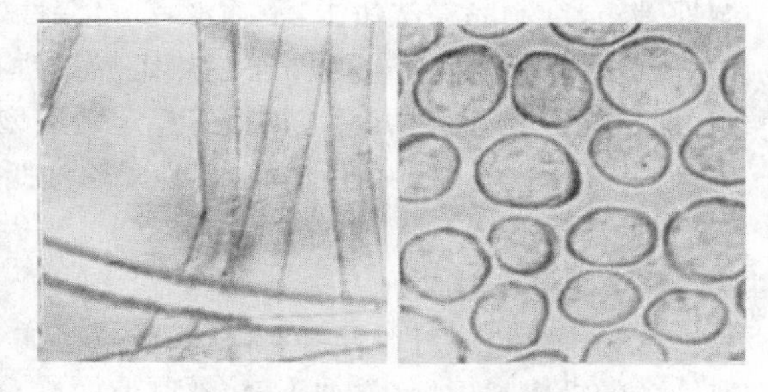

图 1-2-13　涤纶纵横截面

化学纤维一般分为长丝和短纤维两种，其截面形态多为圆形，而纵向光滑平整。常见纤维的形态特征如图 1-2-13 和图 1-2-14 所示。

但黏胶纤维是一个例外，即横截面不是圆形，而是锯齿形。这与纤维生产过程中凝固时的收缩有关，见图 1-2-15。

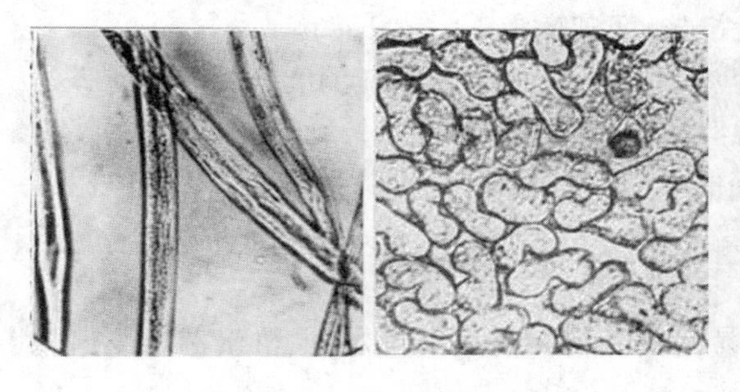

图 1-2-14　腈纶纵横截面

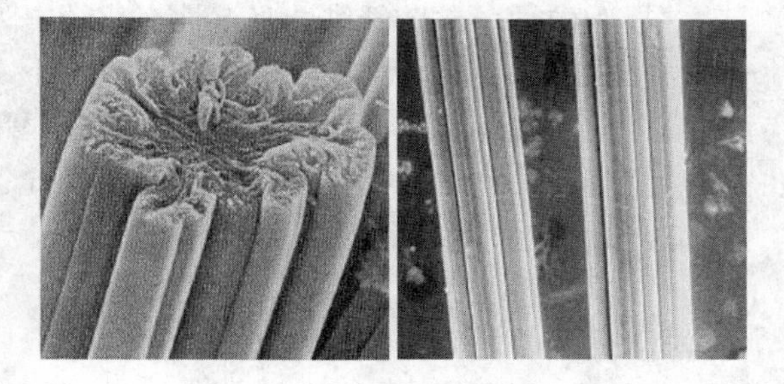

图 1-2-15　黏胶纤维纵横截面

为了改善服装面料的外观和性能，开发了许多差别化纤维（包括异形纤维、中空纤维、复合纤维），观察时要注意区别。差别化纤维的介绍详见下文的扩展知识。图1-2-16(a)、(b)所示分别为由显微镜观察到的四孔中空纤维、导电纤维（复合纤维）的横截面。

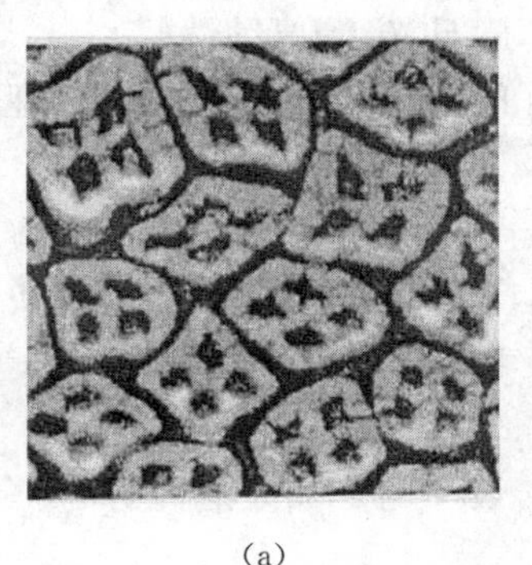

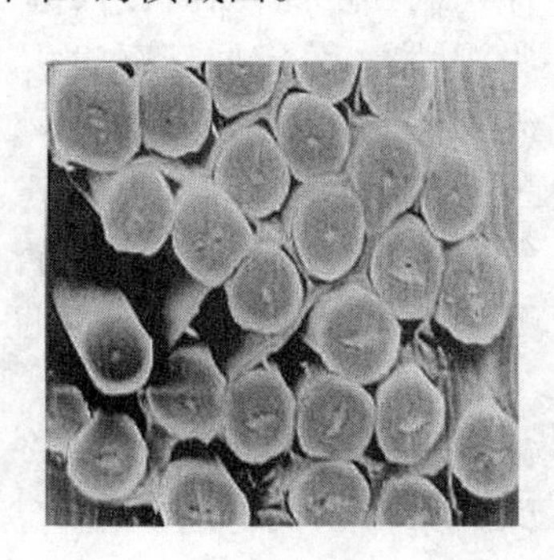

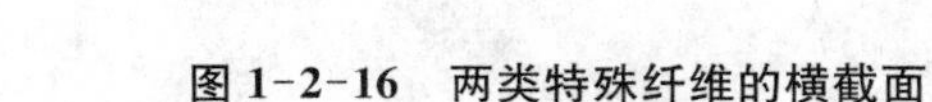

(a)　(b)

图 1-2-16　两类特殊纤维的横截面

3. 常见化学纤维及织物性能

常见化学纤维在性能上具有以下共性：

① 纤维均匀，长短粗细等外观形态较一致，不像天然纤维差异较大。纤维截面可根据需要纺成圆形、三角形等形状，不同截面的纤维会产生不同的光泽、耐用性、保暖性等。

② 大多数合成纤维的强度高、弹性好，结实耐用，服装保形性好，不易起皱。

③ 纤维长丝易勾丝，合成短纤维织物易起毛起球。由于大多数合纤的表面光滑，因此纤维容易从织物中滑出，形成毛球和勾丝；而且，合纤的强度高，耐疲劳性好，毛球不易脱落，所以起毛起球严重。

④ 吸湿性普遍低于天然纤维，热湿舒适性不如天然纤维，易起静电，易吸灰；但是，由于吸湿性差，合纤制品易洗快干，不缩水，洗可穿性好。

⑤ 热定形性大多较好。通过热定形处理可使合纤制品的热收缩率减小，尺寸和形状稳定，保形性提高，同时可形成褶裥等稳定的造型。

⑥ 合纤一般都具有亲油性，容易吸附油脂，且不易去除。

⑦ 合纤不霉不蛀，保养方便。

（1）黏胶纤维

这是一种再生纤维素纤维，从不能直接加工的纤维原料（如棉短绒、甘蔗渣、芦苇等）中提取纯净的纤维素，经化学加工、纺丝制造而成。从形态分有短纤维和长丝两种：短纤维俗称人造棉；长丝又称人造丝，分为有光、无光和半无光三种。

① 吸湿性。黏胶纤维的吸湿性在化纤中为最佳，回潮率为13%～15%。

② 强伸性。断裂强度较低，尤其在湿态下，湿强仅为干强的50%左右，耐磨和耐疲劳性差。

③ 化学性能。与棉相似，较耐碱而不耐酸，但耐碱和耐酸性均低于棉纤维。

④ 外观性能。手感柔软，染色性好，色泽艳丽；不耐水洗，洗后尺寸不稳定；织物弹性差，易起皱变形，且不易回复。

⑤ 舒适性能。吸湿性好，穿着舒适。

⑥ 耐用性与保养加工性能。耐磨性不良，易起毛、破裂；耐热性较好，但机洗温度不宜太高；洗涤耐穿性较差，但价格低廉。

（2）涤纶纤维

它是一种聚酯纤维，学名为聚对苯二甲酸乙二酯纤维，用煤、石油、天然气制成低分子化合物，再经人工合成与机械加工制得。1946年，涤纶首先在英国开发成功，商品名为“特丽纶”。

① 涤纶的强度高，耐磨性仅次于锦纶，弹性回复性好，挺括，不易产生褶皱，保形性好。

② 吸湿性差，公定回潮率为0.4%；不易染色；耐高温，耐日光，耐腐蚀性好。

③ 外观性能。根据产品的外观和性能要求，通过不同的加工，涤纶可仿丝、棉、麻、毛等纤维的手感与外观。

④ 舒适性能。由于吸湿性、导热性差，穿着闷热，不透气；易积蓄静电，易吸灰。

⑤ 耐用性与加工保养性。强度高，延伸性、耐磨性好，产品结实耐用；制品易洗快干，洗可穿性好。

（3）锦纶纤维

即聚酰胺纤维，又称尼龙，于1939年在美国开发成功，最早的产品是尼龙袜，是合成纤维中工业化生产最早的品种。

① 常见纤维中耐磨性为最好;吸湿性较涤纶好。

② 密度小,织物轻盈;耐热性不良,不耐日光;耐腐蚀性好。

③ 外观性能。弹性、回复性好,织物不易起皱,但纤维刚度小,保形性较涤纶差,外观不够挺括,很小的拉伸力就能使织物变形。

④ 舒适性能。吸湿性较差,公定回潮率为4%,易起静电;导热性差,穿着较闷热。

⑤ 耐用性与加工保养性。锦纶耐磨,强度高,但耐光性差,阳光下易泛黄,强度降低,洗后不宜晒干。

(4) 腈纶纤维

腈纶的学名为聚丙烯腈纤维,于1950年开发成功,商品名为"奥纶""开司米纶"等。其织物手感丰满,酷似羊毛,因而有"合成羊毛"之称。

① 耐日光性在常见纤维中是最好的;吸湿性不如锦纶。

② 弹性回复性好,强度不如涤纶和锦纶;化学稳定性好。

③ 外观性能。腈纶柔软、蓬松、保暖,很多性能与羊毛相似,织物手感丰满、温暖。

④ 舒适性能。腈纶的热导率低,纤维蓬松,保暖性好,而且密度小,相同保暖性下,比羊毛轻;吸湿性差,回潮率为1.5%~2%,易起静电,易吸灰尘。

⑤ 耐用性与加工保养性。腈纶的耐日光性和耐气候性突出,免烫性好,不霉不蛀。

(5) 丙纶纤维

丙纶的学名为聚丙烯纤维,1960年在意大利首先实现工业化,其生产工艺简单、成本低,是最廉价的合纤之一。

① 丙纶是常见纤维中唯一一种密度小于水的纤维;几乎不吸湿,但芯吸能力很强,吸湿排汗作用明显;染色性能较差。

② 丙纶的强度高,伸长大,弹性优良,耐磨性好;热稳定性差,不耐日晒,易老化脆损。

③ 外观性能。纤维具有蜡状的手感和光泽,染色困难,一般用原液染色或改性后染色。纤维弹性和回复性好,产品挺括,不易起皱,尺寸稳定,保形性好。

④ 舒适性能。密度小,是服装用纤维中最轻的;吸湿性差,回潮率几乎为0,在使用和保养过程中易起静电和毛球。

⑤ 耐用性与加工保养性。丙纶的强度高,弹性和耐磨性好,结实耐用;耐热性、耐光性和耐气候性差,化学稳定性好。

(6) 氨纶纤维

氨纶于1945年由美国杜邦公司开发成功,商品名为"莱卡"。

氨纶具有高弹性、高回复性和尺寸稳定性,弹性伸长可达6~8倍,回复率为100%,因此广泛用于弹力织物、运动服、袜子等产品。氨纶的优良性能还包括良好的耐气候性和耐化学药品性,在寒冷、风雪、日晒情况下不失弹性,能抗霉、虫蛀及绝大多数化学物质和洗涤剂,但耐热性差。

(7) 维纶纤维

维纶的性能与棉相似,维纶织物的手感与外观类似棉布,所以有"合成棉花"之称,常用来与棉混纺。

维纶的吸湿性是普通合纤中最高的,回潮率为4.5%~5%;密度小于棉,热导率低,故质量较轻,保暖性好;强度较高,弹性较棉花略好,耐磨性是棉的5倍,较棉制品结实耐用;耐干热性较好,耐湿热性差,耐化学药品性较强,耐日光、耐腐蚀,不霉不蛀。

(8) 氯纶纤维

氯纶是最早开发的合成纤维，原料丰富、工艺简单、成本低廉，是目前最廉价的合纤之一，但由于产品的热稳定性差等原因，其制品始终处于低谷。

氯纶的吸湿性差，回潮率几乎为0，染色困难；电绝缘性强，摩擦后易产生大量负电荷；阻燃性和耐化学药品性好，耐热性差。

4. 常用新型纤维的性能比较

(1) 竹原纤维和竹浆纤维

竹原纤维是从竹子的茎部分离出来的物质，属于天然的竹纤维。竹原纤维的化学成分主要是纤维素、半纤维素和木质素，其总量占纤维干燥质量的90%以上。竹浆纤维是通过类似黏胶工艺获得的，纤维素(即竹子的主要成分)经溶解、过滤、挤压而形成纤维。因此，竹原纤维为天然纤维素纤维，而竹浆纤维为再生纤维素纤维。

(2) 莱赛尔和莫代尔

莱赛尔是一种高湿模量纤维素纤维。该纤维的原料来自木材，它的生产工艺过程简单，生产周期短，纺丝过程中使用的溶剂NMMO的回收率可达99%以上，生产过程不污染环境，而且原材料消耗少，原料丰富，产品具有可降解性，是最典型的绿色环保纤维。

莫代尔(Modal)是奥地利兰精集团公司开发的高湿模量的纤维素再生纤维。该纤维的原料采用欧洲的榉木，先将其制成木浆，再通过专门的纺丝工艺加工成纤维。该产品原料全部为天然材料，对人体无害，并能够自然分解，对环境无害。

(3) 大豆蛋白纤维

大豆蛋白纤维属于再生植物蛋白纤维，是从大豆(榨取过油脂的豆渣)中提取蛋白质，经化学方法配制成蛋白液，并与聚乙烯醇共聚共混，再经纺丝交联而得到的，根据两种成分的共混比例不同可分为大豆蛋白纤维(蛋白质含量在50%及以上)和大豆蛋白复合纤维(蛋白质含量为16%～50%)，其中大豆蛋白复合纤维较为常见。

(4) 甲壳素纤维

将虾、蟹、昆虫等甲壳动物的甲壳粉碎、干燥后，经化学和生物处理，得到一种壳聚糖，将其溶于适当的溶剂中，采用湿法纺丝工艺制成的纤维，就是甲壳素纤维，它属于再生纤维。

【拓展知识】

新型高科技纤维与面料

(1) 高功能面料

① 超防水织物。普通的雨衣可以阻止雨水的渗透，但不利于排除汗水和水蒸气。透湿防水面料改变了这一缺点，利用水蒸气微粒和雨滴大小的极大差异，在织物表面贴合孔径小于雨珠的多孔结构薄膜，使雨珠不能穿过，而水蒸气、汗液却能顺利通过，从而有利于透气。

② 阻燃面料。采用阻燃纤维，或经阻燃剂整理与树脂加工而成的，具有良好阻燃性能的面料，对火焰有一定的阻燃效果，适合制作阻燃防护服及宾馆用装饰地毯。

③ 变色面料。指能随光、热、液体、压力、电子线等变化而变色的面料，是将变色材料封入微胶囊，分散到树脂液中涂于布面而制成的。可用来制作交通服、游泳衣等，起到安全防护的作用；也可制作舞台装，形成五彩斑斓、神秘的效果。

④ 抗静电面料。采用亲水整理或加入导电纤维的方法,使面料具有导电性。这种面料不易吸灰、抗静电,适合制作地毯和特种工作服(如防尘服等)。

⑤ 保温面料。是指采用碳化锆系化合物微粒子,加入锦纶和涤纶纤维中,能高效吸收太阳能并转换为热量的一种面料,即远红外保温面料,对寒冷环境中的服装具有很重要的意义。

⑥ 抗菌除臭面料。具有抑制纤维中的细菌繁殖,产生除臭效果的功能,且对人体和环境安全,主要用途有短袜、汗衫、运动服、床上用品、病房用品、室内装饰织物等。

⑦ 香味面料。将香味封入特殊的胶囊中,再黏附于织物而制成。在穿用过程中,微胶囊因摩擦破损,香料慢慢向外散发,给人轻松、愉快感。

⑧ 紫外线屏蔽面料。是将陶瓷粉末加入纺丝原液中而制得的防紫外线面料。除了用作服装面料外,多用于运动服、长统袜、帽子和阳伞。

⑨ 纳米类纤维(特殊功能纤维)。玉石纤维是运用萃取和纳米技术,使玉石和其他矿物质材料达到亚纳米级水平,然后熔入纺丝熔体中,经纺丝加工而制成。玉石纤维广泛用于针织、机织等织造工艺,既能和棉、毛、丝、麻及化纤类短纤维混纺,也能纯纺。

珍珠纤维是采用高科技手段,在黏胶纤维纺丝时将纳米级珍珠粉加入纤维内,使纤维内部和表面均匀分布纳米珍珠微粒,纤维异常光亮滑爽。珍珠纤维既有珍珠养颜护肤的功效,又有黏胶纤维吸湿透气、穿着舒适的特性,是国内首创的高档功能性纤维。

(2) 高感性面料

① 超蓬松面料。采用超细异收缩混纤丝生产,超过真丝的丰满感的织物,即市售的重磅真丝类面料。其蓬松程度可根据纤维的收缩差异任意改变。

②“丝鸣”面料。为模仿真丝织物在穿着过程中因摩擦而发出的“丝鸣”声而制成的纤维截面为花瓣形的合纤面料,具有很好的“丝鸣”声,可用来治病。

(3) 高技术面料

①“洗可穿”面料。即免烫抗皱面料,采用特殊树脂整理剂进行整理,而获得服装形态和尺寸稳定、洗后褶皱线条保持不变的永久性记忆面料。目前,全棉免烫织物及洗可穿羊毛织物的整理工艺已经较成熟。

② 涂层砂洗面料。是国际上较为流行的面料。先在真丝面料上涂一层颜色,制成服装后再进行砂洗。面料具有柔软、飘逸、色泽柔和的特点,很受广大青年的喜爱。

③ 凉爽羊毛。采用低温等离子体处理羊毛,使羊毛表面的鳞片刻蚀,从而提高和改进羊毛的透湿透气性及手感和光泽,达到夏季贴身穿用的目的。

④ 桃皮绒。采用超细纤维制得的表面有细、短、密绒毛,形状似水蜜桃表皮的织物。其色彩鲜艳,有真丝绒的柔软感和透湿性能,有化纤的挺括、免烫特点,主要用作西服、套裙、夹克、风衣及休闲、轻便装。

(4) 医用材料

① 中空黏胶纤维材料因具有吸水性好、可溶解、强度高等特点,除作为衣用外,还常用作医疗卫生材料,作为人工肾渗透膜、病毒分离膜等。

② 壳质类纤维材料因具有与纤维素不同的生物体内消化性,作为医用材料已受到重视、在手术缝合、伤口包扎等领域得到了积极应用。

③ 胶原纤维材料,是一种明胶和骨胶材料,可利用酶对不溶性的原胶原进行处理,得到可溶性的胶原。它的生物适应性不言而喻,因为它与人体组织器官中的蛋白质是一致的,具有无

抗原性、生物体吸收性、膜和纤维强度高等特点。

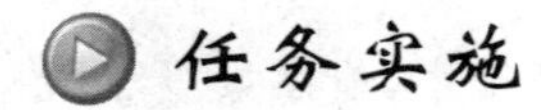

服装纤维的鉴别

服装纤维鉴别

➢ 实施目的

① 了解不同类型的服装纤维的鉴别方法。

② 熟练掌握手感目测法、燃烧鉴别法、化学溶解法、显微镜观察法等。

➢ 材料/工具准备

① 材料准备：纯棉、涤/棉、纯麻、蚕丝、纯毛、涤纶、锦纶等纤维。

② 工具准备：酒精灯、镊子、显微镜、化学药剂、辅助器具等。

➢ 考核要求

① 熟悉各种纤维的外观和内在性能。

② 根据服装的不同用途正确选择纤维。

1. 纤维鉴别方法

纤维鉴别，就是利用纤维的外观形态或内在性质的差异，采用各种方法将其区分开来。鉴别的步骤，一般是先确定大类，再分出品种，然后作最后的验证。

（1）手感目测法

通过眼看、手摸，观察、感知纤维的长度、细度及其分布、卷曲、色泽、含杂类型、刚柔性、弹性、冷暖感等，从而识别各种纤维。常用纤维的手感目测比较如下表：

天然纤维与化学纤维的手感目测比较

观察内容	天然纤维	化学纤维
长度、细度	差异很大	相同品种比较均匀
含杂	附有各种杂质	几乎没有
色泽	柔和，但不够均一	近似雪白，均匀，有的有金属般光泽

各种天然纤维的手感目测比较

纤维品种	棉	苎麻	羊毛	蚕丝
手感	柔软	粗硬	弹性好，有暖感	柔软、光滑，有冷感
长度(mm)	15～40，离散大	60～250，离散大	20～200，离散大	很长
细度(μm)	10～25	20～80	10～40	10～30
含杂类型	碎叶、硬籽、僵片、软籽等	麻屑、枝叶	草屑、粪尿、汗渍、油脂等	大糙、小糙、颣节等

天然纤维的长度整齐度差：棉纤细、柔软，长度短；麻手感粗硬；羊毛较长，有卷曲，柔软而有弹性；丝长而细，有特殊光泽。化学纤维的长度整齐度好，不易再细分。

通过手感目测可知，在外观方面，天然纤维与化学纤维的差异很大，而天然纤维中不同品种的差异也很大。因此，手感目测法是鉴别天然纤维与化学纤维，以及天然纤维中棉、麻、丝、毛等品种的简便方法之一。

(2) 燃烧法

燃烧法是常用的一种鉴别方法,操作简单易行,不需要复杂的工具或设备。燃烧法多与其他方法结合使用,以提高辨别准确度。

① 鉴别原理与影响因素。燃烧鉴别法依据各种纤维的燃烧现象和燃烧特征而进行,如通过观察纤维的燃烧速度、续燃情况、燃烧气味、残留物等特征,可以推测出面料所含的原料成分,如下表:

三大类纤维的燃烧特征

纤维名称		燃烧状态			燃烧时的气味	残留物特征
		靠近火焰时	接触火焰时	离开火焰时		
天然纤维素纤维	棉、麻	不熔不缩	立即燃烧	迅速燃烧	纸燃味	呈细而软的灰黑絮状(棉)或灰白絮状(麻)
天然动物纤维	蚕丝、动物毛绒	熔融卷曲	卷曲、熔融、燃烧	略带闪光燃烧时自灭(蚕丝)或燃烧缓慢有时自灭(动物毛绒)	烧毛发味	呈松而脆的黑色颗粒(蚕丝)或黑色焦炭状(动物毛绒)
再生纤维素纤维	黏纤、铜氨纤维、莫代尔、莱赛尔	不熔不缩	立即燃烧	迅速燃烧	纸燃味	呈细而软的灰黑色絮状(莫代尔、莱赛尔)或灰白色灰烬(黏纤、铜氨纤维)
合成纤维	聚酯纤维	熔缩	熔融燃烧且冒黑烟	继续燃烧有时自灭	有甜味	呈硬而黑的圆珠状
	腈纶	熔缩	熔融燃烧	继续燃烧冒黑烟	辛辣味	呈黑色不规则小珠,易碎
	锦纶	熔缩	熔融燃烧	自灭	氨基味	呈硬的淡棕色透明圆珠状
	丙纶	熔缩	熔融燃烧	熔融燃烧液态下落	石蜡味	呈灰白色蜡片状
	氨纶	熔缩	熔融燃烧	开始燃烧后自灭	特异气味	呈白色胶状
	碳纤维	不熔不缩	像烧铁丝一样发红	不燃烧	略有辛辣味	呈原有状态
	金属纤维	不熔不缩	在火焰中燃烧并发光	自灭	无味	呈硬块状

采用燃烧法鉴别纯纺面料与纯纺纱交织面料时,燃烧现象十分明显,表现出单一原料的特征。对于混纺面料和混纺纱交织面料,燃烧时有“混合”现象,主要表现高含量纤维的特征。如一块面料燃烧时,既有烧毛发的气味也有其他气味,灰烬亦如此,说明其中含有羊毛。

此外,某些经过整理的面料,如阻燃、抗菌整理,燃烧现象会有较大出入,影响判断的准确率。因此,燃烧法比较适合纯纺面料与纯纺纱交织面料。选用燃烧法时,要细致观察,注意每一个细节现象,也可根据“混合”的燃烧现象,初步推测出其中的主要原料,再与感观法结合,做进一步的判断。机织物的经纬纱、不同类型的纱线,都应分别燃烧。

燃烧法能有效识别上述三大类纤维，在特定条件下，也可用于鉴别纤维，但难以鉴别相同种类的不同品种。

② 操作步骤

先准备织物一块，分别抽出几根经纬纱。用镊子夹持一束纱线，先靠近火焰，看是否有卷缩和熔融；然后伸入火焰，仔细观察燃烧情况及燃烧程度；片刻后，将试样离开火焰，观其能否燃烧继续；再将试样放入火焰中，让其彻底燃烧，进一步观察火焰的颜色，有无光亮、冒烟；待燃烧完毕，闻一闻散发出的气味，观察燃烧后残留灰烬的颜色、形状，并用手感觉其质地。

(3) 显微镜观察法

借助显微镜观察纤维的纵向形态和截面形状，或配合染色等方法，可以比较正确地区分天然纤维和化学纤维，参见图 1-2-8～图 1-2-16 和下表：

各纤维纵、横截面形态特征

纤维名称	横截面形态	纵面形态
棉	有中腔，呈不规则的腰圆形	呈平带状，稍有天然卷曲
丝光棉	有中腔，近似圆形或不规则腰圆形	近似圆柱状，有光泽和缝隙
苎麻	腰圆形，有中腔	纤维较粗，有长形条纹及竹状横节
亚麻	多边形，有中腔	纤维较细，有竹状横节
大麻	多边形、扁圆形、腰圆形，有中腔	纤维直径及形态差异很大，横节不明显
桑蚕丝	三角形或多边形，角是圆的	有光泽，纤维直径及形态有差异
柞蚕丝	细长三角形	扁平带状，有微细条纹
羊毛	圆形或近似圆形(或椭圆形)	表面粗糙，有鳞片
兔毛	圆形、近似圆形或不规则四边形，有髓腔	鳞片较小，与纤维纵向呈倾斜状；髓腔有单列、双列、多列
羊驼毛	圆形、近似圆形，有髓腔	鳞片有光泽，有的有通体或间断髓腔
驼绒	圆形、近似圆形，有色斑	鳞片与纤维纵向呈倾斜状，有色斑
黏纤	锯齿形	表面平滑，有清晰条纹
莫代尔	哑铃型	表面平滑，有沟槽
莱赛尔	圆形或近似圆形	表面平滑，有光泽
铜氨纤维	圆形或近似圆形	表面平滑，有光泽
涤纶	圆形或近似圆形及各种异形截面	表面平滑，有的有小黑点
腈纶	圆形，哑铃状或叶状	表面光滑，有沟槽和(或)条纹
锦纶	圆形或近似圆形及各种异形截面	表面光滑，有小黑点
维纶	腰子形(或哑铃形)	扁平带状，有沟槽
氨纶	圆形、蚕茧形	表面平滑
乙纶	圆形或近似圆形	表面平滑，有的带有疤痕
丙纶	圆形或近似圆形	表面平滑，有的带有疤痕
石棉	不均匀的灰黑糊状	粗细不匀
玻璃纤维	透明圆珠形	表面平滑、透明

显微镜观察法，是广泛采用的一种方法，既能鉴别单一成分的纤维，又可用于多种成分混合的混纺产品的鉴别。许多新型再生纤维素（Lyocell、Modal、竹浆纤维等）或蛋白质纤维（大豆纤维、甲壳素纤维）与天然纤维，用燃烧法不易区别，通常采用显微镜法加以区别。

（4）溶解法

是指利用各种纤维在不同的化学溶剂中的溶解性能来鉴别纤维的方法，适用于各种纺织纤维，特别是合成纤维，包括染色纤维或具有混合成分的纤维、纱线与织物。各种纤维在化学溶剂中的溶解情况如下表：

常见纤维的溶解性能

纤维名称	溶液（溶剂）											
	95%～98%硫酸		70%硫酸		60%硫酸		40%硫酸		36%～38%盐酸		15%盐酸	
	24～30 ℃	煮沸	24～30 ℃	煮沸	24～30 ℃	煮沸	24～30 ℃	煮沸	24～30 ℃	煮沸	24～30 ℃	煮沸
棉	S	S_0	S	S_0	I	S_0	I	P	I	P	I	P
麻	S	S_0	S	S_0	P	S_0	I	S_0	I	P	I	P
蚕丝	S	S_0	S_0	S_0	S	S_0	I	S_0	P	S	I	P
动物毛绒	I	S_0	I	S_0	I	S_0	I	S_0	I	P	I	I
黏纤	S_0	S_0	S	S_0	P	S_0	I	S	S	S_0	I	P
醋纤	S_0	S_0	S_0	S_0	S	S_0	I	I	S	S_0	I	S
聚酯纤维	S	S_0	I	I	I	I	I	I	I	I	I	I
腈纶	S	S_0	S	I	S_0	I	I	I	I	I	I	I
锦纶 6	S	S_0	S	S	S_0	S_0	S_0	S_0	S_0	S_0	S	S_0
锦纶 66	S_0	S_0	S	S	S_0	S	S_0	S_0	S_0		I	I
氨纶	S	S_0	S	S	I	S_0	I	P	I	I	I	S
维纶	S	S_0	S	S_0	S	S_0	P	S_0	S_0		I	I
氯纶	I	I	I	I	I	I	I	I	I	I	I	I
乙纶	I	□	I	□	I	□	I	I	I	I	I	I

注：S_0——立即溶解；S——溶解；P——部分溶解；□——块状；I——不溶解。

（5）药品着色法

该法根据不同纤维对某种着色剂的呈色反应不同来鉴别纤维，适用于未染色纤维、纯纺纱线和纯纺织物。

① 碘-碘化钾试剂法。将 20 g 碘溶解于 100 mL 的碘化钾饱和溶液中，再将未知纤维浸入溶液中，0.5～1 min 后取出未知纤维，用水冲洗干净，根据着色不同来鉴别纤维的种类。几种纺织纤维的着色反应如下表：

几种纺织纤维的着色反应(碘-碘化钾试剂)

纤维种类	着色反应	纤维种类	着色反应
棉	不着色	维纶	蓝灰
麻	不着色	锦纶	黑褐
蚕丝	浅黄	腈纶	褐色
羊毛	浅黄	涤纶	不着色
黏胶纤维	黑蓝青	氯纶	不着色
醋酯纤维	黄褐	丙纶	不着色

② 氯化锌-碘试剂法。将纤维放在载玻片上,滴上一滴氯化锌-碘试剂,盖上盖玻片,用滤纸吸去多余试剂;然后将载玻片在酒精灯上加热少许,在显微镜下观察,根据纤维颜色及状态变化情况来鉴别未知纤维,如下表:

几种纺织纤维的着色反应(氯化锌-碘试剂)

纤维种类	着色反应	纤维种类	着色反应
棉	不溶,呈蓝紫色	维纶	不溶,呈深蓝色,显著膨胀
毛	不溶,呈黄色	腈纶	溶解
黏胶纤维	不溶,呈蓝紫色	氯纶	不溶,不着色
涤纶	不溶,不着色	丙纶	不溶,不着色
锦纶	不溶,呈黄色,表面起皱	—	—

(6) 系统鉴别法

在实际鉴别中,有些材料使用单一方法较难鉴别,需将几种方法综合运用、综合分析,才能得到正确结论。

鉴别程序如下:

① 将未知纤维稍加整理,如果不属于弹性纤维,可采用燃烧法,将纤维初步分为纤维素纤维、蛋白质纤维和合成纤维三大类。

② 纤维素纤维和蛋白质纤维有不同的形态特征,用显微镜就可鉴别。

③ 合成纤维一般采用溶解法鉴别。

【思考与练习】

1. 对合成纤维的七大纶,分别从纤维来源、纤维形态、外观性能、舒适性能、耐用和加工保养性五个方面进行分析。

2. 用于服装的纤维有哪些?它们是怎样分类的?说出几种常见化学纤维的学名及商品名。

3. 了解东丽、旭化成、帝人、东洋纺、钟纺、可乐丽、尤尼吉卡、三菱公司。

任务二 纱线认识与检测

服装面料的加工流程一般为“纤维原料→(加捻制条)纱线→(准备织造)→织物→(缝纫加工)→服装”。

任务引入

你知道以下纱线名称分别代表什么含义吗:

① 半精毛纺 R65/N30/羊绒 5/30^S。

② 65%亚麻/35%棉精梳紧密纺混纺纱 40^S/1。

③ TC40^S 涤/棉纱线;CVC21 支棉纱线。

④ 紧密纺高支弹力纱 50^S+40 D;60^S+30 D;70^S+20 D;80^S+20 D。

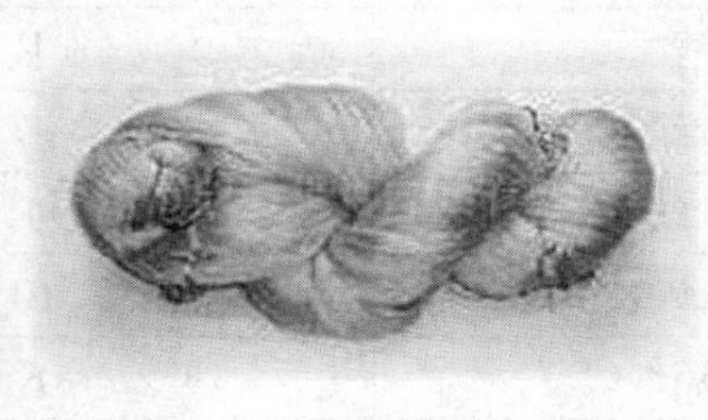

任务分析

① 了解纱线原料代号、类型,学会正确表达纱线的标识。

② 熟悉纱线的基本性能,学会测试纱线的基本性能。

③ 掌握纱线性能对织物性能的影响。

相关知识

一、纱线类别和名称表示

由纺织纤维制成,其长度很长,而横截面相当小,并具有一定力学性能的纺织制品,统称为纱线。纺织纤维有短纤维和长丝之分,通常,由短纤维经过加捻、抱合制成的纱称为短纤纱,由一根长丝(单丝)或多根长丝(复丝)组成的有捻或无捻的纱称为长丝纱。

“纱线”,其实是“纱”和“线”的统称,其在纺织服装领域的定义如下:

所谓“纱”是通过纺纱加工,使短纤纱或长丝纱沿轴向排列,并经加捻而成的;所谓“线”是由两根或两根以上的单纱合并加捻制成的股线,股线再合并加捻则成为复捻股线。

1. 了解纱线原料代号

(1) 常用纤维代号(表 1-2-2)

表 1-2-2 常用纤维代号

名称	编号	名称	编号
棉	C	涤纶	T
羊毛	W	锦纶	N
羊绒	WS	氨纶	SP
马海毛	M	腈纶	A
真丝	S	黏胶	R
麻	L	莱卡	LY
醋酯纤维	CA	维纶	V

(2) 常用纱线代号(表 1-2-3)

表 1-2-3 常用纱线代号

名称	编号	实例
绞纱线	R	R18，R14×2
筒子绞线	D	D18，D14×2
精梳纱线	J	J14.5，J18×2
半精梳纱线	BJ	BJ14.5,BJ18×2
针织汗布用纱线	K	10K,7.5×2K
起绒纱线	Q	95Q
烧毛纱线	G	G10×2
涤/棉混纺纱线	T/C	T/C(65/35)
棉/涤混纺纱线	CVC(C/T)	CVC(80/20)
棉/维混纺纱线	C/V	C/V (60/20)

2. 区分纱线的类型

(1) 按原料分

① 纯纺纱。纯纺纱是由一种纤维材料纺成的纱,如棉纱、毛纱、麻纱和绢纺纱等。此类纱适宜制作纯纺织物。

② 混纺纱。混纺纱是由两种或两种以上的纤维所纺成的纱,如涤纶与棉的混纺纱、羊毛与黏胶的混纺纱等。混纺纱线的命名,按原料混纺比的大小依次排列,比例多的在前;如果比例相同,则按天然纤维、合成纤维、再生纤维的顺序排列。如 50%涤纶、17%锦纶和 33%棉的混纺纱命名为“50/33/17 涤/棉/锦纱”;50%黏胶和 50%腈纶命名为“50/50 腈/黏纱”。

(2) 按纱线中的纤维状态分

① 短纤维纱。由一定长度的纤维,经过各种纺纱系统,把纤维捻合纺制而成的纱。

② 长丝纱。直接由高聚物溶液喷丝而成的长丝,分为单丝和复丝:单丝即单根纤维,常

用作尼龙袜、泳装的材料；复丝由若干根单丝组成，有一定捻度。

(3) 按纱线粗细分

① 粗特纱。粗特纱指细度为 32 tex 及以上(18^{S} 及以下)的纱。此类纱线适用于粗厚织物，如粗花呢、粗平布等。

② 中特纱。中特纱指细度为 21～32 tex(19～28^{S})的纱。此类纱线适用于中厚织物，如中平布、华达呢、卡其等。

③ 细特纱。细特纱指细度为 11～20 tex(29～54^{S})的纱。此类纱线适用于细薄织物，如细布、府绸等。

④ 特细特纱。特细特纱指细度为 10 tex 及以下(58^{S} 及以上)的纱。此类纱适用于高档精细面料，如高支衬衫、精纺贴身羊毛衫等。

(4) 按纱线工艺分

① 精纺纱。也称精梳纱，是指通过精梳工序纺成的纱，包括精梳棉纱和精梳毛纱。纱中纤维的平行伸直度高，条干均匀，纱身光洁，但成本较高，纱支较高。精梳纱主要用于高级织物及针织品，如细纺、华达呢、花呢、羊毛衫等。

② 粗纺纱。粗纺纱也称粗梳毛纱或普梳棉纱，是指通过一般的纺纱系统进行梳理，不经过精梳工序纺成的纱。粗纺纱中短纤维含量较多，纤维平行伸直度差，结构松散，毛茸多，纱支较低，品质较差。此类纱多用于一般织物和针织品，如粗纺毛织物、中特以上棉织物等。

③ 废纺纱。废纺纱是指用纺织下脚料(废棉)或混入低级原料纺成的纱。纱线品质差，纱身松软，条干不匀，含杂多，色泽差，一般用于织粗棉毯、厚绒布和包装布等低级织品。

(5) 按纱线结构分

① 普通纱线。具有普通外观结构，截面分布规则，近似圆形。

② 花式纱线。花式纱线是指通过各种加工方法而获得特殊的外观、手感、结构和质地的纱线，主要有三类，即花色线、花式线、特殊花式线。

花色线是指按一定比例，将彩色纤维混入基纱的纤维中，使纱上呈现鲜明的长短、大小不一的彩段、彩点的纱线，如彩点线、彩虹线等(图 1-2-17、图 1-2-18)。这种纱线多用于女装和男夹克衫。

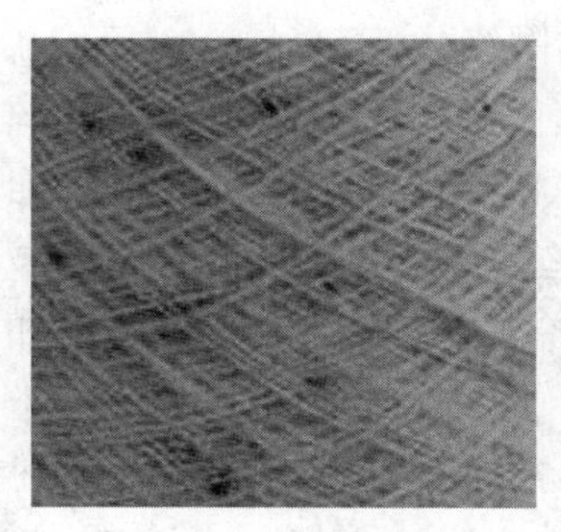

图 1-2-17　彩点线

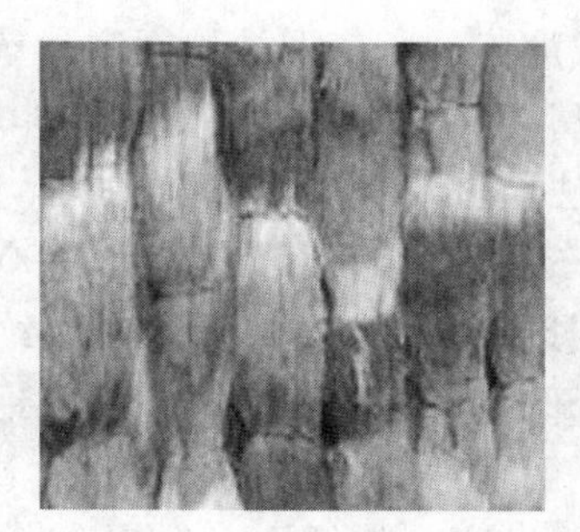

图 1-2-18　彩虹线

花式线是利用超喂原理得到的具有各种外观特征的纱线，如圈圈线、竹节线、螺旋线、结子线等(图 1-2-19～图 1-2-21)。此类纱线织成的织物手感蓬松、柔软，保暖性好，且外观别致，立体感强。它既可用于轻薄的夏季织物，又可用于厚重的冬季织物；既可用作衣着面料，又可用作装饰材料。

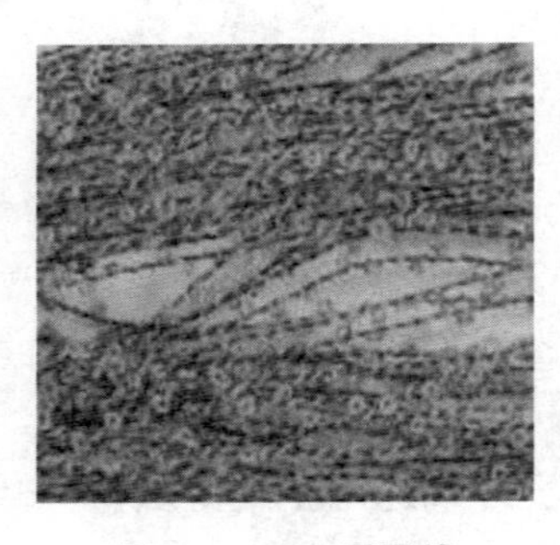
图 1-2-19　圈圈线

图 1-2-20　竹节线

图 1-2-21　结子线

特殊花式线主要指金银丝、雪尼尔线、拉毛线等(图 1-2-22～图 1-2-24)。金银丝主要指将铝片夹在涤纶薄膜片之间或蒸着在涤纶薄膜上而得到的金银线,即聚酯薄膜→镀膜→上色→切割,也可与其他丝线并捻。它既可用于织物,也可用作装饰用缝纫线,使织色物表面光泽明亮。雪尼尔线是用两根股线作芯线,通过加捻,将羽纱夹在中间纺制而成。拉毛线分为长毛和短毛拉毛线。长毛是对花圈线进行拉毛;短毛是对普通毛纱进行拉毛。拉毛线蓬松,手感柔软,应用原料广泛,如纯马海毛、毛/腈混纺、纯腈纶、氨纶弹力拉毛线等。

图 1-2-22　金银丝

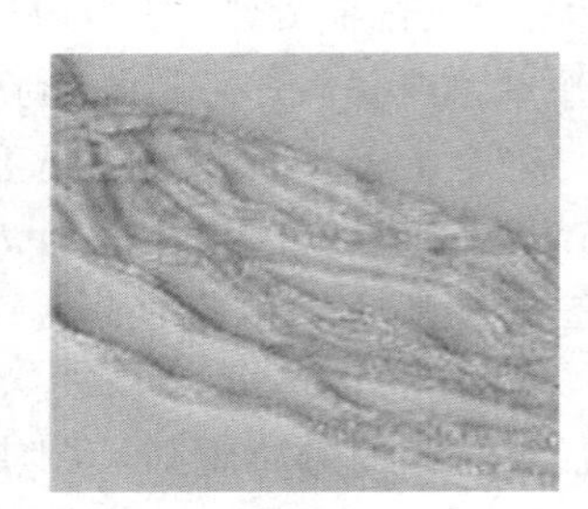
图 1-2-23　雪尼尔线

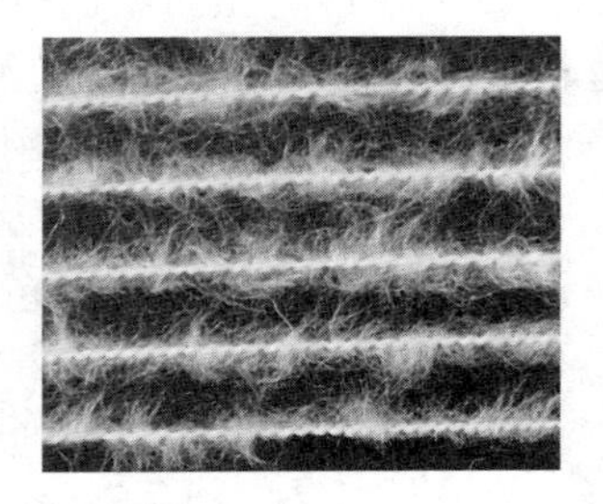
图 1-2-24　拉毛线

根据外形特征,还有其他花饰线,如大肚纱、念珠纱、灯笼纱、桑蚕纱、带子纱、梯形纱、羽毛纱、轨道纱、蜻蜓纱、牙刷纱、珠管连线纱等(图 1-2-25)。

③ 变形纱。变形纱是对合成纤维长丝进行变形处理,使之由伸直变为卷曲而得到的,也称为变形丝或加工丝。变形纱包括弹力丝、膨体纱和网络丝等。

弹力丝以弹性为主,其特征是纱线伸长后能快速回弹。工业化生产弹力丝的加工方法有假捻法、双捻法、复合丝法和刀边卷曲法,使纤维弯曲变形,产生弹性。目前,加工弹力丝主要用假捻法,其产量占全部衣用变形纱的 90%。弹力丝又分高弹和低弹两种:高弹丝以锦纶为主,用于弹力衫裤、袜类等;低弹丝有涤纶、丙纶、锦纶等,涤纶低弹丝多用于外衣和室内装饰布,锦纶、丙纶低弹丝多用于家具织物和地毯。

膨体纱先用两种不同收缩率的纤维混纺成纱线,然后将纱线放在蒸汽或热空气或沸水中处理。此时,收缩率高的纤维产生较大收缩,位于纱的中心,而混在一起的低收缩纤维,由于收缩小,被挤压在纱线的表面形成圈形,从而得到蓬松、丰满、富有弹性的膨体纱。腈纶膨体纱是较为常见的一种膨体纱。

网络丝指丝条在网络喷嘴中,经喷射气流作用,单丝互相缠结而呈周期性网络点的长丝。网络加工多用于 POY、FDY 和 DTY。网络技术与 DTY 技术结合制成的低弹网络丝,既有变形丝的蓬松性和良好的弹性,又有许多周期性网络点,提高了长丝的紧密度,省去了纺织加工

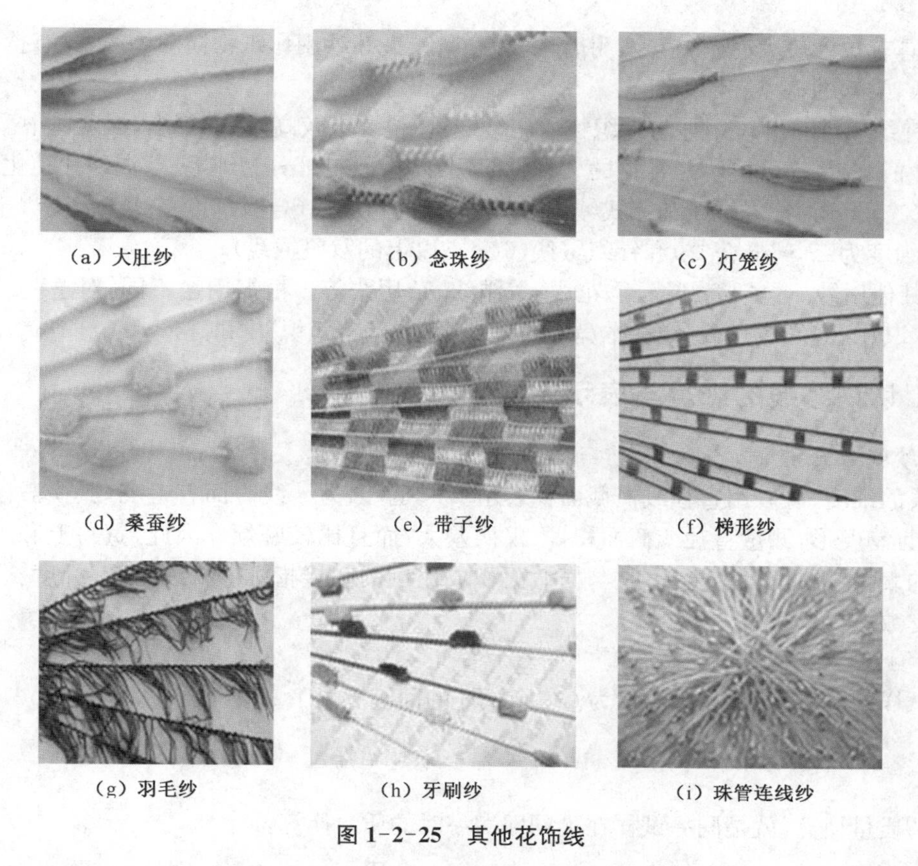
(a) 大肚纱 (b) 念珠纱 (c) 灯笼纱
(d) 桑蚕纱 (e) 带子纱 (f) 梯形纱
(g) 羽毛纱 (h) 牙刷纱 (i) 珠管连线纱

图 1-2-25 其他花饰线

的若干工序，并能改善丝束通过喷水织机的能力。

(6) 按纺纱方法分

① 环锭纱。环锭纱是指在环锭细纱机上，用传统的纺纱方法制成的纱线。纱中纤维内外缠绕连接，纱线结构紧密，强力高。此类纱线用途广泛，可用于各类织物。

② 自由端纱。自由端纱是指在高速回转的纺杯内或静电场内，使纤维凝聚并加捻而成的纱。其加捻与卷绕作用分别由不同的部件完成，因而效率高、成本较低，包括气流纱、静电纱、涡流纱和尘笼纱。

③ 非自由端纱。非自由端纱是由一种与自由端纱不同的新型纺纱方法纺制的纱，即在纤维加捻过程中，纤维条两端均为受握持状态，不呈自由端。这种新型纱线包括自捻纱、喷气纱和包芯纱等。各种纱线的结构差异如图 1-2-26 所示。

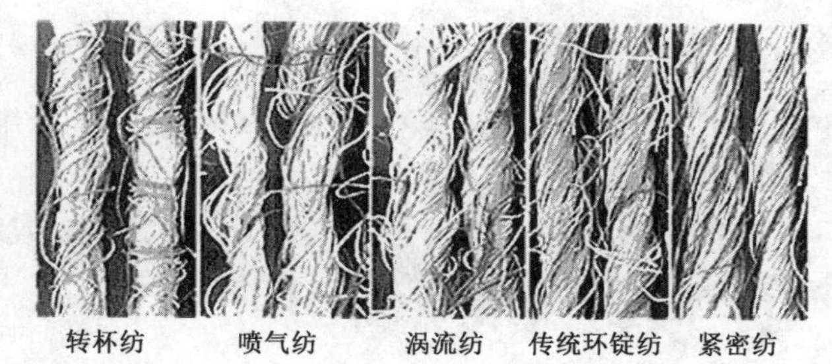
转杯纺 喷气纺 涡流纺 传统环锭纺 紧密纺

图 1-2-26 各类纺纱方法制成的纱线结构特征

(7) 按后加工分

有丝光纱、烧毛纱、本色纱、染色纱、漂白纱。

(8) 按用途分

① 机织用纱。机织用纱指加工机织物所用的纱线，分经纱和纬纱两种。经纱用作织物纵

向纱线，具有捻度较大、强力较高、耐磨性较好的特点；纬纱用作织物横向纱线，具有捻度较小、强力较低、柔软的特点。

② 针织用纱。针织用纱为针织物所用纱线，质量要求较高，捻度较小，强度适中。

毛纱俗称毛线或绒线，是常见的一种针织用纱，按原料可分为纯毛、毛混纺和纯化纤三类，按外观形态可分为常规绒线和花式绒线，按粗细分为粗绒线（合股细度在 2.5 公支以下）、细绒线（合股细度为 2.5～6 公支）和针织绒线（6 公支以上的双股绒线）。

③ 其他用纱。包括缝纫线、绣花线、编结线、杂用线等。根据用途不同，对这些纱的要求也不同。其中，缝纫线、编结线在本篇项目三“辅料的基本知识”中讲述。

二、认识纱线的细度与表示方法

1. 纱线细度指标

纱线的细度，可以用直径或横截面积表示。但是，因为纱线表面有毛羽，其横截面形状不规则，而且易变形，测量直径或截面积，不仅误差大，而且比较麻烦。因此，贸易上和工业上通常采用的表示纱线细度的指标，是与横截面积成比例的间接指标——线密度、纤度、公制支数和英制支数。

(1) 纱线的回潮率与质量换算

设试样的湿重为 G，干燥质量为 G_0，则试样的回潮率 W：

$$W = \frac{G - G_0}{G_0} \times 100\%$$

所谓质量换算，就是同一试样在不同回潮率时的质量换算：

$$G = G_0 \times \left(1 + \frac{W}{100}\right)$$

(2) 定长制

定长制是指一定长度的纤维（或纱线）所具有的质量，如线密度和纤度，其值越大，表示纱线越粗。

① 线密度（Tt）。线密度指 1000 m 长的纤维（或纱线）在公定回潮率时的质量（g），对于棉纱线俗称为“号数”，单位为“特克斯”（tex）或“分特克斯”（dtex）。其计算公式如下：

$$\mathrm{Tt} = \frac{G_k}{L} \times 1000$$

式中：Tt 为纤维（或纱线）的线密度（tex）；G_k 为纤维（或纱线）的公定质量（g）；L 为纤维（或纱线）的平均伸直长度（m）。

② 纤度（Td）。纤度是指 9000 m 长的纤维（或纱线）在公定回潮率时的质量（g），单位为“旦尼尔”（den），简称“旦”（D）。其计算公式如下：

$$\mathrm{Td} = \frac{G_k}{L} \times 9000$$

式中：Td 为纤维（或纱线）的纤度（den）。

(3) 定重制

定重制是指一定质量的纤维（或纱线）所具有的长度，相应的指标包括公制支数和英制棉纱支数，其值越大，表示纱线越细。

① 公制支数(N_m)。在公定回潮率时，1 g 纤维(或纱线)所具有的长度(m)。其计算公式如下：

$$N_m = L/G_k$$

式中：N_m 为纤维(或纱线)的公制支数(公支)。

② 英制支数(N_e)。在英制公定回潮率时，1 lb(约 454 g)棉型纱线所具有的长度为 840 yd 的倍数。其计算公式如下：

$$N_e = \frac{L_e}{G_{ek} \times 840}$$

式中：N_e为英制支数(^{S})；G_{ek}为棉纱英制公定质量(lb)；L_e 为棉纱英制长度(yd)。

(4) 细度指标之间的换算

$$Tt = 0.1111 \times Td = 590.5/N_e = 1000/N_m$$

$N_{tex} = C/N_e$(其中，C 为换算常数，对于纯棉，$C=583$；对于纯化纤，$C=590.5$)。

2. 纱线细度的表示方法

(1) 单纱细度的表示

单纱原料＋细度，比如 C 14 tex，T 100 D，W 85 公支。

(2) 股线细度的表示

① 以“特克斯”为单位

a. 当单纱线密度相同时，股线的线密度等于单纱线密度乘股数。如 C18×2，表示 2 根单纱为 18 tex 的纱线合股，其合股细度约为 36 tex。

b. 当单纱线密度不同时，则股线线密度为各单纱线密度之和。如 C(18 ＋15)tex，其股线细度为 33 tex。

② 以“支数”为单位

a. 当单纱支数相同时，以组成股线的单纱的支数除以股数来表示。如 $32^S/2$(或 32S/2)，$60^N/2$(或 60N/2)等。$30^S/2$，表示 2 根 32 英支的单纱加捻成的股线；$60^N/2$，表示 2 根 60 公支的单纱加捻成的股线。

b. 单纱的支数不同时，则股线支数用斜线“/”分隔并列的单纱支数表示。如 21N/42N 和 32S/40S 股线的支数可计算得到：

$$N_m = 1/(1/N_1 + 1/N_2 + \cdots + 1/N_n) = 1/(1/21 + 1/42) = 14 \text{ 公支}$$

$$N_e = 1/(1/N_1 + 1/N_2 + \cdots + 1/N_n) = 1/(1/32 + 1/40) = 17.8 \text{ 英支}$$

织物中的纱线粗细可采用比较测定法和称量测定法加以鉴别。比较测定法是指抽出一些纱线，估计其支数，再用已知支数的纱线与之比较，即可得到其粗细规格；称量测定法是指抽出纱线，量取长度，称其质量，再通过计算求得。

3. 纱线的其他性能特征

(1) 纱线的捻度

加捻是纺纱的目的之一，加捻的多少则是衡量纱线性能的重要指标，一般用捻度表示。捻度是指纱线单位长度上的捻回数(即螺旋圈数)。单位长度随纱线的种类变化而有不同取值,其计量单位可表示为"捻/10 cm""捻/英寸""捻/m",前两者用于棉及棉型化纤纱线,后者用于精纺毛纱及化纤长丝纱。

(2) 纱线的捻向

加捻的捻回是有方向的,称为捻向,即加捻纱中纤维的倾斜方向或加捻股线中单纱的倾斜方向。

捻向分Z捻和S捻两种。若单纱中的纤维或股线中的单纱,加捻后,其倾斜方向自下而上,从右至左的叫S捻,也称为右手捻或右捻;若倾斜方向自下而上,从左至右的叫Z捻,也称为左手捻或左捻。如图1-2-27所示。

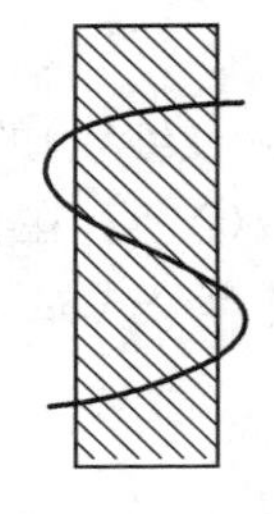
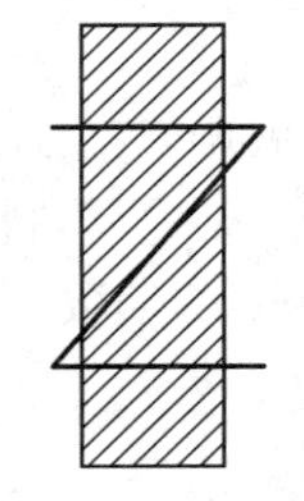

图1-2-27　纱线捻向示意图

捻向的表示方法是有规定的。单纱可表示为"Z捻"或"S捻"。实际使用中,单纱多以Z捻出现。一次加捻股线可表示为"ZS"或"ZZ"。经过两次加捻的股线,第三个字母表示复捻捻向。如单纱为Z捻,初捻为S捻,复捻为Z捻的股线,其捻向表示为"ZSZ"。事实上,股线捻向与单纱捻向相反时,对纱线强度、光泽、手感等较有利。因此,实际使用中,股线以S捻居多。

4. 纱线对服装面料的影响

纱线的性质是由组成纱线的纤维性质和成纱结构决定的,对其面料的服用性有重要影响。

(1) 纤维的长短与服装面料

纤维的长短对织物外观和纱线质量及织物手感等都有影响。长丝光滑、平整;短纤绒毛多,光泽少。短纤纱面料具有良好的蓬松度、覆盖性和柔软度,手感温暖,布面不够光洁,光泽较弱;长丝纱线具有良好的强力和均匀度,有阴凉感,其面料光滑明亮,细薄悬垂,纤维越长,面料越平滑,且不易起毛起球。有时,为追求风格质感,将化纤长丝进行变形加工,使其面料拥有蓬松性和覆盖力,从而获得短纤纱面料的粗糙外观。

(2) 纱线细度与服装面料

纱线较细,可织制细腻、轻薄、紧密、光滑的面料,手感柔和,穿着舒适,适用于内衣、夏装、童装及高档衬衫等;若纱线较粗,面料的纹理较粗犷、清晰,质感也较厚重、丰满,保暖性、覆盖性和弹性比较好,更适合秋冬外衣。

(3) 纱线捻度与服装面料

捻度要适中:过小,织物表面易勾丝、起毛起球;过大,纱线内应力增加,而强力下降。

随着纱线捻度的增加,其强力增大。但捻度不能超过一定的值,否则其强力反而下降。这一定值称为纱线的临界捻度。不同原料的纱线,其临界捻度不同。纱线的柔软程度、弹性好坏、缩率大小也与捻度密切相关。一般,在满足强力要求的前提下,纱线捻度越小越好,因为捻度的增加会使纱线的手感变硬、弹性下降、缩率增大。

总之,纱线捻度应根据不同的织物用途加以选择。如经纱需要具有较高的强度,捻度应大一些;纬纱及针织用纱需柔软,捻度应小一些;机织和针织起绒织物用纱,捻度应小一些,以利于起绒;薄爽的绉类织物,要求具有滑、挺、爽的特点,纱的捻度应大一些。当然,捻度大小不等的纱线捻合在一起构成织物时,会产生波纹效应。

(4) 纱线捻向与服装面料

合理利用捻向可得到各种理想外观的织物。如平纹织物,经纬纱捻向不同,则织物表面反光一致,光泽较好,织物松厚柔软;斜纹织物如华达呢,当经纱采用S捻,纬纱采用Z捻时,由于经纬纱的捻向与织物斜纹方向垂直,则反光方向与斜纹纹路一致,因而纹路清晰;而当若干根S捻、Z捻纱线相间排列时,织物可产生隐条隐格效应,如某些花呢面料。

(5) 纱线形态与服装面料

形态简单的普通纱线,经过组织设计、印染或特殊整理,可使面料获得不同寻常的色彩效应与肌理质感;而形态结构特殊的花式纱线,其面料直接拥有色彩变化和特殊肌理,因为纱线已具备这些因素,即使采用简单的组织结构也会产生不同效果,合理变换组织、密度、幅宽等规格参数,会有意想不到的效果。

任务实施

服装用纱线基本性能的检测

➢ 实施目的

① 了解不同纱线的组成、服装用纱线的表达方式。

② 熟练掌握纱线基本性能(线密度、捻度、强力等)的测试方法。

➢ 材料/工具准备

① 材料准备:纯棉、涤/棉、锦纶等纱线。

② 工具准备:摇纱器、天平、烘箱、辅助器具、纱线捻度测试仪、纱线强力测试仪等。

➢ 考核要求

① 正确表达纱线的基本特征。

② 根据测试结果能分析服装的不同用途,正确选择纤维。

1. 纱线线密度测试

纱线线密度(粗细)测试

(1) 试验仪器及试样

具有可调张力和匀速往复横动导纱装置的纱框、摇纱器(周长为1000 mm±1 mm)、天平、烘箱、辅助器具及棉型纱、化纤纱。

(2) 试验方法和步骤

① 在摇纱测长机上摇取试验绞纱。

绞纱长度要求:低于12.5 tex的纱线,缕纱长度推荐用200 m,允许用100 m;12.5~100 tex的纱线,缕纱长度推荐用100 m,允许用50 m;线密度大于100 tex的短纤维纱,缕纱长度推荐用50 m;线密度大于100 tex的复丝纱,推荐用10 m。

卷绕时,应按标准采用一定的卷绕张力,没有标准时可参考下列数值:非变形纱及膨体纱为0.5 cN/tex±0.1 cN/tex;变形纱为1.0 cN/tex±0.2 cN/tex。摇绞纱时,纱线允许在摇纱器的全动程上横动,以便尽可能减少摇纱器上第二层纱线重叠在第一层上。

② 从摇纱器上取下绞纱。

③ 由于调湿周期较长,为缩短测试时间,将试样在烘箱中烘干,即烘到恒定质量,然后根据公式进行计算。

纱线捻度测试

2. 纱线捻度测试

纱线捻度的测试方法有直接计数法(直接退捻法)和退捻加捻法。一般而言,短纤纱、有捻复丝、股线和缆线采用直接计数法,短纤纱、卷装纱采用退捻加捻法。

(1) 试验仪器及试样

YG156A 型纱线捻度测试仪、棉纱线等。

(2) 测试步骤

① 夹持试样。导纱钩平放进入引纱器孔中(注意:单纱引入小孔,股线引入大孔),引入导纱槽,再引入夹纱块的前侧(注意:前后夹纱块间的纱线要拉直)。

② 给试样预加张力。预加张力砝码应加在右侧托盘上,右托盘的自身重力为 35 cN。张力根据纱线的粗细确定,计算张力 P=纱线号数×C×6 (C 为常数,C=0.5±0.1)。如 28 tex 的纱线,张力应为 84 cN;39 tex 的纱线,应为 117 cN(再减去托盘自身的重力,即为要加的砝码质量)。

③ 设定参数包括测试次数、捻度单位、夹钳速度等。夹钳速度有 5 档,分别用 1、2、3、4、5 表示,对应的速度分别为 800 r/min、1000 r/min、1500 r/min、2000 r/min、2500 r/min。一般选第 3 档。设置完毕后,按"确认"键。

④ 按"启动"键测试,打印和分析结果。注意,测试股线时,在达到预置捻度时会自动停止,需测试人员用针分开,用点动"反转"将其完全分开后,再按"点动结束"按钮。

纱线断裂强力测试

3. 纱线强力测试

(1) 试验仪器及试样

YG(B)021DX 型台式电子单纱强力机、打印机及棉纱、涤纶短纤纱。

(2) 试验步骤

① 设定参数。按设备要求依次输入年份、温度、湿度、支数、实验次数等参数。

② 按"校正"键,使仪器进入校正状态,按强力显示窗左侧的"清零"键,使上夹持器的初始受力值为零。

③ 夹持试样。用左手将纱头引出,使之通过仪器上的导纱钩。然后用右手捏住上夹纱器的后柄,使钳口张开,左手将纱线通过上夹持器后方的引纱槽,引入上夹纱器的钳口,并使通过钳口的纱线有足够长度(实样长度为 150～200 mm),再松开右手,使上夹持器靠弹簧夹紧力夹住纱线。

④ 左手握住纱头不放,右手移至下夹持器手柄处,将手柄往上提,下夹持器钳口由于弹簧的作用自行张开,左手将纱线嵌入下夹持器的夹持口内,然后右手将下夹持器的手柄向下推,将试样夹紧。

⑤ 按"启动"键,进行拉伸试验,直至试样断裂。

⑥ 将一组试样全部测试完。

⑦ 选择打印格式,按"打印"键,将试验结果打印出来。按复位键,使仪器恢复到初始测试状态。

【思考与练习】

1. 了解纱线的生产过程、分类和用途。

2. 了解长丝纱和短纤纱的基本形态和区别。
3. 到市场调查服装用纱线的性能、价格等。
4. 到企业调研纱线或缝线纱线的生产过程。

任务三 织物结构认识与应用

任务引入

服装的外观风格特征及穿着性能归根到底是由组成它的材料的结构特征及性能所决定的。对服装材料的性能与其结构间的关系，用俗语“原料是根据，结构是基础，后处理是关键”，即能充分说明织物结构特性在服装选材中的重要地位和作用。

任务分析

① 识别服装所用的织物种类，熟悉各类织物的特征。
② 认识机织物、针织物、非织造布的组织、规格及应用。

相关知识

一、识别服装所用的织物种类

1. 织物的分类

织物：由纺织纤维和纱线制成，手感柔软，并具有一定力学性能和厚度的制品。织物按其制成方法分为机织物、针织物、编结物和非织造布。

机织物：通常是由相互垂直的一组经纱和一组纬纱，在织机上按一定规律交织而形成的织物。

针织物：至少由一组纱线形成线圈，彼此相互串套而形成的织物。

编结物：一般是以两组或两组以上的条状物，相互错位、卡位交织而形成的织物。

非织造布：定向或随机排列的纤维通过摩擦、抱合或黏合，或者这些方法的组合而制成的片状物、纤网或絮垫。

2. 区别机织物与针织物

针织物的结构特征是线圈的相互串套，如图 1-2-28 所示。针织物由较松散、柔软、轻便的孔状线圈组成，所以具有较好的透气性和柔软性。针织物受到外力时，弯曲的纱线会变直，圈柱和圈弧的纱线可以相互转移，因此针织物具有较大的弹性和延伸性，穿着时给人舒适的感觉。针织物还有良好的抗皱性和抗撕裂强力高等特点，但针织物具有脱散性，尺寸稳定性较差。

机织物的结构特征是由两组或两组以上的相互垂直的纱线交织而成，纵向的纱线为经纱，横向的纱线为纬纱，如图 1-2-29 所示。

图 1-2-28　针织面料

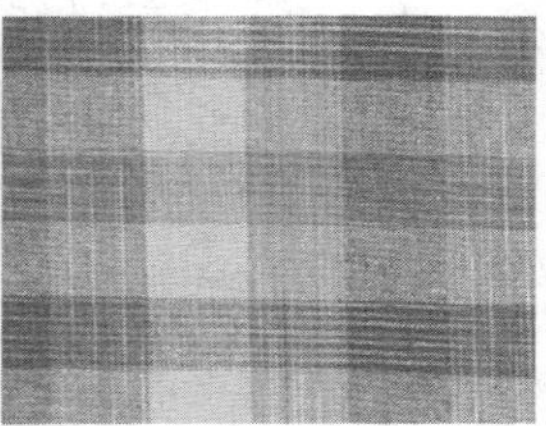

图 1-2-29　机织面料

机织物具有质地硬挺、结构紧密、布面稳定、平整光滑、坚牢耐磨等特点，但延伸性和弹性差，易撕裂，易产生折皱。

机织物与针织物，主要通过外观或拆纱分析织物结构特征是线圈还是垂直系统的经纬纱线进行区分，其次可根据弹性、手感区分。若面料柔软、舒适，具有一定的弹性，折皱很快回复，一般为针织物；若面料挺括、弹性小（弹性织物除外），折皱不易回复，则为机织物。

针织物制作的服装主要有圆领衫、T 恤衫、运动装、毛衫，机织物通常用于衬衫、西服、羽绒服、牛仔裤。

现代服装往往兼用针织和机织物，比如运动服，大件部分采用化纤机织面料，袖口、领口及下摆处则用针织罗纹织片，因为其弹性好，并且能塑造更加立体的效果，如图 1-2-30 所示。

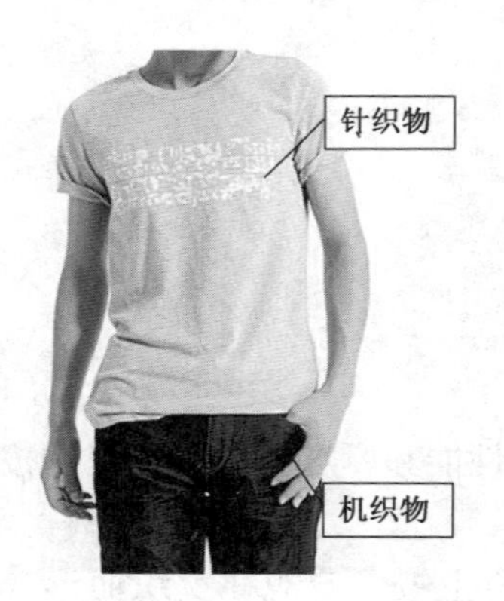

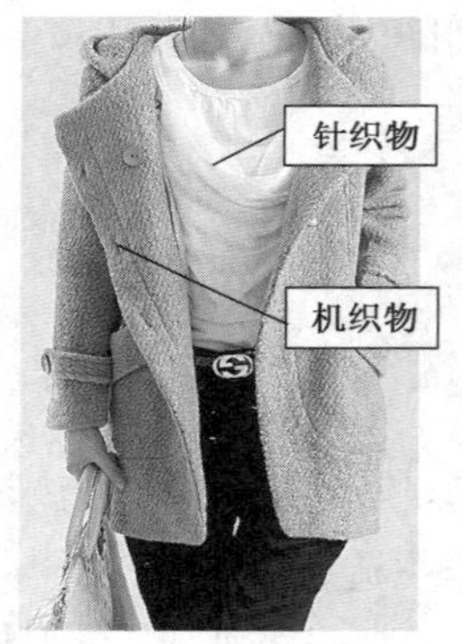

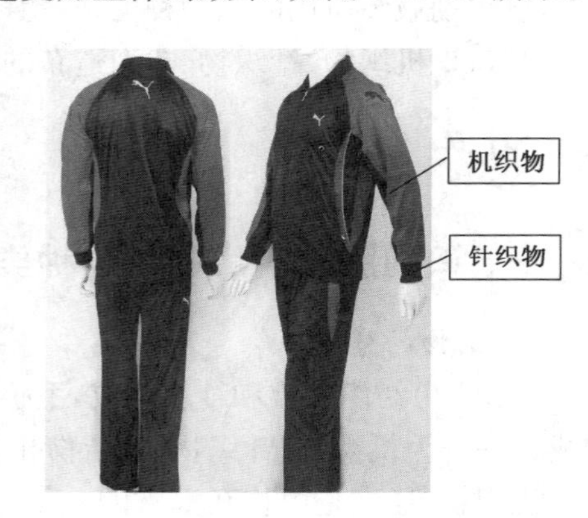

图 1-2-30　机织物、针织物在服装中的应用

二、认识机织物的类别和规格

1. 识别机织物的类别

机织物的种类繁多，按不同的方法可分类如下：

(1) 按织物的原料分

① 纯纺织物。纯纺织物是指经纬纱用同一种纤维纱线所织成的织物。纯纺织物包括天然纤维纯纺织物和化学纤维纯纺织物，如棉织物、毛织物、丝织物、纯涤纶织物等。

② 混纺织物。混纺织物是指用两种或两种以上不同种类纤维的混纺纱线所织成的织物。随着化纤生产的发展，天然纤维与化纤混纺的品种逐渐增多，如棉、毛与各种合成纤维混纺的织物，人造纤维与毛、人造纤维与涤纶等混纺的凡立丁、花呢，涤/黏、毛/黏、黏/棉等混纺织物。此外，还有用三种纤维混纺的织物，称为“三合一”。

③ 交织物。交织物是指经纬用两种不同纤维纱线交织而织成的织物，如棉经、毛纬的棉毛交织物，毛丝交织的凡立丁，丝棉交织的线绨，等。

(2) 按原料和生产工艺分

① 棉织物或棉型织物。棉织物简称棉布，是用棉纱或棉与化纤的混纺纱线织成的织物。

② 毛织物或毛型织物。商业上简称为“呢绒”，是以动物毛或毛型化纤为原料织成的织物(图 1-2-31)。

③ 丝织物或丝型织物。指用蚕丝或化纤长丝(纯纺或混纺)织成的织物，又称丝织物，具有天然丝绸的质感，包括蚕丝织物、人造丝织物及合成纤维长丝织物(图 1-2-32)。

图 1-2-31　毛型织物（色织物）

图 1-2-32　丝型织物(染色布)

④ 麻型织物。主要有苎麻织物和亚麻织物。黄麻等其他品种的麻织物一般不作面料使用，只用作包装材料或工业用布。

⑤ 中长织物。主要有中长纤维制成的仿棉、仿麻、仿毛、仿丝织物及化纤长丝织物、人造麂皮和人造毛皮等。

(3) 按织物的组织分

因织物中经纬纱的交织规律不同而形成多种织物组织。按照织物组织的不同，织物可以分为原组织织物、变化组织织物、联合组织织物、复杂组织织物和大花纹织物。

(4) 按印染加工方法分

① 本色织物(原色布、本色布、白坯布、坯布)。由本色纱线织成，未经染整加工的各类织物。

② 漂白织物。经烧毛、退浆、煮练、漂白等前处理工序，再经适当整理加工而形成的各类织物。

③ 染色织物。经练漂等前处理工序，再进行染色及整理加工而形成的各类织物。

④ 印花织物。经练漂等前处理工序，再进行印花及整理加工而形成的各类织物。

⑤ 色织物(色织布)。以染色经纱和(或)纬纱织成的织物。

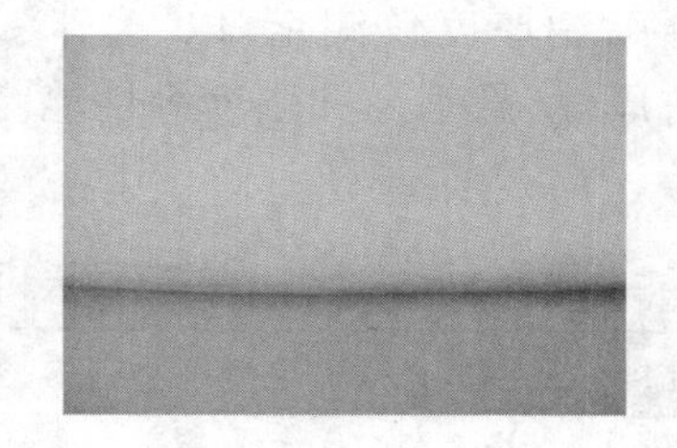

图 1-2-33　染色布

图 1-2-34　印花布

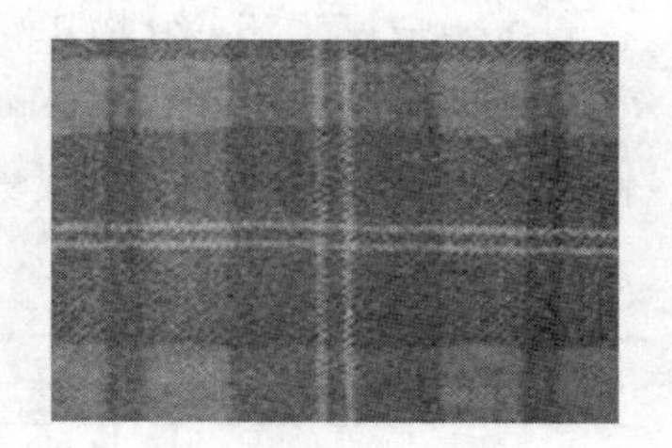

图 1-2-35　色织布

(5) 按织物的用途分

① 衣着用织物。衣着用织物可分为内衣用织物、外衣用织物和衬里用织物。

② 装饰及日用织物。这类织物主要用作室内装饰及日常生活用品，包括贴墙类、挂帷类、地毯类、床上用品类、家具覆盖类、厨房卫生类、宾馆服饰类等。

③ 产业用织物。这是一类国民经济各产业部门所需要的具有特种功能的织物，包括农业用织物、渔业用织物、土工织物、篷帐、帆布、产业用毡、毡基布类、过滤材料及筛网织物、隔层(隔音、隔热)材料等。

2. 认识机织物规格

(1) 经纬纱细度

一般织物中的经纬纱细度表示如下：

① 20 tex×20 tex，表示经、纬纱均为 20 tex 的单纱。

② 150 D×90 D，表示经纱为 150 D 长丝，纬纱为 90 D 长丝。

③ JC32^{S}×C32^{S}，表示经纱为 32 英支精梳棉纱，纬纱为 32 英支棉纱。

④ 60/2×60 公支，表示经纱为 2 根 60 公支毛型纱并捻而成的双股线，纬纱为 60 公支的单纱。

(2) 密度与紧度

织物的经向或纬向密度是指沿织物纬向或经向单位长度范围内经纱或纬纱排列的根数，一般采用 10 cm 内的纱线根数(或 1 英寸内的纱线根数)表示。例如 236×220，表示织物经向密度为 236 根/10 cm，纬向密度为 220 根/10 cm。

织物的紧度是指织物中纱线的投影(即覆盖)面积对织物面积的比值，以百分数表示。对不同细度的纱线构成的织物，不能用密度指标来衡量其紧密程度。因为密度相同的两种织物，纱线粗的织物比较紧密，而纱线细的织物比较稀疏。

(3) 匹长

织物的匹长通常以“米”(m)或“码”(yd)表示。棉织物的匹长一般为 25～50 m；毛织物的匹长，大匹为 60～70 m，小匹为 30～40 m；丝织物的匹长一般为 25～50 m。织物的匹长主要根据织物用途、织物厚度与织物的卷装容量等因素而定。

(4) 幅宽

织物的幅宽一般以“厘米”(cm)表示，根据织物的用途、生产设备、产量和节约用料等因素而定。如棉织物的幅宽为 80～120 cm 和 127～168 cm 两大类。织物最大幅宽可达 300 cm 以上，而幅宽在 91.5 cm 以下的织物有逐渐被淘汰的趋势。

(5) 厚度

在一定压力下，织物正反面之间的距离称为织物厚度。通常用厚度仪测定，以“毫米”(mm)为单位。织物厚度影响服装的坚牢度、保暖性、透气性、防风性、悬垂性和刚度等性能。表 1-2-4 给出了棉、毛型织物的厚度。

表 1-2-4　棉、毛型织物的厚度

织物类型	棉型织物	精梳毛型织物	粗梳毛型织物
轻薄型	0.24 mm 以下	0.40 mm 以下	1.10 mm 以下
中厚型	0.24～0.40 mm	0.4～0.6 mm	1.10～1.60 mm
厚重型	0.40 mm 以上	0.6 mm 以上	1.60 mm 以上

（6）质量

织物质量以单位长度质量（g/m）或单位面积质量（g/m^2）计量，后者简写为“GSM”。真丝织物用“姆米”（m/m）表示，1 m/m＝4.305 6 g；出口牛仔用“盎司每平方码”（oz/yd^2）表示，100 oz/yd^2＝33.9 g/m^2。织物质量不但影响服装的服用性能和加工性能，也是计算价格的主要依据。

综上所述，机织物规格描述如下：

① 弹力织物 C32^S×（JC20^S＋40 D）　156×66 48″/50″　210 g/m^2

可解释为：经纱为 32^S 棉纱，纬纱为 20^S 精梳棉纱并包含 40 D 氨纶长丝的包芯纱；经密为每英寸 156 根，纬密为每英寸 66 根；幅宽为 48～50 英寸；织物质量为每平方米 210 g。

② 62″　TN 21^S×（JC32^S＋ JC32^S/2）　110×67

可解释为：经纱为 21^S 天丝，纬纱有两种，一种为 32^S 精梳棉纱，另一种为 32^S 精梳棉股线；经密为每英寸 110 根，纬密为每英寸 67 根；幅宽为 62 英寸。

三、机织物的组织表示及应用

机织物中纱线的交织规律是织物设计的重要内容。它直接影响织物的外观风格和内在性能。

1. 机织物组织的基本概念

（1）经纱与纬纱

机织物中，沿织物织造长度方向排列的纱线称为经纱，沿织物织造宽度方向排列的纱线称为纬纱。

（2）织物组织

机织物中，经纱和纬纱相互交织的规律称为织物组织。

（3）组织点

机织物中，经纱和纬纱相互沉浮的交叉处称为组织点。凡经纱浮在纬纱之上的点，称为经组织点（经浮点）；凡纬纱浮在经纱之上的点，称为纬组织点（纬浮点）。连续浮在纬纱上的经纱长度，称为经浮长；连续浮在经纱上的纬纱长度，称为纬浮长。

（4）组织循环

又称为完全组织，是指由最少根数的经纱和纬纱构成的可重复的织物组织。

构成一个组织循环的经纱数用 R_j 表示，构成一个组织循环的纬纱数用 R_w 表示。图 1-2-36（a）中，第 3、4 根经（纬）纱分别与第 1、2 根经（纬）纱的沉浮规律相同，其组织循环经纱数和纬纱数均为 2。图 1-2-36（b）中，第 4、5、6 根经（纬）纱的沉浮规律是第 1、2、3 根经（纬）纱的重复，组织循环经（纬）纱数为 3。R_j 与 R_w 可以相等，也可以不等。

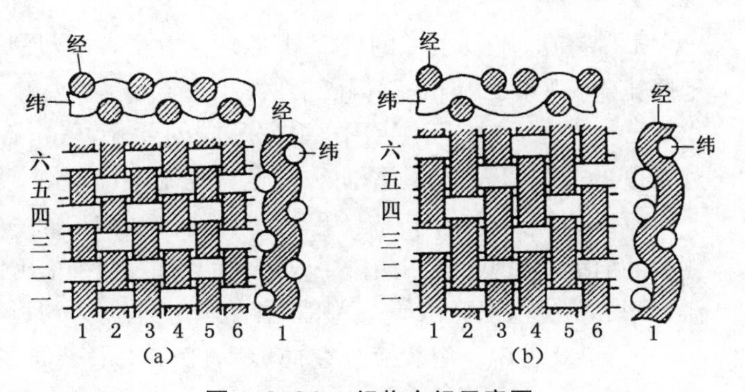

图 1-2-36　织物交织示意图

（5）组织图

在意匠纸上表示织物中经纬纱交

织规律的图解，称为组织图。由规则的水平细线和竖直细线构成的适合表征织物组织和图案的纸，称为意匠纸，其纵行格子表示经纱，横列格子表示纬纱，每个格子表示1个组织点。当组织点为经组织点时，即经纱浮于纬纱之上，常用符号“■”“☒”“⊡”“△”“▨”等表示；当组织点为纬组织点时，即纬纱浮于经纱之上，该格子空白，不填任何符号。如图1-2-37所示。

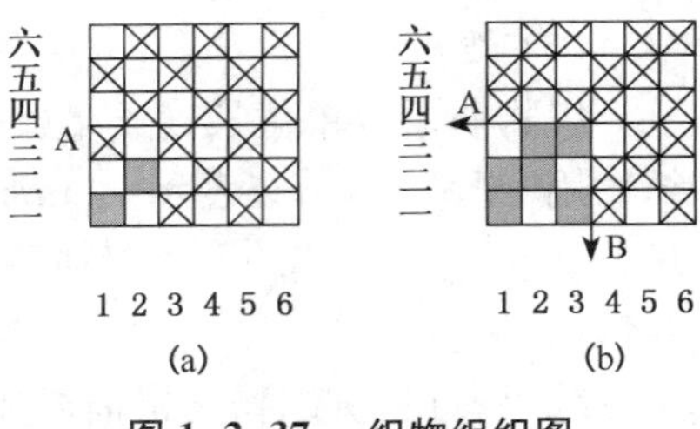

图1-2-37　织物组织图

(6) 飞数

机织物组织中，一个完全组织内相邻两根经（纬）纱上相应组织点间隔的纬（经）纱根数，称为飞数。沿经纱方向计算，相邻两根经纱上相应两个组织点之间相距的组织点数，称为经向飞数，以向上数为正，向下数为负；沿纬纱方向计算，相邻两根纬纱上相应组织点之间相距的组织点数，称为纬向飞数，以向右数为正，向左数为负。

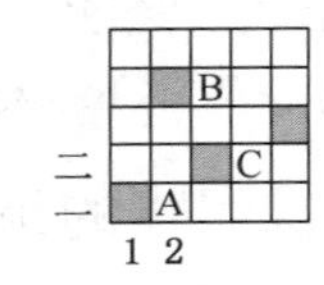

图1-2-38　组织点飞数示意图

图1-2-38中，在“1”和“2”两根相邻的经纱上，经组织点B对于经组织点A的经向飞数为“3”；在“一”和“二”两根相邻的纬纱上，经组织点C对于经组织点A的纬向飞数为“2”。

2. 机织物的常用组织及应用

机织物按组织规律特征可分为原组织、变化组织、联合组织、复杂组织等。

(1) 机织物的基本组织及应用

基本组织，也称原组织，是各类组织中最简单、最基本的组织，是构成各种变化、花式组织的基础。基本组织包括平纹、斜纹和缎纹三种组织。

① 平纹组织。平纹组织是所有织物组织中最简单的一种。其组织规律是一上一下，两根交替成为一个完全组织，如图1-2-39所示。平纹组织用分数表示为$\frac{1}{1}$，其中分子表示经组织点，分母表示纬组织点，分子、分母之和即为一个完全组织的纱线数。其组织参数为：经、纬纱数$R=R_j=R_w=2$，飞数$=S_j=S_w=1$。

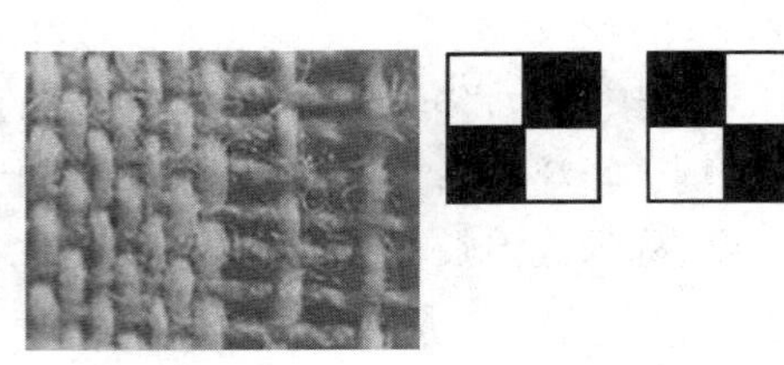

图1-2-39　平纹织物及组织图

a. 特点。平纹组织的经纬纱交织点最多，纱线屈曲大，所以织物表面平坦，身骨挺括，质地坚牢，外观紧密，但手感偏硬，弹性小。

b. 应用。在实际使用中，根据不同的要求，采用各种方法，如经纬纱线的粗细不同、经纬纱密度的改变以及捻度、捻向和颜色等的不同配置等，可获得各种特殊外观效应。

平纹组织广泛应用于棉、毛、丝、麻织物中，如布面平整的平布、质地细密的纺类、有清晰菱形颗粒的府绸、呈现明显凹凸横条纹外观的罗缎、起绉的泡泡纱和乔其纱，以及隐格效应的凡立丁、派力司、薄花呢、法兰绒等；毛织物中有凡立丁、派力司；丝织物中有电力纺、涤丝纺、塔夫绸。

② 斜纹组织。组织点连续而形成斜线的组织，称为斜纹组织。根据斜纹倾斜方向分为左斜或右斜。

斜纹组织的表示形式：分式＋箭头(代表左斜或右斜)。其中分数表示一根经纱的浮沉规律，分子、分母之和为一个完全组织经(纬)纱数，如$\frac{2}{1}\nwarrow$和$\frac{3}{1}\nwarrow$(图1-2-40、图1-2-41)。其组织参数为：$R_j=R_w\geqslant3$，$S_j=S_w=-1$。

图1-2-40 $\frac{2}{1}$左斜纹织物及组织图

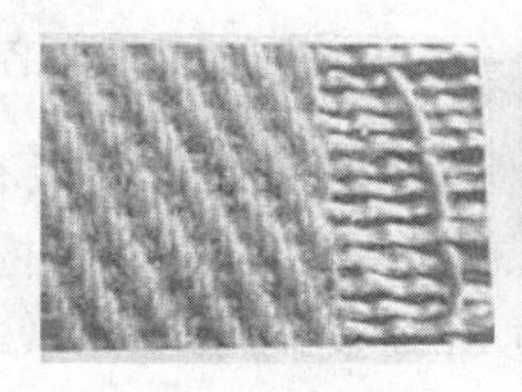

图1-2-41 $\frac{3}{1}$左斜纹织物及组织图

a. 特点。斜纹组织有经面、纬面及双面斜纹之分。凡织物表面的经组织点占多数的，如$\frac{2}{1}$，为经面斜纹；反之，纬组织点占多数的，如$\frac{1}{3}$，为纬面斜纹。经面斜纹的反面是纬面斜纹，且斜向相反，如正面为$\frac{2}{1}\nwarrow$，则反面为$\frac{1}{2}\nearrow$。正反两面两种组织点的比例相同，但斜向相反，称为双面斜纹。

斜纹线的倾斜程度也有差别。斜纹组织中斜纹线与水平线的交角α表示斜纹倾斜角，随着α变大，表示经密越大，斜线越陡直。$\alpha>45°$时的斜纹称为急斜纹，$\alpha<45°$时的斜纹称为缓斜纹。$\alpha=45°$时，表示织物的经纬密相等。

b. 应用。斜纹组织的交织点较平纹少，浮长较长，其织物较平纹柔软厚实，光泽也较好，但坚牢度不如平纹织物。其表面的斜纹线，可根据选择捻向和经纬密度的比值，而达到清晰明显或饱满突出、均匀平直的效果。

常见斜纹棉布织物有斜纹布、哔叽和卡其。卡其有纱卡、半线卡其、线卡其，纱卡一般为$\frac{3}{1}\nwarrow$，双面卡其为$\frac{2}{2}\nearrow$，经密∶纬密＝2∶1。毛类织物有单面华达呢$\frac{3}{1}\nearrow$或$\frac{2}{1}\nearrow$等。化纤斜纹织物如美丽绸$\left(\frac{3}{1}\right)$，采用有光黏胶人造丝，平经平纬织制，经密大于纬密1倍以上，绸面斜纹清晰，富有光泽，手感平滑柔软，常用作服装衬里。

③ 缎纹组织。缎纹组织是基本组织中最复杂的一种组织。相邻两根经纱上的单独组织点相距较远，而且分布规律。经组织点占多数的缎纹为经面缎纹，企业称为色丁；纬组织点占多数的缎纹为纬面缎纹。

缎纹组织也可用分式表示，分子表示组织循环纱线数R，即枚数；分母表示飞数S。习惯上，经面缎纹以经向飞数绘制，纬面缎纹以纬向飞数绘制。如图1-2-42所示，$R=5$，$S_j=3$，称为五枚三飞经面缎纹，记作$\frac{5}{3}$经面缎纹；图1-2-43中，$R=5$，$S_w=2$，称为五枚二飞纬面缎纹，记作$\frac{5}{2}$纬面缎纹。其组织参数为：$R\geqslant5$ (6除外)；$1<S<R-1$，在整个组织循环中始终保持不变；R与S互为质数。

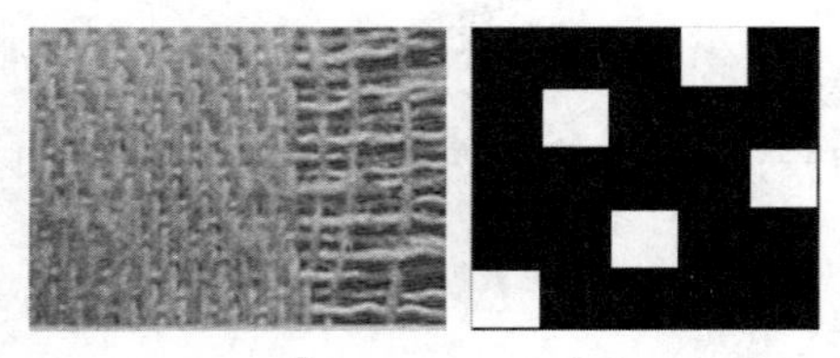

图 1-2-42 $\frac{5}{3}$经面缎纹织物及组织图

图 1-2-43 $\frac{5}{2}$纬面缎纹织物组织图

a. 特点。每一根经纱(或纬纱)上只有一个单独组织点(经组织点或纬组织点),相邻两根纱线上的单独组织点之间有一定间距,并被两旁的经浮长线或纬浮长线所遮盖,使织物表面几乎由一种经浮长线或纬浮长线所组成,故布面平滑匀整,光泽良好,质地柔软。

b. 应用。缎纹组织的应用范围较广。棉、毛织物多采用五枚缎纹组织,如直贡呢、横贡呢、横贡缎等;丝织物多采用八枚缎纹组织,如光泽较好的素缎、花缎或缎地起花织物。

(2) 机织物的其他组织及应用

① 变化组织。变化组织是在原组织的基础上,加以变化(如改变纱线的循环数、浮长、飞数、斜纹线方向等)而获得的各种派生组织。变化组织可分为三类:平纹变化组织(包括重平组织、方平组织等)、斜纹变化组织(包括加强斜纹、复合斜纹、角度斜纹、山形斜纹、菱形斜纹、芦席斜纹等)、缎纹变化组织(包括加强缎纹、变则缎纹等)。如图 1-2-44 所示。

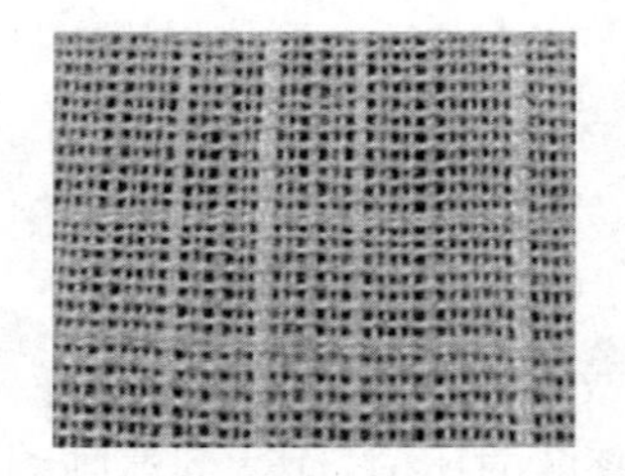

图 1-2-44(a) 纬重平组织

图 1-2-44 (b) 破斜纹组织

图 1-2-44 (c) 加强缎纹组织

平纹变化组织织物,有的外观呈现凸条纹效应,多用于设计府绸、麻纱、罗布等;有的外观平整,手感松软有弹性,光泽较好,常作为面料、幕布等织物的边组织。斜纹变化组织织物,外观呈现各种斜纹效应,有的显示多根斜纹并行,有的阴阳对分,有的呈现人字形、芦席状等,被广泛地应用在棉、毛、丝、化纤等各种织物的设计中。缎纹变化组织织物,相对于缎纹组织织物而言,设计上更随意、自由,也得到了广泛应用,在缎条、缎格及顺毛大衣呢、女式呢等织物中都有应用。

② 联合组织。由两种或两种以上组织(原组织或变化组织),通过不同方法联合而成的组织,称为联合组织。联合组织都有特殊的外观效应,常见的有条格组织、透孔组织、网目组织、凸条组织、蜂巢组织、绉组织。这些组织在服装、装饰织物中得到了广泛应用。如图 1-2-45 和图 1-2-46 所示。

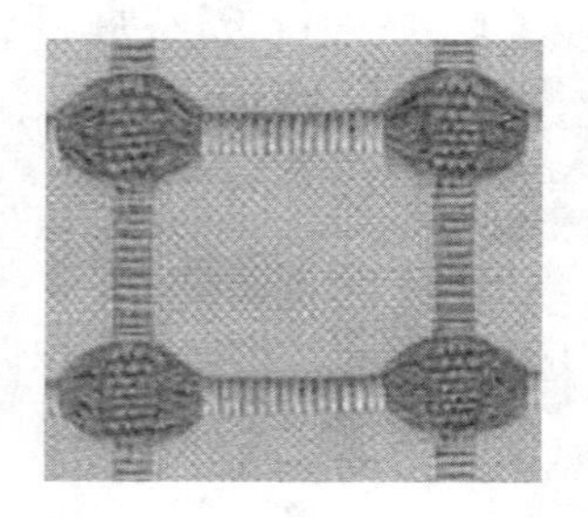

图 1-2-45 方格组织

图 1-2-46 透孔组织

③ 复杂组织。复杂组织是指经纬纱中至少有一种由两组或两组以上的纱线组成。这种组织结构能增加织物的厚度,提高织物的耐磨性,或得到一些特殊性能等。根据其组织结构的不同,可分为二重组织、双层组织、起毛组织、毛巾组织、纱罗组织等。它们广泛应用在秋冬季服装、装饰用布(床毯、椅垫)及工业用布中。如图 1-2-47 和图 1-2-48 所示。

图 1-2-47　经起花组织

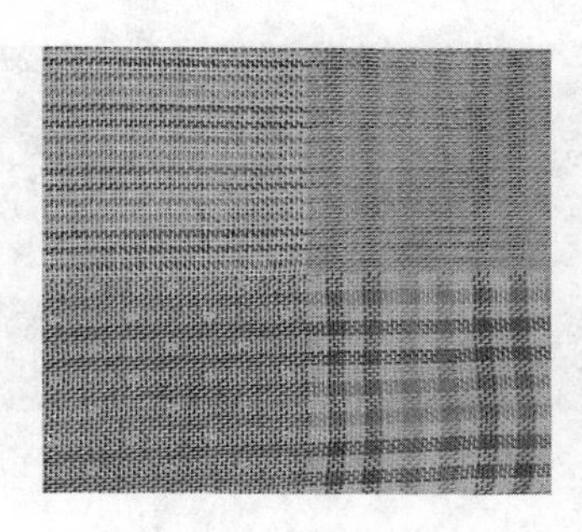
图 1-2-48　表里换层组织

3. 常用的服用机织面料

各类面料除以其组成成分、加工方法、后整理方式等命名外,还常常因其特殊的外观风格及质感而得名。下面介绍的产品主要以其外观风格划分类别。

(1) 棉布及棉型化纤织物主要品种

① 平纹类。采用纯棉、纯化纤或混纺纱,以平纹类组织交织而成的织物,主要品种有平布(经纬纱的线密度和织物中经纬纱的密度相同或相近)、府绸(图 1-2-49,经密明显大于纬密、织物表面有菱形粒纹)、泡泡纱(布面有凸凹不平的外观效果)、麻纱(主要由纬重平组织织制,呈凸条或各种条格的薄型棉织物)、巴厘纱(稀薄半透明平纹棉织物)。

② 斜纹类。采用纯棉、纯化纤或混纺纱,以斜纹类组织交织而成的织物,主要品种有卡其(紧度最大的斜纹织物,质地结实、手感丰满,分线卡、半线卡和纱卡)、哔叽(较相似品种的卡其、华达呢结构松,斜纹角约 45°)、华达呢(图 1-2-50,织物紧密程度小于卡其大于哔叽,织纹清晰挺立,质地厚实,布面富有光泽,斜纹角约 63°)、牛仔布(多以简单斜纹织制,有明显纹路,质地厚实)等。

③ 其他结构类织物。还有其他结构类织物,如横贡缎(用纬面缎纹组织织制,纬密大于经密,表面光洁,有丝绸感)、纱罗(又称网眼布,是用纱罗组织织制的一种透孔织物)、灯芯绒(用起毛组织织制,表面绒条像一根根灯芯草,图 1-2-51)。

图 1-2-49　府绸

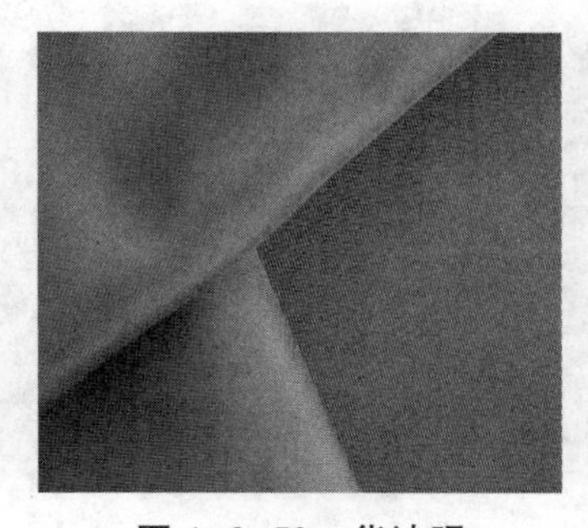
图 1-2-50　华达呢

图 1-2-51　灯芯绒

(2) 麻布及仿麻化纤织物主要品种

麻类织物挺爽透气，表面常有不规则的粗节纱，风格独特。常用的原料有苎麻、亚麻和麻与化学纤维的混纺纱(麻/黏、麻/棉、麻/涤等)，较常见的产品有苎麻平布、亚麻平布、涤/麻细布(麻的确良)、麻/涤绉纱、麻/涤派力司等。如图 1-2-52～图 1-2-54 所示。

图 1-2-52　仿麻花呢

图 1-2-53　麻/涤绉纱

图 1-2-54　麻/涤派力司

(3) 呢绒及仿毛化纤织物主要品种

① 精纺毛呢。这一类织物是用精梳毛纱织成，所用羊毛品质高，织品表面光洁、织纹清晰，手感柔软，富有弹性，平整挺括，坚牢耐穿，不易变形，大多用于春秋及夏令服装。主要品种有华达呢、啥味呢、花呢、贡呢、凡立丁、派力司、海力蒙、牙签呢、雪克斯金、马裤呢、巧克丁、驼丝锦、女衣呢等。个别品种如图 1-2-55～图 1-2-57 所示。

图 1-2-55　啥味呢

图 1-2-56　花呢

图 1-2-57　贡呢

② 粗纺毛呢。这一类织物是用粗梳毛纱织成，织品一般经过缩绒和起毛处理，故呢身柔软厚实，质地紧密，呢面丰满，表面有绒毛覆盖，不露或半露底纹，保暖性好，适宜做秋冬装。主要品种有麦尔登呢、大衣呢、海军呢、制服呢、女式呢、法兰绒、粗花呢等。个别品种如图 1-2-58～图 1-2-60 所示。

图 1-2-58　大衣呢

图 1-2-59　女式呢

图 1-2-60　钢花呢

(4) 丝绸及化纤长丝织物主要品种

丝绸是丝织物的总称，具有华丽、富贵的外观，光滑的手感，优雅的光泽，穿着舒适，是一种高档服装面料。丝织品可制成薄如蝉翼、厚如呢绒的各类产品。根据我国的传统习惯，结合绸缎织品的组织结构、加工方法、外观风格分成纺、绉、缎、锦、绡、绒、纱、罗、葛、绨、呢、绫、绸等14大类。个别品种如图1-2-61～图1-2-66所示。

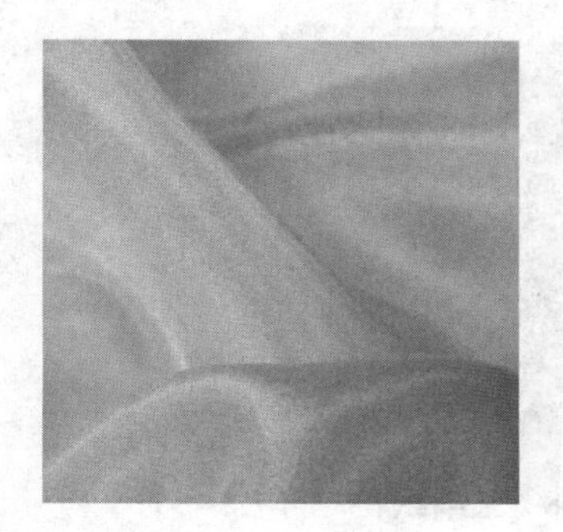

图1-2-61　电力纺

图1-2-62　乔其纱

图1-2-63　砂洗绸

图1-2-64　织锦缎

图1-2-65　绡类

图1-2-66　绒类

此外，在服装面料选用过程中，不仅充分利用棉型、麻型、毛型、丝型织物各类产品所体现出软硬感、粗滑感、轻重感、透明或不透明感、冷热感、悬垂性等风格特征，还要考虑面料的服用性能。织物的服用性能直接影响服装的服用性能。织物的基本服用性能，可归纳为外观、舒适和坚牢耐用三个方面。其中，外观性能有抗皱性、免烫性、缩水性、起毛起球和勾丝性、染色牢度；舒适性能有透气性、吸湿性、保暖性等；耐用性能有耐拉伸、撕破和顶破、耐磨性、缝纫强度与可缝性、耐熨烫性等。

三、针织物的组织表示及应用

1. 针织物基本概念

(1) 针织物类别

① 按纤维原料分，有纯纺针织物、混纺针织物、交织针织物。

② 按加工方法分，有针织坯布和成形产品。

③ 按生产方式分，有经编织物、纬编织物。

④ 按生产方式分，有内衣、外衣、袜类等。

(2) 经编织物、纬编织物的区分

纬编针织物是将纱线以纬向喂入针织机的工作针上，每根纱线按照一定的顺序，在一个横列中形成线圈编织而成，如图 1-2-67 所示；经编针织物是采用一组或几组平行排列的经纱，以经向同时喂入针织机的所有工作针上，进行成圈而形成，每根纱线在各个线圈横列中形成一个线圈，如图 1-2-68 所示。

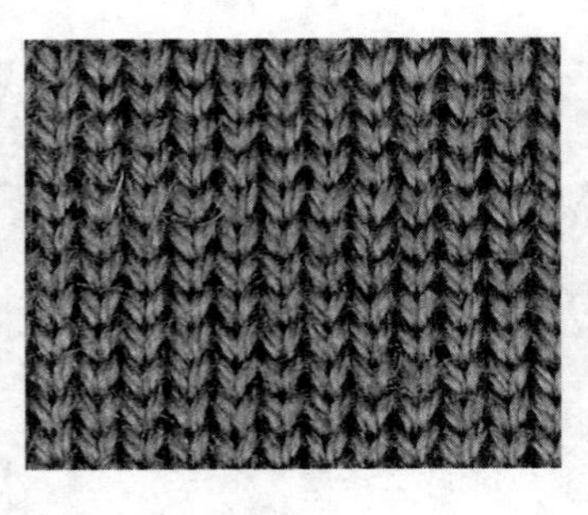

图 1-2-67　纬编织物

图 1-2-68　经编织物

(3) 认识线圈结构

纬编针织物的基本线圈结构如图 1-2-69 所示，由三个部分组成：针编弧(2—3—4)、圈柱(线段 1—2 和 4—5)和沉降弧(延展线 5—6—7)。

一般称线圈圈柱覆盖圈弧的一面为针织物正面，线圈圈弧覆盖圈柱的一面为针织物反面。

针织物中，线圈在纵向串套的各行，称为纵行；线圈在横向连接的各列，称为横列。沿线圈横列，两个线圈对应点之间的距离 A，称为圈距；沿线圈纵向，两个线圈对应点之间的距离 B，称为圈高。如图 1-2-69 所示。

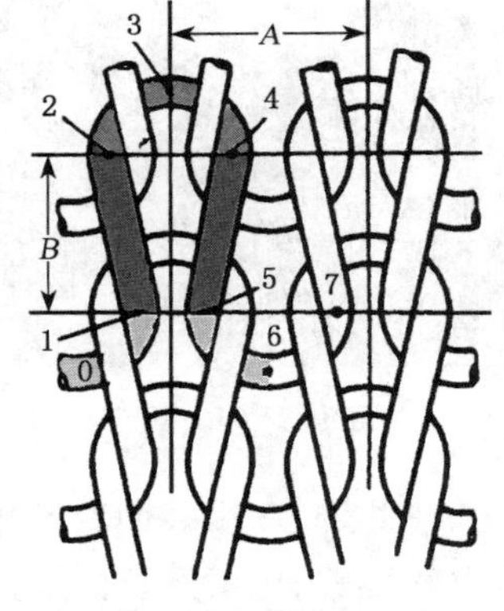

图 1-2-69　纬编织物的基本线圈结构图

(4) 针织物的规格参数

① 线圈长度。针织物的线圈长度是指每一个线圈的纱线长度，由针编弧、沉降弧、圈干和延展线组成，对针织物的脱散性、延伸性、弹性、耐磨性、强度，以及抗起球性和勾丝性等有很大影响。线圈长度的测量采用拆散法，即拆取 100 个线圈，量取其长度，然后求平均值。

② 密度。针织物的密度用于表示一定纱线细度条件下针织物的稀疏程度，是指针织物单位长度内的线圈数，常采用密度镜测量，有纵密和横密之分：

纵密——沿纵行方向，50 mm(或 1 英寸)内线圈的横列数；

横密——沿横列方向，50 mm(或 1 英寸)内线圈的纵行数。

③ 质量。针织物的质量用单位面积干燥质量表示。它是国家考核针织物品质的重要物理、经济指标。

针织物单位面积干燥质量可用称重法测量：在针织物上剪取 10 cm×10 cm 的布样，放入预热至 105～110 ℃的烘箱中，烘至恒重后在天平上称出样布的干燥质量 Q'，然后按下式计算：

$$Q=\frac{Q'}{10\times10}\times10\,000=100Q'(\mathrm{g/m^2})$$

④ 幅宽。针织物的幅宽是指坯布横向(纬向)的尺寸,以 2.5 cm 为一档。圆筒形坯布按双层计算。

针织物的幅宽测量应在平台上进行。测量时,尺与布边垂直,测量 3～5 处(精确至 1 mm)。若遇到幅宽差异较大的情况,可适当增加测量次数,用平均值表示。不足 1 mm 时,以小数点四舍五入取整。

⑤ 未充满系数。未充满系数是指线圈长度与纱线直径的比值(l/d),表示相同密度条件下,纱线粗细对针织物稀密程度的影响。

2. 针织物的组织及应用

(1) 纬编组织及应用

根据线圈的结构、线圈的组合方式,分为基本组织、变化组织和花色组织三大类。基本组织包括平针组织、罗纹组织、双反面组织。

① 平针组织。针织物中结构最简单的组织,由连续的单元线圈相互串套而成,如图 1-2-70 所示,在织物正反面形成不同外观。该组织的横向延伸性大,但易卷边和脱散,广泛用于内衣、外衣和各类袜品。

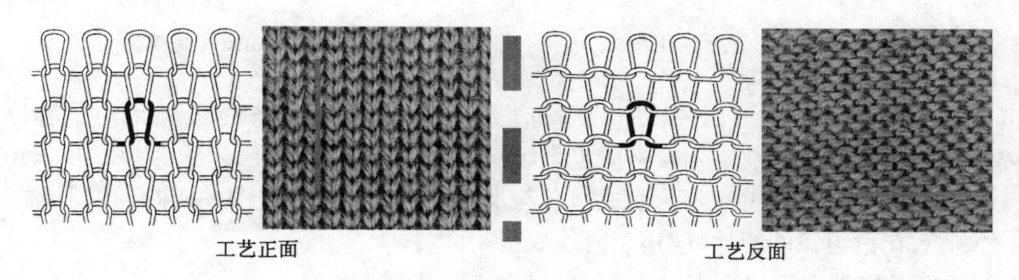

图 1-2-70　纬平针组织

② 罗纹组织。罗纹组织是一种双面组织,如图 1-2-71 所示,由正面线圈纵行和反面线圈纵行组合配置而成。根据正反面线圈纵行相间配置的数目不同,可分为 1+1、2+2、1+2 或 3+5 等。罗纹组织有很好的弹性,多用于内衣制品及要求有拉伸性的服装部位(如衣服的下摆、袖口和领口等)。

图 1-2-71　1+1 罗纹组织

图 1-2-72　1+1 双反面组织

③ 双反面组织。双反面组织也称"珍珠编",如图 1-2-72 所示,由正面线圈横列和反面线圈横列交替配置而成,可以有 1+1 和 2+2 等组合方法。该组织具有纵、横向延伸性和弹性相近的特点,多用于毛衣、运动衫或童装等产品。

④ 变化组织。变化组织是在一个基本组织的相邻线圈纵行间,配置另一个或几个基本

组织的线圈纵行而成，如常用的双罗纹组织（图 1-2-73）。双罗纹组织又称棉毛组织，由两个罗纹组织复合而成，在织物正反面形成相同外观的正面线圈，广泛应用于内衣和运动装。

⑤ 花色组织。纬编针织物有各种花色组织。它们是在基本组织或变化组织的基础上，采用不同的纱线，按一定规律编织不同结构的线圈而形成，如衬垫组织、集圈组织、菠萝组织、长毛绒组织、衬经衬纬组织等(图 1-2-74)。这些组织在内外衣、毛巾、毯子、童装及运动装上得到了广泛应用。

图 1-2-73 双罗纹组织

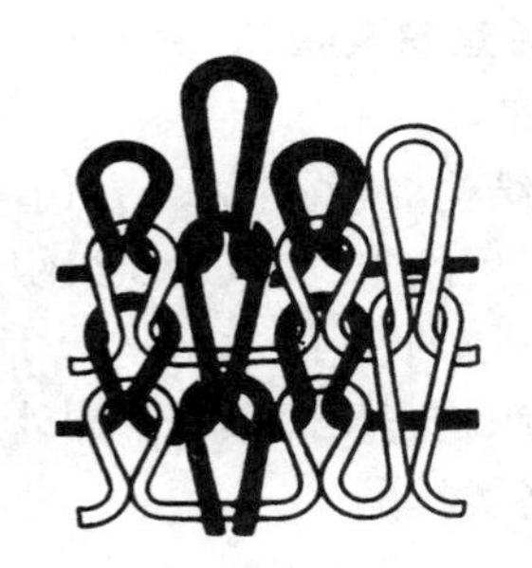

图 1-2-74 单面提花组织

⑥ 复合组织。由两种或两种以上的纬编组织复合而成。根据各种纬编组织的特性，复合成所要求组织的特性。目前应用较多的复合组织有双层组织、空气层组织、点纹组织（由不完全罗纹组织与不完全平针组织复合而成）、胖花组织等。它们综合了两种或两种以上的基本组织、变化组织、花色组织的特性，应用于内外衣服装面料。

(2) 经编组织及应用

经编基本组织包括编链组织和经平组织等。

① 编链组织。每根纱始终在同一针上垫纱成圈的组织，称为编链组织，各根经纱所形成的线圈纵行之间没有联系，如图 1-2-75 所示，有开口和闭口两种。由于纵向的拉伸性小，又不易卷边，常作为衬衫布、外衣布等低延伸织物及花边、窗帘等制品的基本组织。

② 经平组织。每根经纱轮流在相邻两根针上垫纱，每个线圈纵行由相邻的经纱轮流垫纱成圈，如图1-2-76 所示，由两个横列组成一个完全组织。这种组织具有一定的纵、横向延伸性，且卷边性不显著，常与其他组织复合，用于内外衣、衬衫等。

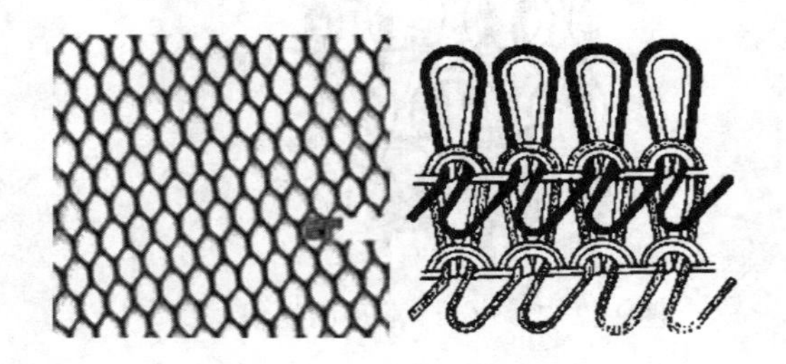

图 1-2-75 编链组织

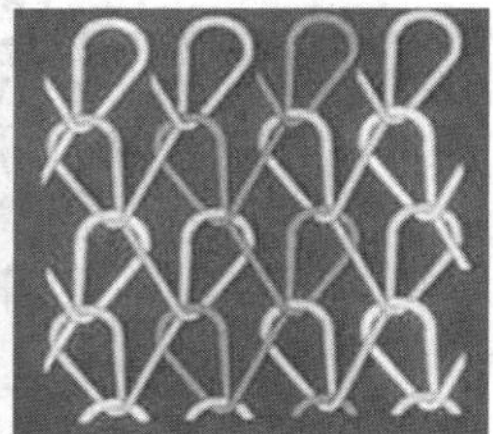

图 1-2-76 经平组织

经编织物中，除以上组织外，还有经绒、经斜等组织，如图1-2-77 和图 1-2-78 所示。这些组织在内衣、外衣、羊毛衫等方面有广泛的应用，这里不介绍。

图 1-2-77 经绒组织

图 1-2-78 经斜组织

3. 常见的服装用针织面料

近年来，针织工业发展迅速，针织面料的种类繁多，其应用也由内衣发展到外衣，成为当今十分重要的服装面料。针织面料按其用途可以分为针织内衣面料和针织外衣面料。

(1) 针织内衣面料

① 平针面料。由纬平针组织构成，俗称"汗布"。其质地轻薄，延伸性、弹性、透气性好，能吸收汗液，穿着舒适凉爽。以设计夏季穿着的汗衫为主，有圆领衫、T 恤、背心等款式。原料成分主要有棉纱、腈纶、棉/涤、黏胶、蚕丝等，以棉纱为主。

② 网眼面料。网眼面料采用集圈组织。布面上各种网孔花纹、线圈间隙明显，外观美观，穿着凉爽透气，可制作各种网眼汗衫。原料多采用棉纱或涤/棉纱。

③ 双罗纹面料。双罗纹面料又叫"棉毛布"，应用广泛，品种繁多，以设计棉毛衫裤和运动装为主。产品手感柔软，吸湿、透气性能好，贴身保暖，适合春秋冬季穿着。原料主要有棉纱、涤/棉、黏/棉等，面密度一般为 180～244 g/m^2。

④ 绒类面料。绒类面料的主要应用是由纬编衬垫组织形成的起绒织物。通常采用较粗的纱线作为衬垫纱线，经拉毛后形成绒状织物，具有挺括厚实、延伸性小、尺寸稳定等优点，大量用于绒类服装。原料以棉纱、腈纶纱为主，织物面密度为 372～570 g/m^2。常见产品有 1 号绒、2 号绒、3 号绒。

1 号绒为厚绒，毛绒松软，手感丰满、厚实，保暖性好。地纱为 18 tex，添纱为 28 tex，绒里纱为两根 96 tex 纱。

2 号绒为薄绒，外观类似厚绒，但轻薄、保暖。地纱和添纱与 1 号绒相同，绒里纱为一根 96 tex 纱。

3 号绒为细绒，外观漂亮，多为妇女、儿童内衣面料，采用两根 18 tex 或 14 tex 作地纱和添纱，绒里纱为一根 60 tex 纱。

(2) 针织外衣面料

针织外衣面料可分为纬编针织外衣面料和经编针织外衣面料两大类。

纬编针织外衣面料分为以下几种：

① 涤纶纬编素色面料。主要有素色平针面料、素色罗纹面料、素色提花面料等，手感柔软，横向延伸性好。厚型的面料可作为大衣、风衣等服装面料；中厚型的面料可制作上衣、运动服等；薄型面料可制作衬衫、连衣裙等。

a. 素色平针面料。采用平针组织织成的面料。布面平整，线圈清晰，延伸性好，但断裂后易脱散。

b. 素色罗纹面料。采用罗纹组织编织而成，有1+1、2+2、3+4、5+1等配置，形成宽度不同的直条。

c. 素色双罗纹面料。采用双罗纹组织编织而成，由两个罗纹组织复合而成。布面光洁平整，延伸性和柔软性都很好。

d. 素色提花面料。采用提花组织编织而成。按照花型要求，由织针有选择地编织成圈，同时形成凸凹花纹，富有立体感。花型有菱形、斜格、链条绞花、花卉、字母等。

② 涤纶纬编色织面料。纬编色织面料是先将低弹涤纶丝染成不同颜色，然后织成各种花型。织物色泽鲜艳、美观，配色调和，质地紧密厚实，织纹清晰，毛型感强，有类似毛织物花呢的风格。主要用作男女上装、套装、风衣、背心、裙子、棉袄、童装等。大多采用110 dtex、148.5 dtex和165 dtex低弹涤纶弹力丝编织而成，也有采用110 dtex与165 dtex低弹锦纶丝织成的。织物组织采用提花组织，编织时以各种颜色配置，一般为2～6色。

③ 涤纶纬编天鹅绒面料。针织天鹅绒是采用毛圈组织加工而成的品种。织造时，毛圈织物的线圈稍高一些，然后经过剪绒处理，再将纤维梳理整齐而成。织物手感柔软厚实，坚牢耐磨，绒毛浓密耸立，色光柔和，主要用作外衣、衣领或帽子等。针织天鹅绒的绒面一般采用纯棉或腈纶纱。为防止织物变形，地纱常采用锦纶弹力丝或涤纶低弹丝。

此外还有港型针织呢绒，它既有羊绒织物的滑糯、柔软、膨松的手感，又有丝织物的光泽柔和、悬垂、不缩水、透气的特点，主要用作春秋冬时装面料。

纬编外衣面料的种类繁多，还有针织乔其纱、涤盖棉、混纺和交织面料等。由于涤纶纬编织物具有强度高及弹性、抗皱性和耐热性好、可进行永久性熨烫处理等优点，被广泛应用。

经编针织外衣面料分为以下几种：

① 纯涤纶针织布。以涤纶长丝为原料，采用缺垫、空穿等手段，形成立体感较强的花纹和孔眼，织物质地轻薄、挺括、滑爽，有仿丝绸的效果。有素色、条格、提花、印花等品种，主要品种有针织弹力呢、针织经编呢等。

涤纶经编弹力呢采用低弹涤纶丝和涤纶长丝交织而成。织物手感挺括、有弹性，外观有毛型感，缩水变形小，颇受人们的喜爱，可用作外衣、裤装等，但织物易吸尘，遇高温即软化，甚至熔融。针织经编呢是拉毛面料，由涤纶经编面料经过拉毛加工而成，具有质地厚实、绒面丰满、毛型感强等优点，类似毛料中的麦尔登呢。织物经抗静电处理，可改善易吸尘的缺点，适用于制作男女大衣、风衣、上装、西裤等。

② 混纺针织布。通常以涤纶、锦纶、维纶、丙纶等合纤长丝为原料，也有用棉、毛、丝、麻、化纤及其混纺纱作原料织制的。常见的有涤/棉、涤/毛、涤/麻等混纺经编面料，质地紧密挺括，布面凸凹花纹，但其横向延伸、弹性和柔软性不如纬编针织物。中厚型面料可制作男女上装、套装、裤子及棉袄等；薄型织物可制作衬衫、连衣裙及窗帘、台布等。

③ 其他。采用经编方法可织制仿毛皮，手感厚实柔软，保暖性好。根据品种不同，主要用于大衣、服装、衣领、帽子等。人造皮毛也可用纬编方法织制。

总之，经编针织物的脱散性和延伸性比纬编针织物小，具有尺寸稳定、织物挺括、脱散性小、不会卷边、透气、易洗快干等优点，所以广泛用作面料、装饰材料。

四、非织造布的组织表示及应用

1. 非织造布概述

(1) 概念

非织造布,又名无纺织物、无纺布,是指不经传统的纺纱、织造或针织加工,由一定取向或随机排列组成的纤维层或纤维层与纱线交织,通过机械钩缠、缝合或化学、热熔等方法连接而成的织物。

(2) 特点及应用

与其他服装材料相比,无纺织物具有生产流程短、产量高、成本低、纤维应用面广、产品性能优良、用途广泛等优点。

随着无纺织物的发展,其产品已广泛地应用于民用服装、装饰用布、工业用布、医疗用材料及军工和高尖端技术等领域。开发的产品有几百种,如服装衬料、窗帘、医疗保健用即弃产品、土工布、过滤布、坐垫、墙布、地毯、婴儿尿布、妇女卫生用品、包装材料及农作物保温棚等。

2. 非织造布分类

非织造布可以按照成网方式、纤网加固方式、纤网结构或纤维类型等不同进行分类,一般采用基于成网方法和加固方法的分类。

(1) 按照成网方法分类

根据非织造布的生产工艺特点和产品的结构特征,非织造布的成网技术可以分为干法成网、湿法成网、聚合物挤压成网。

① 干法成网。在干法成网过程中,天然纤维或化学短纤维通过机械方式或气流方式而成网。

a. 机械成网。用锯齿开棉机或梳理机(如罗拉式梳理机、盖板式梳理机)梳理纤维,制成一定规格和面密度的薄网。这种纤网可以直接进入加固工序,也可经过平行铺叠或交叉折叠后进行加固。

b. 气流成网。利用空气动力学的原理,让纤维在一定的流场中运动,并以一定的方式均匀地沉积在连续运动的多孔帘带或尘笼上,形成纤网。纤维长度较短,最长为 80 mm。纤网中纤维的取向通常很随机,因此纤网具有各向同性的特点。

纤维网经过化学、机械、溶剂或者热黏合等途径,制得尺寸稳定的非织造材料。纤网面密度为 30～3000 g/m^2。

② 湿法成网。以水为介质,使短纤维均匀地悬浮在水中,并借水流作用,使纤维沉积在透水的帘带或多孔滚筒上,形成湿的纤网。湿法成网利用的是造纸的原理和设备。在湿法成网过程中,天然或化学纤维首先与化学纤维和水混合,得到均一的分散溶液,称为浆液;浆液随后在移动的凝网帘上沉积,然后,多余的水分被吸走,仅剩下纤维随机分布形成均一的纤网。纤网可按要求进行加固和后处理,纤网面密度为 10～540 g/m^2。

③ 聚合物挤压成网。聚合物挤压成网利用聚合物挤压的原理和设备。代表性的纺丝方法有熔融纺丝、干法纺丝和湿法纺丝。首先采用高聚物的熔体、浓溶液或溶解液,通过喷丝孔形成长丝或短纤维;这些长丝或短纤维在移动的传送带上铺放,形成连续的纤网,纤网再结合成无纺布。

大多数聚合物挤压成网的纤网中,纤维长度是连续的。利用超细短纤维成网,为熔喷法,渗透性好，但强力差，较少单独使用。长丝纤网随后经过机械加固、化学加固或热黏合形成非织造材料，为常见的纺黏无纺布。纺黏无纺布具有通气、透水、耐老化、抗紫外线、耐腐蚀、隔音、防蛀等优点，大量用作农业和畜牧业的保温材料。

(2) 按照纤网加固方式分类

纤网的加固工艺有三大类：机械加固、化学黏合和热黏合。具体加固方法的选择，取决于材料的最终使用性能和纤网类型。有时也组合两种或多种加固方式，以得到理想的结构和性能。

① 机械加固。在机械加固中，非织造纤网通过机械的方法，使纤维相互交缠而得到加固，如针刺、水刺和缝编法。

a. 针刺法无纺织物。采用数千枚特殊结构的钩针，穿过纤维网做上下运动，使整个纤维网变成相互纠缠、彼此不分离的致密毡状无纺布。该类产品(图 1-2-79)有很广的用途，可广泛用于土工布、床毯、过滤材料、针刺毡及人造革底布等。

b. 射流喷网法无纺织物。也称无针刺法非织造布，用许多束极强的水流，射向纤网加固成布。该类产品(图 1-2-80)具有较高的强力、丰满的手感和良好的透通性，适用于服装的衬里、垫肩等。

c. 缝编法无纺织物。指将无规排列的纤维网，用多头缝纫机多路缝合，使其成为结构较紧密的无纺布。这类布(图 1-2-81)有接近传统服装材料的外观和性能，广泛用于服装面料和人造毛皮底布、衬绒等。

图 1-2-79　针刺法无纺布

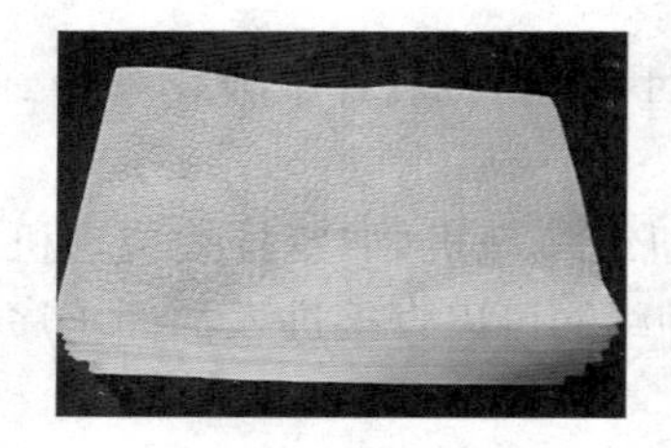

图 1-2-80　水刺法无纺布

图 1-2-81　缝编法无纺布

② 化学黏合。在化学黏合剂的黏合过程中，黏合剂乳液或黏合剂溶液在纤网内或周围沉积，然后通过热处理得到黏合。黏合剂通过喷洒、浸渍或者印花，附着于纤网表面或内部。在喷洒法中，黏合剂经常停留在纤网材料表面，蓬松度较高；浸渍法中，所有的纤维相互黏合，使得非织造材料僵硬、刻板；印花法给予纤网未印花区域的柔软性、通透性和蓬松性。

③ 热黏合。该工艺是将纤网中的热熔纤维在交叉点或轧点，受热熔融后固化，从而使纤网得到加固。热熔的工艺条件决定了纤网的性质，最显著的是手感和柔软性。用此法黏合的纤网，可以是干法成网、湿法成网或者聚合物纺丝成网的纤网。

(3) 非织造布的后整理

非织造布的后整理工艺繁多，常用的有收缩、防皱、柔软、丰满、硬挺、粗糙、漂白、印花、轧花、磨光、磨绒、涂层、静电植绒、染色、防毒及防污整理等。整理后的非织造布具有更加优良的性能和持久性的效果。

(4) 非织造布在服装上的应用

服装用非织造布分为内外衣和衬里两大类。

① 内外衣。非织造布女式三角裤和男性衬裤常作为一次性使用，价廉、方便。内外衣近年在东欧有了一定的开发，主要为缝编法生产的中厚型织物。原料有棉、黏胶、腈纶、涤纶等。

② 衬里。非织造布热熔黏合衬以非织造布为底布，涂有热熔胶，使用时直接与面料背面贴合，经熨烫即能和面料黏合，不需要用针线将衬里与面料缝合，使用方便。与机织布衬里相比，价廉且轻薄，能适应绝大多数服装的要求。

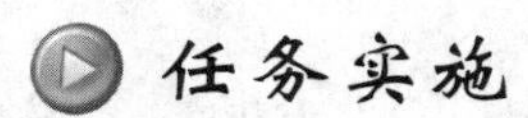

任务实施

机织物及其鉴别方法

1. 织物正反面的识别

织物正反面识别

织物正反面的确定一般依据不同的外观效应而加以判断，但是，在实际使用中，有些纺织品的正面和反面是极难确定的，稍不注意，就会造成剪裁和缝制的错误，影响成衣外观。常用的识别织物正反面的方法有下列几种：

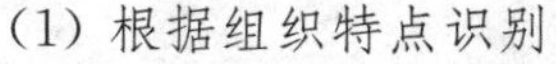

(1) 根据组织特点识别

织物密度测试

① 平纹组织。理论上，素色平纹布没有正反面的区别，因此实际使用中比较难以判断其正反面，但可从布面的光洁平整性、布边卷曲方向及针眼来识别。此外，针织罗纹织物的正反面也很接近，方法判断同平纹布。

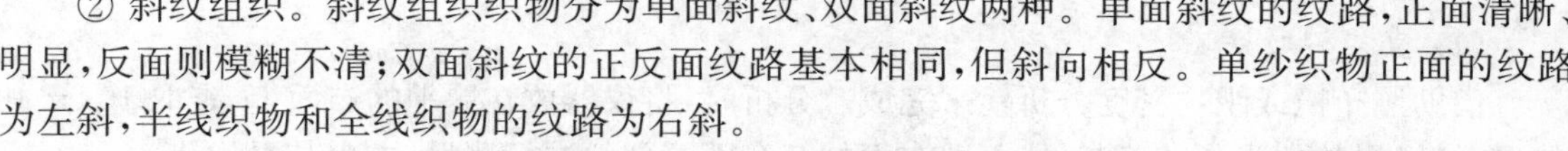
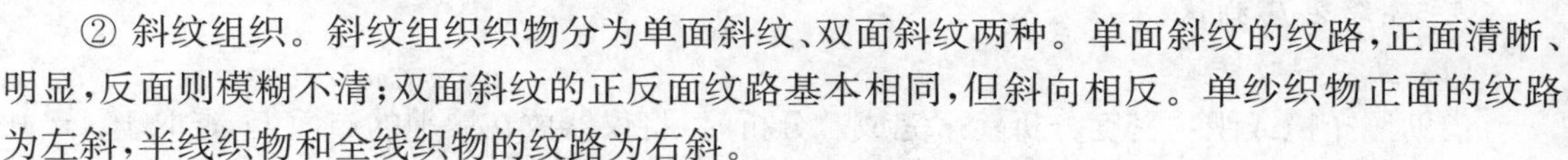

② 斜纹组织。斜纹组织织物分为单面斜纹、双面斜纹两种。单面斜纹的纹路，正面清晰、明显，反面则模糊不清；双面斜纹的正反面纹路基本相同，但斜向相反。单纱织物正面的纹路为左斜，半线织物和全线织物的纹路为右斜。

织物线密度分析

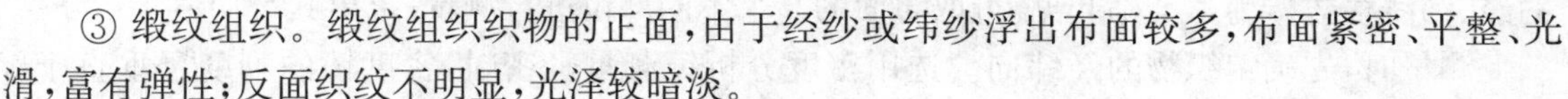

③ 缎纹组织。缎纹组织织物的正面，由于经纱或纬纱浮出布面较多，布面紧密、平整、光滑，富有弹性；反面织纹不明显，光泽较暗淡。

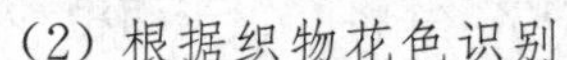

(2) 根据织物花色识别

织物组织分析

印花织物、染色织物的正面，花纹清晰、洁净，色泽鲜艳，线条明显，层次分明；反面，则色泽浅淡，线条轮廓模糊。

(3) 根据织物凹凸感识别

提花、条格织物，正面总是比反面明显、匀净、美观，立体感强。

(4) 根据织物毛绒结构识别

绒类织物分单面起绒织物和双面起绒织物。单面起绒织物，如灯芯绒、平绒等，正面有绒毛，反面无绒毛；双面起绒织物，如双面绒布、粗纺毛织物等，正面绒毛较紧密整齐，反面光泽稍差。

(5) 根据织物布边识别

布边平整、光洁的一面，为正面；反面的布边向上卷曲，不太平整。若布边有针眼，则针眼凸出的一面为正面。

(6) 根据商标识别

内销织物的正面一般无产品说明书、商标和印章等痕迹，而外销织物相反。

2. 织物经纬向的识别

面料经纬向的鉴别对服装业十分重要。因为织物由经纱和纬纱垂直交织而成，决定了其具有各向异性的特点，只有合理的设计和剪裁，才能使服装的不同部位用料得当，穿着造型美

观,合身得体。经纬向判别常用以下方法:

(1) 根据布边判别

如果布料有布边,则与布边平行的方向为经向,与布边垂直的方向为纬向。

(2) 根据交织物原料判别

一般,棉/毛、棉/麻交织物,以棉纱方向为经向;毛/丝、毛/丝/棉交织物,以丝和棉纱方向为经向;丝/人丝织物,以丝的方向为经向。

(3) 根据纱线结构判别

一般,经纱捻度高、强力大,则此方向为经向;纬纱捻度小、强力低,则此方向为纬向。Z捻纱为经纱,S捻纱为纬纱;条干和光洁度好的纱为经纱;股线为经纱,单纱为纬纱;具有多种线密度的纱系统,为经纱的方向;织物中含浆的纱为经纱。

(4) 根据织物组织判别

条子织物,条子方向为经向;格子织物,带长方形的方向为经纱;毛巾织物,毛圈纱方向为经向;纱罗织物,绞经方向为经向;割绒织物,割倒绒纱为经纱。

(5) 根据织物密度判别

密度大的方向为经向,密度小的方向为纬向。

(6) 根据织造筘痕判别

筘痕明显的织物,以筘痕方向为经向。

3. 经纬密度测试

(1) 直接测数法

借助照布镜或织物密度分析镜来完成。分析时,将仪器放在展平的布面上,查取10 cm中的经、纬线根数。为了准确起见,可取布面的5个不同部位进行测量,求出其平均值。

测量时,先确定织物的经纬向。选用密度分析镜测量经密时,密度镜的刻度尺垂直于经向;反之,垂直于纬向。将放大镜中的标志线与刻度尺上的"0"位对齐,并将其置于两根纱线的中间作为测量的起点。一边转动螺杆,一边计数,直至数完规定长度内的纱线根数。若其始点位于两根纱线中间,终点位于最后一根纱线上,不足0.25根不计,0.25~0.75根按0.5根计,0.75根以上按1根计。计算结果可精确到0.1根/10 cm。

(2) 间接测定法

这种方法适用于密度大或纱线细且有规律的高密度织物。首先数出一个组织循环的经纱或纬纱根数,再乘以10 cm内的组织循环个数。

织物主要分析内容,除上述内容以外,还有纱线线密度、织物组织、经纬纱织缩率、色纱排列等,需要时可查阅有关书籍或手册。

【思考与练习】

1. 什么是服装材料的服用性能?影响因素有哪些?
2. 什么是织物的风格特征?织物风格特征的具体内容有哪些?
3. 织物的风格特征如何影响服装设计和服装穿着效果?举例说明。
4. 评定织物的风格特征有哪些方法?
5. 根据织物服用性能和风格特征,设计一款服装。

【拓展知识】

裘皮与皮革材料

裘皮与皮革是珍贵的服装面料。一般将鞣制后的动物毛皮称为裘皮，而把经过加工处理的光面或绒面皮板称为皮革。裘皮是防寒服装理想的材料，取其保暖、轻便、耐用且华丽高贵的品质。皮革经过染色处理可得到各种外观风格，深受人们的喜爱。近年来，毛皮与皮革服装成为流行的主流，因此有必要了解和认识其结构。

一、天然裘皮与人造毛皮

1. 常用天然裘皮的种类

用作服装材料的毛皮品种较多。紫貂皮、水貂皮、狐皮为常用高档毛皮。另外有中低档毛皮，如绵羊皮、羊羔皮、貉子皮、家兔皮等，具有密生的绒毛，厚度大，质量轻，含空气量也大。目前常用来制作毛皮服装的原料包括羊毛皮、貉子毛皮、兔毛皮等，以及狐狸毛皮和水貂毛皮等稀有动物的毛皮。在现代，毛皮服装的主要原料不再是野生动物毛皮，而是以人工养殖的动物毛皮为主。下面介绍用于制作服装的主要品种：

(1) 貂皮类

① 紫貂皮。又称黑貂皮，稀少而珍贵，呈黑褐色或灰褐色，毛短而密，毛绒精致柔软，色泽光润，厚实而松软，有极强的保暖性，是高档的裘皮制品。主要用于外套、长袍、披肩等。

② 水貂皮。皮板紧密，强度高，针毛松散、光亮，绒毛细密，属小型珍贵皮毛。美国标准黑褐色水貂皮和斯堪的纳维亚沙嘎水貂皮的质量最佳。彩貂皮有白色、咖啡色、棕色、珍珠米色、宝石蓝色和灰色等，颜色纯正、针毛齐全、色泽美观者价值高。水貂现已大量人工养殖，其皮毛珍贵、细软，鞣制后适宜制作翻毛大衣、皮帽、皮袖等。

③ 石貂皮。石貂也叫岩貂、扫雪，体形比紫貂稍大，也属于较大的貂类。石貂皮坚韧轻薄，毛被细软、丰厚，富有光泽，是有名的珍贵毛皮。

各类貂皮衣如图 1-2-82 所示。

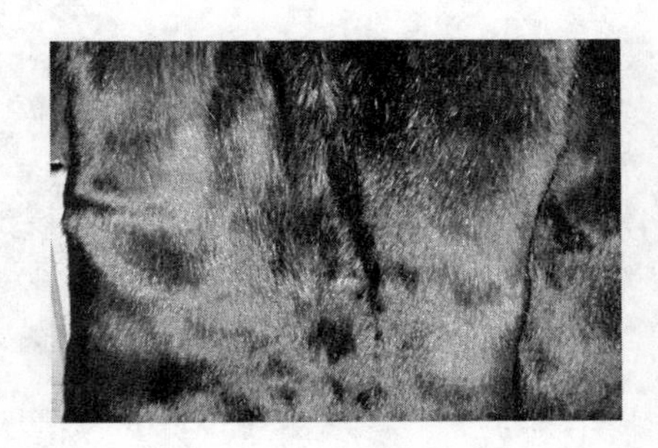

图 1-2-82(a)　紫貂皮衣

图 1-2-82(b)　水貂皮衣

图 1-2-82(c)　石貂皮衣

(2) 狐狸毛皮

因生长地区不同，狐狸有各种品种，如红狐狸、白狐狸、灰狐狸、银狐狸等，其毛皮质量有差异，一般北方产的狐狸皮质较好，毛细绒足，皮板厚软，拉力强。狐皮的毛色光亮艳丽，属高级毛皮，多用于毛用披肩、围巾、外套、斗篷等。如图 1-2-83 所示。

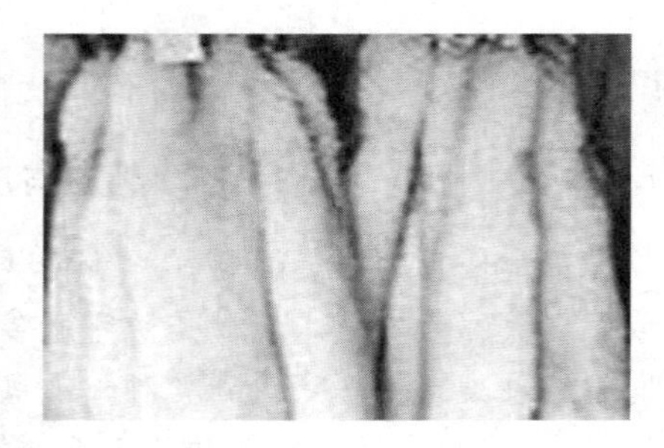

图 1-2-83 狐皮

(3) 羊羔皮

羊羔皮属于中档毛皮，其底绒少，绒根清晰，彼此不粘连，具有波浪形花弯，其俗称为“九道弯”，毛长且柔软、灵活、光润，毛色多为纯白色，也有少数为纯黑色，主要产于宁夏、内蒙古、甘肃等地(图 1-2-84)。

图 1-2-84 羊羔皮

图 1-2-85 羊皮

(4) 绵羊皮

属于中档毛皮，其毛被毛多呈弯曲状，粗毛退化后成为绒毛，光泽柔和，皮板厚薄均匀，不板结，主要用来制作帽、坎肩、衣里、褥垫等。如图 1-2-85 所示。

2. 毛皮加工过程

(1) 鞣制

鞣制是使带毛生皮转变成毛皮的过程。鞣制前，通常需要经过浸水、洗涤、去肉、软化、浸酸，使生皮充水、回软，除去油膜和污物，分散皮内胶原纤维。为使毛皮柔软、洁净，鞣后需水洗、加油、干燥、回潮、拉软、铲软、脱脂和整修。鞣制后，毛皮应软、轻、薄，耐热，抗水，无油腻感，毛被松散、光亮，无异味。

(2) 整修

对毛皮进行整饰，包括染色、褪色、增白、剪绒和毛革加工等。

① 染色。毛皮在染液中改色或着色的过程。染色的方法有浸染、刷染、喷染、防染等，可使毛被产生平面色、立体色(如一毛三色)和渐变色的效果。毛皮染色后，颜色鲜艳，均匀、坚牢，毛被松散、光亮，皮板强度高，无油腻感。

② 褪色。在氧化剂或还原剂的作用下，使深色的毛被颜色变浅或褪白。黑狗皮、黑兔皮褪色后，可变成黄色。

③ 增白。白兔皮或滩羊皮，使用荧光增白剂处理，可消除黄色，增加白度。

④ 剪绒。染色前或染色后，对毛被进行化学处理（涂刷甲酸、酒精、甲醛和水等）和机械加工（拉伸、剪毛、熨烫），使弯曲的毛被伸直、固定并剪平。细毛羊皮、麝鼠皮等均可剪绒。剪绒后，要求毛被平齐松散，有光泽，平板柔软，不裂面。

⑤ 毛革加工。毛革是毛被和平板两面均进行加工的毛皮。根据皮板的不同，有绒面毛革和光面毛革之分。毛皮肉面磨绒、染色，可制成绒面皮革；肉面磨平再喷以涂饰剂，经干燥、熨压，即制成光面皮革。对皮革的质量要求是毛被松散，有光泽。由于毛革服装不需吊面即直接穿用，因此要求皮板软、轻、薄，颜色均匀，涂层滑爽，热不黏，冷不脆，耐老化，耐有机溶剂。

(3) 服装的制作

鞣制或染整后的毛皮，经配料、裁断和吊制，制成毛皮服装。

① 配料。根据设计色调、款式、选皮，确定用料，要求用料合理，路分、毛性、厚薄等基本协调。

② 裁断。将选好的毛皮裁割成条状或块状，拼缝成衣筒或衣片。裁断工艺主要有平铺法和串刀法。平铺法是将绵羊皮、狗皮和家兔皮等整张或半张均匀平铺，缝成衣筒。串刀法是将水貂皮或蓝狐皮，沿对角线方向缝割成4～6 mm宽的毛皮条，再把小皮条拼缝成细长的皮快，缝成衣片。要求用料合理，尺度准确，排列整齐，针码均匀。

③ 吊制。将衣片回潮，按服装样板干燥成形，再将其拼缝在一起，经吊里、整理，即成毛片服装。要求领子端正、对称，门襟平展顺直，扣距均匀，兜位准确，颜色均匀，款式新颖。

3. 人造毛皮

人造皮毛是指外观类似动物毛皮的长毛绒型织物，织物表面形成长短不一的绒毛，具有接近天然皮毛的外观和服用性能。绒毛分两层，外层是光亮粗直的刚毛，里层是细密柔软的短绒。人造毛皮常用于大衣、服装衬里、帽子、衣领、玩具、褥垫、室内装饰物和地毯等。

(1) 性能

人造毛皮的保暖性虽不及真毛皮，但轻软、美观，可制成仿兽毛美观花纹，且可进行干洗和防燃处理。

(2) 分类

针织人造毛皮是指在针织毛皮机上，采用长毛绒组织，以腈纶、氯纶或黏胶纤维做毛纱，在织物表面形成类似于针毛与绒毛的层结构，其外观类似于天然毛皮，且保暖性、透气性和弹性较好。

机织人造皮毛是采用双层结构的经起毛组织（图1-2-86），经过割绒后，在织物表面形成毛绒。这种人造毛皮的绒毛固结牢固，毛绒整齐、弹性好，保暖与透气性可与天然毛皮相仿。

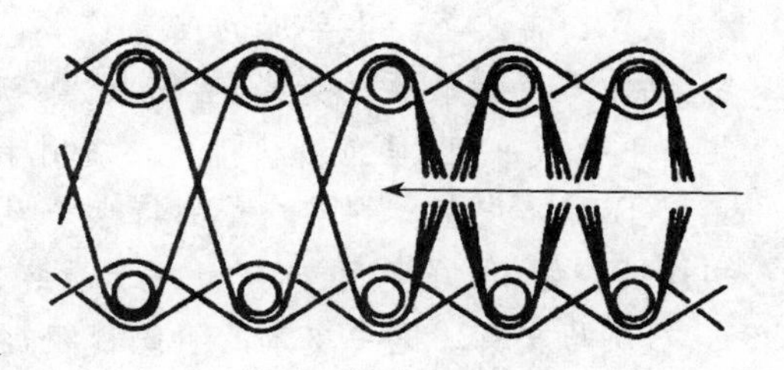

图1-2-86　机织人造皮毛

人造卷毛皮是采用黏胶法，在各种机织、针织或无纺织物的底布上黏满仿羔毛的卷毛纱线，从而形成天然毛皮外观特征的毛被。其表面有类似天然的花绺花弯，毛绒柔软，质地轻，保暖性和排湿透气性好，不易腐蚀，易洗易干。

(3) 品种

① 立绒仿毛皮。布面起毛、状似裘皮的立绒毛织物,俗称"海虎绒"。正面由密集的毛纤维均匀覆盖,绒面丰富平整,富于膘光,弹性、保暖性能良好。主要用于制作大衣、衣里、衣领、冬帽、绒毛玩具,也可作室内装饰和工业用。

② 平剪绒面料。保暖性好且轻便,主要用于制作棉衣裤。

③ 仿动物毛皮。织物表面的真毛感强,华丽美观,大量用于制作女式大衣。

二、皮革与人造革/合成革

1. 天然皮革

各种兽皮、鱼皮等真皮层厚度比较厚的原皮,经各种鞣制方法制成熟皮革,作为服装材料使用,有悠久的历史。衣用皮革主要是服装革和鞋用革,多以猪皮、羊皮、牛皮、马皮、鹿皮为原料皮。此外,鱼类皮革、爬虫类皮革也用于服装的装饰革及箱包等。

(1) 天然皮革的分类

① 按其种类分。主要有猪皮革、牛皮革、羊皮革、马皮革、驴皮革和袋鼠皮革等,另有少量的鱼皮革、爬行类动物皮革、两栖类动物皮革、鸵鸟皮革等。

② 按其层次分。有头层革和二层革,其中头层革有全粒面革和修面革,二层革有猪二层革和牛二层革等。

全粒面革的表面平细,毛眼小,结构细密紧实,革身丰满有弹性,物理性能好,不仅耐磨,而且具有良好的透气性。修面革,是利用磨革机将革表面轻磨后进行涂饰,再轧上相应的花纹而制成的。此种革几乎失掉原有的表面状态,涂饰层较厚,耐磨性和透气性比全粒面革较差。二层革,经过涂饰或贴膜等系列工序而制成,牢度、耐磨性较差,是同类皮革中最廉价的一种。

(2) 天然皮革的常见品种

① 牛皮革。牛皮革的结构特点是真皮组织中的纤维束相互垂直交错或略倾斜成网状交错,坚实致密,因而强度较大,耐磨耐折。粒面毛孔细密、分散、均匀,表面平整光滑,磨光后亮度较高,且透气性良好,是优良的服装材料。黄牛革和水牛革都称为牛皮革,黄牛革表面的毛孔呈圆形,较水牛革的毛孔细腻、紧密、均匀。牛皮革常用作运动上衣、鞋类及皮包类等。

② 猪皮革。猪皮的结构特点是真皮组织比较粗糙且不规则,毛根深且穿过皮层到达脂肪层,因而皮革毛孔有空隙,透气性优于牛皮,但皮质粗糙,弹性欠佳。粒面凹凸不平、毛孔粗大而深、明显地三点组成一小撮,是猪皮革独有的风格。猪皮革主要用于制鞋业。

③ 山羊皮革。山羊皮的皮身较薄,真皮层的皮质较细,表面上平行排列较多,组织较紧密,所以表面有较强的光泽,且透气、柔韧、坚牢。粒面毛孔呈扁圆形斜伸入革内,粗纹向上凸,几个毛孔成一组,呈鱼鳞状排列。多用于外套、运动上衣等。

④ 绵羊皮革。绵羊皮革的特点是表皮薄,革内纤维束交织紧密,成品革手感滑润,延伸性和弹性较好,但强度稍差,广泛用于服装、鞋、帽、手套、背包等。

⑤ 马皮革。比牛皮革的组织稍粗,特别是后背部分的皮质细密坚实,可用于制鞋。其毛孔稍大,呈椭圆形,斜伸入革内,形成波浪形排列。马皮革的纤维结构较为紧密,强度也比较高,用于制作皮裤和皮靴,效果较好,服装上用得较少。

此外,鹿皮革、蛇皮革、鳄鱼皮革等常用于衣用服装和装饰用具。

2. 人造革/合成革

人造革/合成革是一类外观、手感似天然皮革,而且可代替其使用的塑料制品,主要分为以下几种：

(1) 聚氯乙烯人造革/合成革

聚氯乙烯人造革/合成革是第一代人造革，其服用性能较差。用聚氯乙烯树脂、增塑剂和其他辅料组成的混合物，涂敷或贴合在基材上，再经适当的加工而制成。根据树脂涂层的结构可以分为普通人造革和泡沫人造革两种。人造革的基材主要是纺织品，如市布、针织布、再生布、非织造布等。

(2) PU 革(聚氨酯合成革)

用聚氨酯树脂涂在底布上，制成类似皮革的物质。外观比 PVC 革更接近天然皮革，通透性和吸湿性优于 PVC 革，更适宜制作服装。

(3) 人造麂皮

又称人造绒面革，常用聚氨酯合成革进行表面磨毛处理。人造麂皮采用以超细旦化纤(0.4 D 以下)为原料的经编织物、机织物或无纺布作为基布，经聚氨基甲酸酯溶液处理，再经起毛磨绒，然后进行染色整理而成。生产方法还有静电植绒和针织物拉绒处理。如图 1-2-87～图 1-2-89 所示。

图 1-2-87　人造麂皮(擦车用)

图 1-2-88　人造毛绒(衣用)

图1-2-89　复合麂皮绒

三、裘皮的鉴别

(1) 步骤一：看

毛杆是否挺直，毛面是否平齐，颜色是否匀称，光泽是否明亮。光泽差、毛面凌乱，毛杆往往较脆，易断。毛面发现凹点，可用手扒毛绒，检查有无光板。如果是漂亮的狗皮大衣，要仔细检查毛尖是否有焦断。对于狸子皮大衣，重点看花点的清晰度；如果是胡羊皮大衣，则以毛短、花纹坚实明显者为好。还需用手在毛面上沿顺毛方向轻轻推几下，看有无掉毛现象。其次要注意拼缝处有无漏缝等。

(2) 步骤二：揉

用手搓揉皮料，检查是否柔软。如果揉搓时发出响声或手感僵硬，说明皮料的鞣透度较差，对裘皮衣的牢度和穿着舒适感均有影响。

(3) 步骤三：吹

用嘴向毛皮上吹一吹，看是否有缺毛的地方。

(4) 步骤四：检查质量

染色产品要求染色均匀、有光泽，松散灵活；用白纸擦毛数次，无掉毛现象，无灰尘、无油污、无导味、无脱毛、无溜针；用手推毛被，不掉针毛。

(5) 步骤五：了解生产制作等

选购时还应了解原料产地、生产厂家、鞣制方法。若采用硝面鞣法，则有臭味，容易虫蛀、鼠咬，受潮不易保存；若经化学鞣法鞣制，则可避免以上现象。

四、真假毛皮与皮革的区分

"真皮"在皮革制品市场上是常见的字样，是人们为了区别合成革而对天然皮革的一种习惯叫法。真皮就是皮革，主要由动物毛皮加工而成。真皮即是所有天然皮革的统称。

常用的皮革辨别方法如下：

(1) 手感

即用手触摸皮革表面，如有滑爽、柔软、丰满、弹性的感觉，则是真皮；而人造合成革的革面则手感发涩、死板，柔软性差。

(2) 眼看

真皮革面有较清晰的毛孔、花纹，黄牛皮有较匀称的细毛孔，牦牛皮有较粗而稀疏的毛孔，山羊皮有鱼鳞状的毛孔，猪皮有三角粗毛孔；而人造革，尽管仿制了毛孔，但不清晰。

(3) 嗅味

凡是真皮革，都有皮革的气味；而人造革，都具有刺激性较强的塑料气味。

(4) 点燃

从真皮革和人造革背面撕下一点纤维，点燃后，凡发出刺鼻的气味、结成疙瘩的是人造革；凡是发出烧毛发臭味、不结硬疙瘩的是真皮。

项目三

服装辅料的识别与运用

☞ 学习目标：
- 了解服装辅料的种类、用途、特征和规格要求
- 掌握服装辅料的选用原则，能根据服装类型和给定面料选配合适的辅料

任务引入

服装辅料是指服装制作过程中，除面料以外，用于服装的其他材料。服装辅料的服用性能、加工性能、装饰性能、保管性能及成本都直接关系到服装成衣的品质、造型、舒适及销售，其重要性是不言而喻的。故识别辅料，了解各类辅料的用途，是合理选配面辅料、完成服装款型设计的重要基础。

任务分析

① 了解服装辅料的种类、用途、特征和规格要求。

② 调研目前市场上服装辅料的类别，为服装面辅料选配打基础。

③ 掌握服装辅料的选用原则，学会表达服装跟单信息，试制服装跟单岗位的工艺单（含面辅料信息）。

相关知识

服装辅料根据其基本作用可分为服装里料、服装衬料、服装垫料、服装絮料、线类材料、紧扣材料、装饰材料、商标及标志和其他材料等。

一、里料的认识与选配

（一）里料认识与选配

1. 识别各类服装里料

服装里料是服装最里层的材料，通常称为里子、里布或夹里，是用来部分或全部覆盖服装

面料或衬料的材料。

服装里料的主要作用有：使服装具有良好的保形性；对服装面料有保护、清洁作用，提高服装的耐穿性；增加服装的保暖性能；使服装顺滑且穿脱方便。对于絮料服装，作为絮料的夹里，可以防止絮料外露；作为皮衣的夹里，能够使毛皮不被沾污，保持毛皮的整洁。

(1) 按加工工艺区分的里料

① 活里。由某种紧固件连接在服装上，便于拆脱洗涤(图 1-3-1)。

② 死里。固定缝制在服装上，不能拆洗(图 1-3-2)。

图 1-3-1　活里

图 1-3-2　死里

③ 全夹里。整件衣服全部使用夹里，如精制中山装、西装、大衣等，夹克衫也多用全夹里。

④ 半夹里。在衣服上做一半长度的夹里，是简制的一种。

⑤ 前夹后单。指前身使用夹里，而后身不使用的情况。简制西装、春秋衫、裙子等非毛料服装多用前夹后单。

(2) 根据夹里的质地分类

① 同质夹里。面料与里料使用同一质地的材料。少数服装用同质夹里，如羽绒服、登山服。

② 异质夹里。面料与里料使用不同质地的材料。通常，夹里的质地不及面料的质地优良。绝大多数服装采用异质夹里。

(3) 按使用原料区分的里料

① 棉布类。如市布、粗布、条格布等。棉布里料具有较好的吸湿性、透气性和保暖性，穿着舒适，不易产生静电，强度适中；不足之处是弹性较差，不够光滑。多用于童装、夹克衫等服装。

② 丝绸类。如塔夫绸、电力纺等。真丝里料具有很好的吸湿性、透气性，质感轻盈，美观光滑，不易产生静电，穿着舒适；不足之处是强度偏低，质地不够坚牢，经纬纱易脱落，且加工缝制较困难。多用于裘皮、纯毛及真丝等高档服装。

③ 化纤类。如美丽绸、涤纶塔夫绸等。化纤里料的强度较高，结实耐磨，抗皱性能较好，具有较好的尺寸稳定性，耐霉蛀；不足之处是易产生静电，服用舒适性较差。因其价廉而广泛应用于各式中低档服装。

④ 混纺交织类。如棉/涤、涤/黏混纺里布等。这类里料的性能综合了天然纤维里料与化纤里料的特点，服用性能有所提高，适合于中档及高档服装。

⑤ 毛皮及毛织品类。这类里料的最大特点是保暖性极好，穿着舒适。多应用于冬季及皮

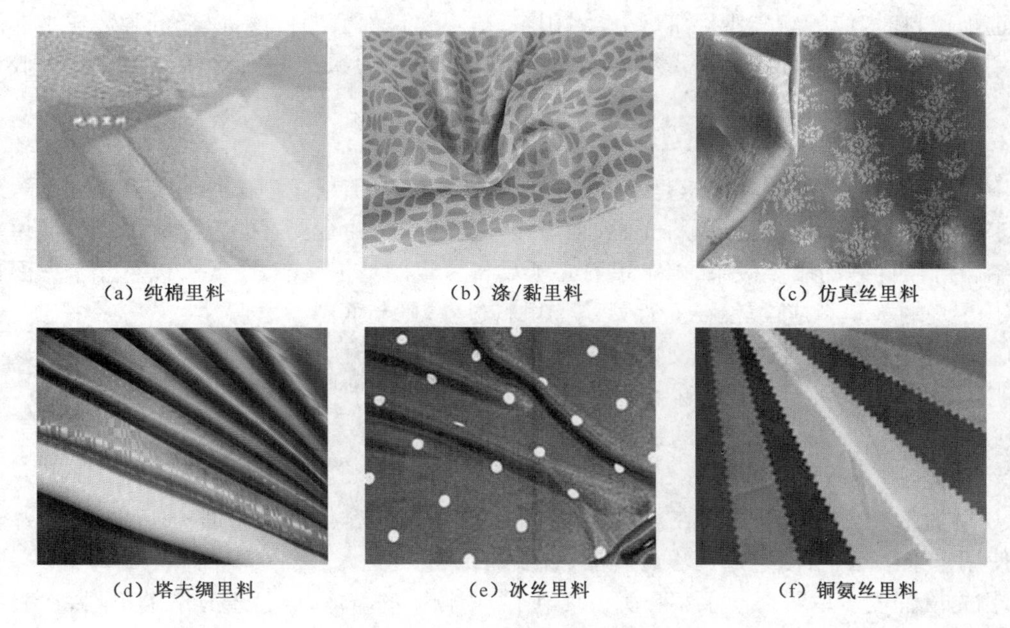

（a）纯棉里料　（b）涤/黏里料　（c）仿真丝里料

（d）塔夫绸里料　（e）冰丝里料　（f）铜氨丝里料

图 1-3-3　几种常见的里料

革服装。

里子的主要品种有棉织物里料、丝织物里料、黏胶纤维里料、醋酯长丝里料、合成纤维长丝里料等。市场常见的有涤纶塔夫绸、尼龙绸、绒布、各类棉布与涤/棉布等（图 1-3-3）。经常使用的里子，绸类材料有 170T、190T、210T 和 230T 涤纶塔夫绸、尼龙塔夫绸与人棉绸；绒布有单面绒、双面绒、经编绒等。此外，铜氨纤维里料、醋酯长丝里料较为新颖。里料的发展随着服装的发展而变化，日益趋向于轻薄、软滑、绿色环保。

2. 服装里料与面料的配伍

在服装设计和生产中，辅料选配得当，可以提高服装的质量和档次，并改善其服用性能。

选配服装里料时，应充分考虑面料的性能、色彩、价格等因素，使服装里料与面料的配伍合理。

（1）里料的选用原则

① 面里性能相符。服装的里料与面料会面临同样的穿着使用、洗涤维护等条件，所以里料的缩水率、耐洗涤性、强力、耐热性能等应与面料相似。同时，里料的密度及厚度应符合面料的配伍要求，从而满足服装外观造型的需求，并注意面料与里料的裁剪方法（直裁、横裁或斜裁）要一致，以确保达到服装的造型要求。

② 色彩搭配协调。里料与面料的色彩配伍应保证服装里料与面料的色彩协调美观。人对服装色彩是很敏感的，服装的里料与面料色调相同或相近，给人的印象是统一协调，整体有品位；如里料与面料的色彩差异过大，不仅会影响面料的颜色，而且给人凑合、不协调的感觉。一般，里料的色泽与面料相接近，且较面料颜色稍浅，以免造成透色或沾色等不良反应，有时也会选用与面料互为对比色的里料，以产生特别效果。

③ 档次价格相称。从经济与实用等角度综合考虑，里料与面料在档次和价格方面也应相

称。选配里料时，应注意美观经济、结实耐用，一般不超过面料的价值，以降低服装成本。高档面料用高档里料，低档面料用廉价里料。如中高档面料一般采用电力纺、斜纹绸等，中低档的面料一般采用羽纱、尼龙绸等。

(2) 里料的性能要求

不同服装对里料性能的要求是不同的，见表 1-3-1。即使同类服装，冬装要求保温，夏装则要求透气、吸湿。一般要求里料光滑、耐用、防起毛起球，并有良好的色牢度等。为使里料与面料结合产生良好的服装效果，要求里料必须具备一定的基本性能，主要有以下几个方面：

① 悬垂性。里料应柔软，悬垂性好。如里料过硬，则与面料不贴切。

② 抗静电性。里料应具有较好的抗静电性，否则穿着时会贴身、缠体，引起不适，且会使服装走形，在某些特定环境还可能引起火灾，或对环境造成干扰。

③ 洗涤和熨烫收缩。里料的洗涤和熨烫缩率应尽量小，较大的缩率会给服装的加工和使用带来麻烦。

④ 防脱散性。有些织物会在裁边时产生脱散，或在缝合处产生脱线(或称“拔丝”)，给加工和使用带来困难，所以应选用不易脱散、脱线的织物。

⑤ 光滑程度。里料要使服装穿脱方便，则需要较小的摩擦，但过于光滑的里料，在服装加工中会有困难，因而应适当。

⑥ 耐磨性。服装穿着时某些部位经常受到平面磨损或屈面磨损，因此要求里料具备较好的耐磨性。

表 1-3-1　不同服装对里料的性能要求

服装类型	颜色、光泽	手感	悬垂性	不透明性	平滑性	保温性	透气性	抗静电性	抗皱性	洗涤缩水	洗涤牢度	耐汗性	耐磨性
男套装	▲	▲	▲	√	√	√	√	▲	▲	▲	▲	▲	▲
女套装	▲	▲	▲	▲	√	—	▲	▲	▲	▲	√	▲	√
连衣裙	▲	▲	√	√	√	—	√	▲	√	▲	▲	▲	√
上衣	√	√	√	▲	▲	▲	√	▲	√	√	√	√	▲
外套	√	√	√	▲	▲	▲	√	▲	√	√	√	√	▲
运动服	√	√	—	—	√	√	▲	√	√	√	√	√	√
学生服	√	—	√	▲	√	▲	√	▲	√	▲	▲	▲	▲

注：▲强调严格；√强调适中；—强调不严。

(3) 里料在服装中的具体运用

夏季的高档薄毛料或真丝职业套装，吸汗透气，穿着舒适，若不配里料，会因造型不挺括而影响其整体效果。最好选择与里料性能相匹配的真丝里料，使整套服装造型流畅美观，充分体现出高档面料服装的品位。一般不选用涤丝里料，因涤丝里料穿着时有闷热不适感，会破坏整套服装的舒适性能，也会降低高质量面料服装的档次，并影响其价位。

秋冬季服装，只有挂上夹里，才能同时提高其耐用性和保暖性，其价位也会成倍增加。休闲类棉质外套中应挂性能相近的纯棉或涤/棉夹里；化纤面料服装应挂价格便宜的涤纶绸夹里；滑爽又结实的毛料套装造型好、档次高，应挂品质较好的羽纱夹里。

在童装和休闲类服装的门襟、袖口、领口、袋口、帽边、裤脚口等部位，将里料露出一点或翻出来一些，用里料的色彩或图案装饰服装，会产生意想不到的效果；夏季的女时装，可用顺色或具有一定明度反差的衬里。

此外，里布是服装的重要组成部分，配制应遵循技术原则，如处理不当，会导致成品服装起皱、起吊。在一般情况下，里布要稍大于面布。

服装结构设计直接影响服装的穿着效果，里料结构与面料的配伍性问题有两个方面：① 里料板型与面料板型不匹配，常出现里料偏大或偏小的现象，严重影响穿着美观和舒适性；② 里料板型单一，很多服装中，里料板型完全复制面料板型，未能体现里料在结构设计中的重要性。

服装缝制工艺的好坏也关系到整件服装的成品质量，由于工艺处理不当造成的里料与面料的配伍性问题主要有两个方面：① 里料缝制工艺不良，直接导致里料接缝部分开线或脱散；② 里料与缝线不匹配，造成缝合部分断线或里料产生纰裂。

二、服装衬垫料和絮填料的认识与选配

(一) 服装衬料的认识与选配

服装衬料是指服装某个部分里面的布，可以是一层或复合几层，起拉紧定形和支撑的作用，使服装平挺。

衬垫料是附在服装面料和里料之间的材料。它是服装的骨骼和支撑，对服装起加固、保形和稳定结构的作用。

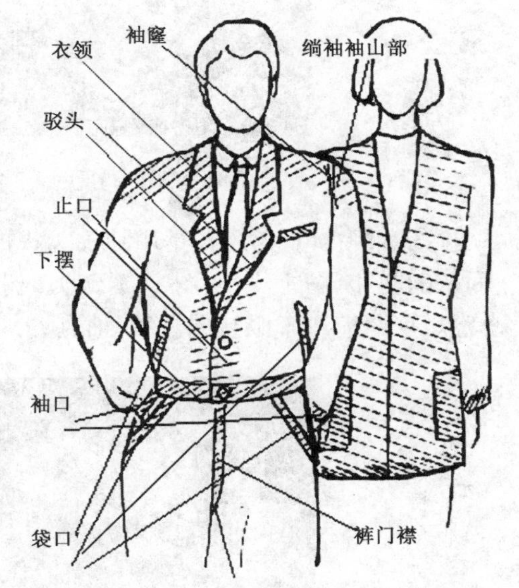

图 1-3-4　服装用衬部位

1. 认识各类衬料

服装衬料的种类繁多，按使用部位、衬布用料、衬的底布类型、衬料与面料的结合方式，可以分为若干类(图1-3-4)。

(1) 按衬的厚薄和质量分

可分为厚重型衬(160 g/m^2 以上)、中型衬(80～160 g/m^2)与轻薄型衬(80 g/m^2 以下)。

(2) 按使用的方式和部位分

可分为衣衬、胸衬、领衬和领底衬、腰衬、折边衬、牵条衬等。

(3) 按衬的使用原料分

可分为棉衬、毛衬(黑炭衬、马尾衬)、化学衬(化学硬领衬、树脂衬、黏合衬)和纸衬等。

各类衬布的特点如下：

① 棉衬、麻衬。棉衬用纯棉机织本白平布制成。一般用中、低支平纹布，不加浆剂处理，手感柔软，又称软衬，多用于挂面、裤(裙)腰或与其他衬搭配使用。棉衬中的硬衬，则是指经化

学浆剂处理的纯棉粗平布，手感硬挺，市面上也称麻衬或法西衬（图 1-3-5）。麻衬多用于西服胸衬、衬衫领、袖等部位。麻纤维较为硬挺，可以满足西服的造型和抗皱要求（图 1-3-6）。

图 1-3-5　棉衬

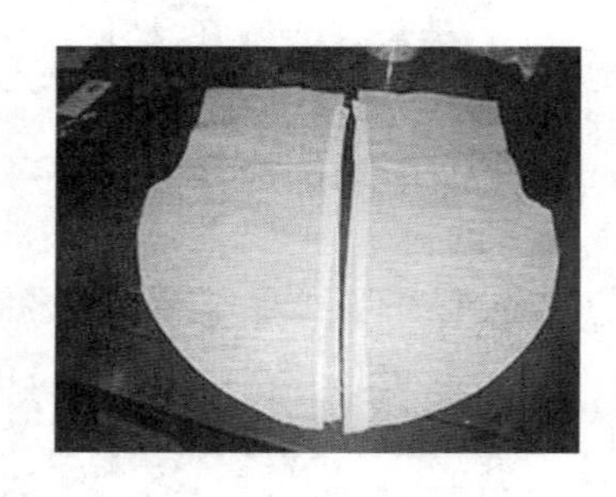

图 1-3-6　麻衬

② 毛鬃衬、马尾衬。毛鬃衬即毛衬，也称黑炭衬（图 1-3-8），多为深灰色与杂色。一般为牦牛毛、羊毛、人发混纺或交织而成的平纹组织织物。此类衬硬挺而富有弹性，造型性能好，多用作中高档服装（如中厚型面料的西装）的衬布、大衣的驳头衬和胸衬等。

马尾衬是由马尾与羊毛交织而成的平纹织物，表面为马尾的棕褐色与本白色交错，密度较为稀疏。马尾衬的弹性极好，不折皱，挺括，湿热状态下可归拔出设计所需形状，常作为高档服装的胸衬（图 1-3-7）。

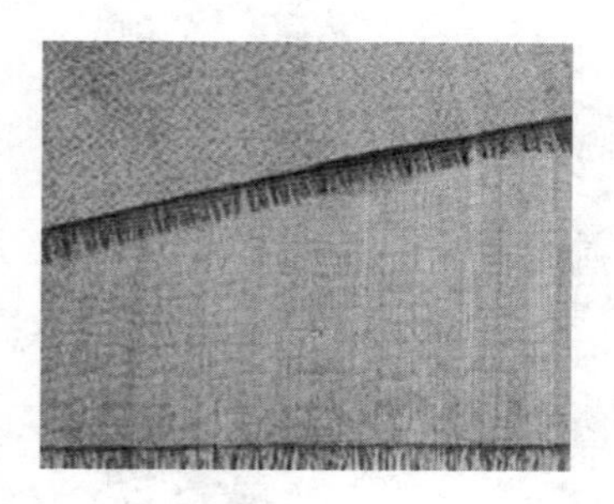

图 1-3-7　马尾衬

图 1-3-8　黑炭衬

③ 树脂衬。树脂衬是用纯棉、涤/棉或纯涤纶布（机织平纹布或针织物），经树脂整理加工而成的衬布（图 1-3-9、图 1-3-10）。树脂衬具有成本低、硬挺度高、弹性好、耐水洗、不回潮等特点，广泛应用于服装的衣领、袖克夫、口袋、腰及腰带等部位。

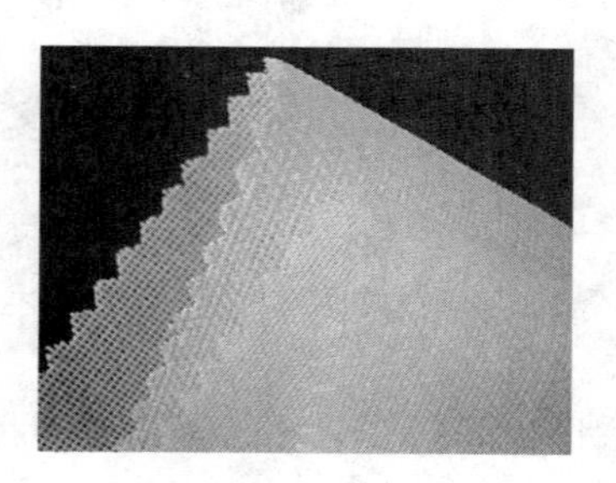

图 1-3-9　机织树脂衬

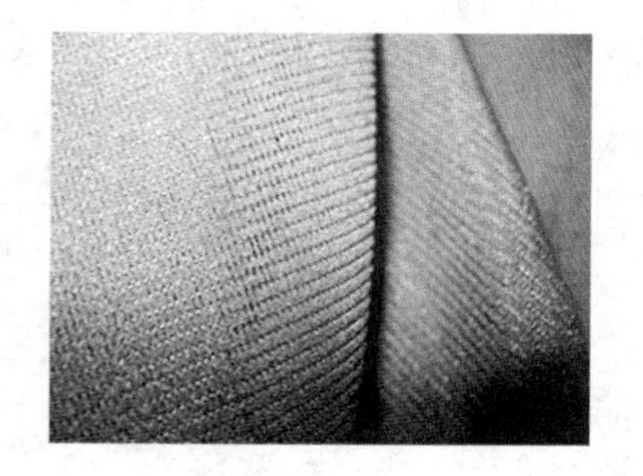

图 1-3-10　针织树脂衬

④ 黏合衬。按底布种类分为机织黏合衬、针织黏合衬和非织造黏合衬。

a. 机织黏合衬。通常为纯棉或与其他化纤混纺的平纹织物，尺寸稳定性和抗皱性较好，多用于中高档服装。

b. 针织黏合衬。包括经编衬和纬编衬，弹性较好，尺寸稳定，多用于针织物和弹性服装。

c. 非织造黏合衬。常以化学纤维为原料制成，分为薄型（15～30 g/m^2）、中型（30～50 g/m^2）和厚型三种。

也可按热熔胶种类分为聚乙烯（PE）、聚酯（PES）、乙烯醋酸乙烯（EVA）黏合衬等。热熔胶黏合衬具有较好的黏合强力和耐干洗性能，多用于衬衫、外衣等。

a. 聚乙烯黏合衬布。高密度聚乙烯（HDPE）具有较好的水洗性能，但温度和压力要求较高，多用于男式衬衫；低密度聚乙烯（LDPE）具有较好的黏合性能，但耐洗性能较差，多用作暂时性黏合衬。

b. 聚酯黏合衬布。具有较好的耐洗性能，对涤纶纤维面料的黏合力尤其强，多用于涤纶仿真面料。

c. 乙烯醋酸乙烯黏合衬布。具有较强的黏合性，但耐洗性能差，多用于暂时性黏合。

⑤ 腰衬、领带衬。腰衬是近年来开发的新型衬料，多采用锦纶、涤纶、棉为原料，按不同的腰高织成带状衬布，对裤腰和裙腰部位起硬挺、防滑、保形和装饰作用，在现代服装生产中的应用普遍。领带衬由羊毛、化纤、棉等纤维纯纺、混纺或交织成布，再经后整理而制成。领带衬具有厚实、手感柔软、富有弹性、耐洗性能良好等特点，用于领带内层，起造型、保形、补强等作用，其应用也很广泛。

免烫衬布系列、水溶性衬布系列、绿色环保产品，将走俏市场；时装衬布方面，薄型弹力衬布备受欢迎；西服衬方面，要配合西服轻、薄、软的风格，开发与之配伍的高档衬布；职业服装衬方面，要针对现代职业装轻、薄、软、庄重的特点，基布采用多成分材料，经先进整理加工，达到环保要求。总之，各种衬布与面料黏合后要具有柔软、舒适、挺括、保形性好、洗后不变形的特点，又能充分体现各类服装的个性。

2. 服装衬料的选配

（1）服装衬料的选配原则

① 与服装面料的性能相配伍。这些性能主要包括服装面料的颜色、质量、厚度、色牢度、悬垂性、缩水性等。对于缩水率大的衬料，裁剪之前须经预缩；而对于色浅质轻的面料，应特别注意其内衬的色牢度，避免发生沾色、透色等现象。

② 与服装造型的要求相协调。由于衬布类型和特点的差异，应根据服装的不同部位及要求来选择相应类型、厚度、质量、软硬、弹性的衬料，并且裁剪时须注意衬布的经纬向，以准确完美地达到服装设计造型的要求。

③ 应考虑实际的制衣生产设备条件及衬料的价格。例如，选配黏合衬时，必须考虑是否配备有相应的压烫设备，在达到服装设计造型要求的基础上，应本着尽量降低服装成本的原则来进行衬料的选配，以适应市场需求，提高企业经济效益。

（2）服装衬料的具体应用

① 树脂衬的应用。树脂衬主要包括纯/棉、涤/棉混纺和纯涤纶树脂衬。其中，纯棉树脂衬因其缩水率小、尺寸稳定、穿着舒适等特性而应用于服装的衣领、前身等部位，此外还用于生产腰带、裤腰等；涤/棉混纺树脂衬因其弹性较好等特性，广泛应用于各类服装的衣领、前身、驳头、口袋、袖口等部位，也大量用于生产各种腰衬、嵌条衬等；纯涤纶树脂衬因其弹性极好和手感滑爽，广泛应用于各类服装，是品质较高的一种树脂衬。

② 黏合衬的应用。即热熔黏合衬，是将热熔胶涂于底布上而制成的衬。使用时，需在一定的温度、压力和时间条件下，使黏合衬与面料（或里料）黏合，达到服装挺括、美观并富有弹性的效果。不同材质面料特征与热熔胶种的选择见表1-3-2。

表1-3-2　不同材质面料特征与热熔胶种的选择

面料材质	面料特征	选用胶布与胶种	需注意的问题
毛织物类	易吸水变形，难整理，热传导性差	PA胶，浸润性要好	面料缩水率
丝绸织物类	热敏性强	低熔点PA-PES胶	避免高温、高压、蒸汽
棉织物类	吸水性强，缩水率大	PE、PES胶	缩水率
麻织物类	不易黏合	PA-PES胶	缩水率，注意黏合条件
人造丝织物类	亮度高，热敏性强	PES、PA胶	避免高温，注意热收缩
人造棉织物类	热敏，加热手感变硬	低熔点PA、PES胶	避免高温，注意手感
新合纤类	仿真效果强，手感特殊	PES、PA	衬布伸缩性、随动性，面料风格
裘皮类	热敏	EVA胶	避免高温高压
复合纤维类	性能复杂，舒适性较单纤维好	PES、PA胶	衬布的伸缩性、随动性

各种热熔胶适应的黏合方式如下：

① HDPE胶适于机械干热黏合，手工难以黏合。

② LDPE，PES，PA，EVA胶种的衬布，最佳效果是机械黏合，可手工黏合。

③ PES，PA胶种的衬布，最佳效果是机械黏合，可用电熨斗黏合，也可用蒸汽黏合，但蒸汽压力必须足够。

不同类型的用衬条件见表1-3-3。

表1-3-3　不同类型的用衬条件

类型	使用范围	熔融温度（℃）	压力（×9.8×10⁵Pa）	时间（s）	蒸汽复合压烫	手熨斗压烫
外衣用PA	男外衣	150～170	0.3～0.5	15～20	可	差
	女外衣	140～160	0.3～0.5	15～20	可	可
	女衬衣	130～160	0.3～0.5	10～20	差	可
裘皮用PA	皮衣	100～160	0.1～0.4	6～20	好	好
高密度PE	男衬衫	160～170	3～4.0	10～15	可	差
低密度PE	小件服装	120～140	0.6～1.2	10～15	可	好
PES	男女衬衫	140～160	0.3～0.5	10～16	差	差
EVA	裘皮服装	80～120	0.1～0.3	8～12	好	好

(二) 垫料的认识与选配

服装垫料是指为了保证服装造型要求、修饰人体的垫物。在服装的特定部位,利用制成的用于支撑或铺衬的物品,使该特定部位能够按设计要求加高、加厚、平整或修饰等,使服装穿着达到合体挺拔、美观等效果。

1. 认识各类垫料

(1) 按使用材料分

有棉布(针刺)垫、海绵垫、针刺垫等(图 1-3-11)。

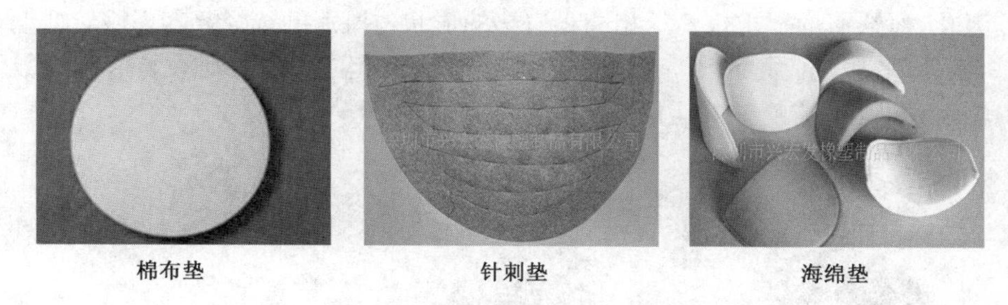

棉布垫　　针刺垫　　海绵垫

图 1-3-11　各类材质的垫料

① 棉布(针刺)垫。耐洗、耐热性好,尺寸稳定,多用于高档西服。

② 海绵垫。弹性好,制作方便,价格较低,耐水洗性差,一般外包经编布或纱布。

③ 针刺垫。以棉絮或涤纶絮片、复合絮片为主要原料,覆以黑炭衬或其他衬料,用针刺的方法复合而成,属于高档垫,耐洗和耐热压烫性能好,尺寸稳定,经久耐用,价格适中,多用于高档西服、制服、大衣等。

(2) 按使用部位分

有肩垫、胸垫、领垫等(图 1-3-12)。

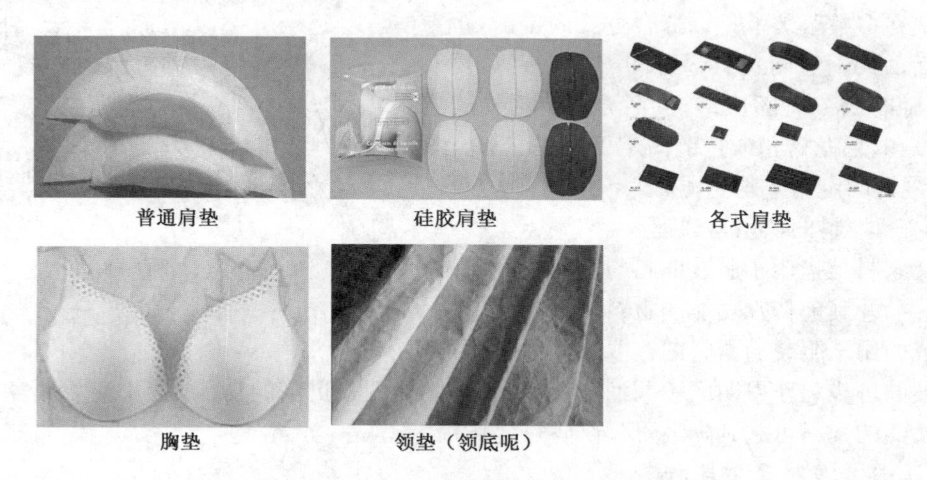

普通肩垫　　硅胶肩垫　　各式肩垫

胸垫　　领垫(领底呢)

图 1-3-12　用于服装不同部位的垫料

① 肩垫。又称垫肩,使服装造型挺拔、板整、美观,已作为改善服装造型的重要垫料而广泛应用。垫肩的品种规格很多,按其材料和生产工艺分,有针刺肩垫、定形肩垫、海绵肩垫三类。

② 胸垫。又称胸绒、胸衬，使服装挺括、丰满，造型美观，保形性好，主要用于西装、大衣等服装的前胸部位。

③ 领垫。又称领底呢，使服装衣领平展、服贴、定形，保形性好，主要用于西服、大衣、军警服装及其他行业制服。

服装垫料的种类很多，还有袖山垫、臀垫、兜（袋）垫等。

2. 垫料选配的实际运用

垫料中肩垫的运用最广，所以下面以肩垫选配作为垫料选配的实际运用案例。由于服装款式千变万化，对垫肩的要求也不尽相同。肩垫的形状与厚薄的选择要考虑服装造型要求、服装种类、个人体型、服装流行趋势等因素，进行综合分析和运用，以达到服装造型的最佳效果。图 1-3-13 为不同服装中肩垫的运用。

西服肩垫（普通型）

加高肩垫

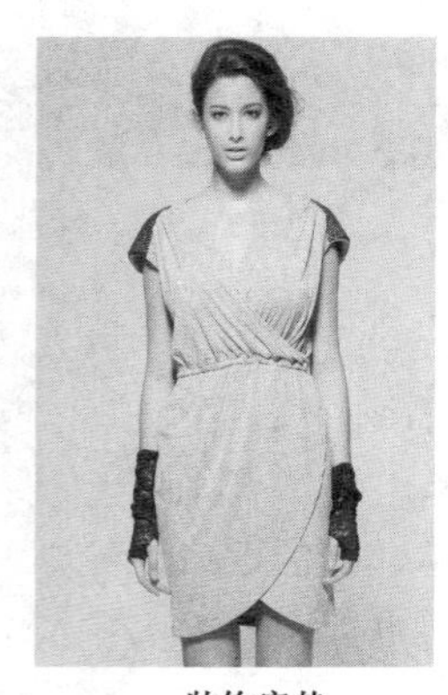

装饰肩垫

图 1-3-13　肩垫在服装中的应用

肩垫在多数服装上是以缝合方式固定的，也有一部分是活动式。活动式肩垫可随着穿着者需要及着装情况，随时调节肩部造型，灵活方便。活动式肩垫可利用按扣、尼龙搭扣或拉链固定于服装肩部。图 1-3-14 为缝合固定肩垫示意图。

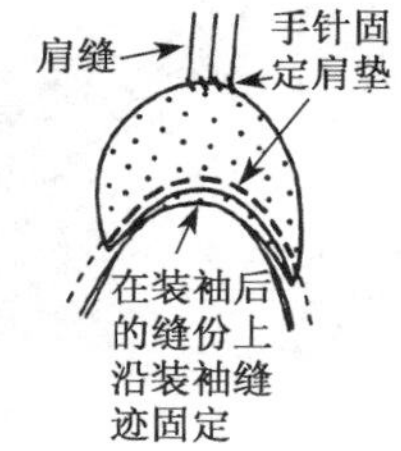

图 1-3-14　缝合固定肩垫示意图

（三）絮填料的认识与选配

服装絮料是指用于服装面料与里料之间，具有保暖（或降温）及其他特殊功能的材料。

传统的用于服装的絮料的主要作用是保暖御寒。随着科技的进步和新发明的不断涌现，已赋予絮填料更多更广的功能，也开发了许多新产品，如特殊功能的絮料可起到降温、保健、防热等作用。

1. 认识各类服装絮填料

根据填充的形态，可分为絮类和材类两种。

（1）絮类

无固定形状、松散的填充料。成衣时必须附加里子（有的还要加衬胆），并经过机纳或手绗。主要品种有棉絮、丝绵、驼毛和羽绒，用于保暖及隔热。

① 识别棉絮、丝绵。棉絮用剥桃棉或纺织厂的落脚棉而成，柔软，多用于棉袄、棉大衣、棉被、棉坐垫等（图 1-3-15）。丝绵是用蚕丝或剥取蚕茧表面的乱丝经整理而成，用途同棉絮。丝绵比棉絮的密度低，因其纤维长、弹性好，价格较高（图 1-3-16）。

图 1-3-15　棉絮

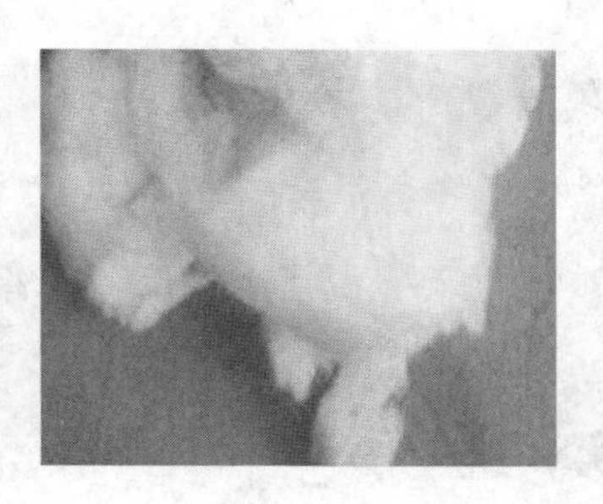

图 1-3-16　丝绵

② 识别羽绒。俗称绒毛，通常有鸭绒、鹅绒、鸡毛等（图 1-3-17、图 1-3-18）。鸭绒是经过消毒的鸭绒毛，具有质轻和保暖能力强的特点，主要用于鸭绒衣服、背心、裤子及被子等。鹅绒是经过消毒的鹅绒毛，具有质轻、细软的特点，用途与鸭绒相似。鸡毛的羽干和羽枝较硬，不能直接做衣服，通常做垫褥等。

图 1-3-17　鸭绒

图 1-3-18　鹅绒

③ 识别骆驼绒、山羊绒。骆驼绒是直接从驼毛中挑选的绒毛，质轻、保暖，直接用于絮衣服，保暖效果比絮棉好（图 1-3-19）；山羊绒是直接从山羊毛中梳取的绒毛，质轻、保暖，直接用于絮衣服，保暖效果非常好（图 1-3-20）。

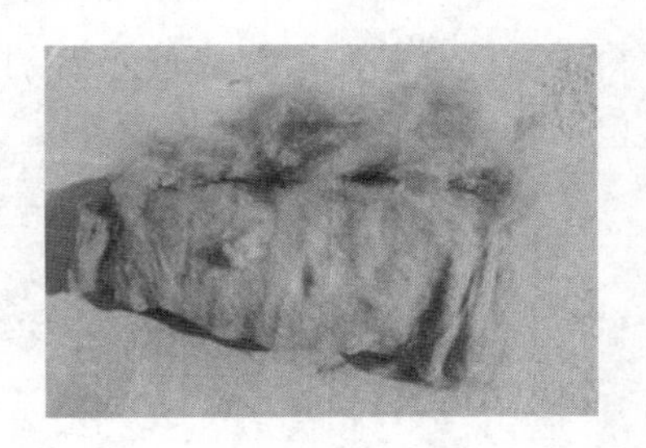

图 1-3-19　骆驼绒

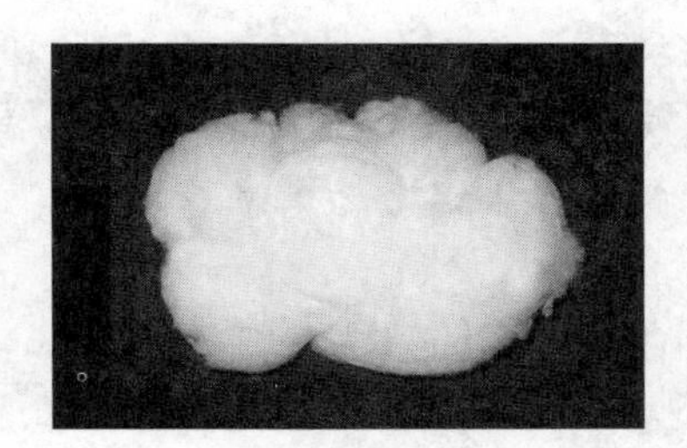

图 1-3-20　山羊绒

（2）材类

用合成纤维或其他合成材料加工制成平面状的保暖性填料，品种有氯纶、涤纶、腈纶定形棉、中空棉和光洁塑料等。其优点是厚薄均匀，加工容易，造型挺括，抗霉变，无虫蛀，便于洗涤。

下面简单介绍保暖絮片(图 1-3-21～图 1-3-23)：

① 热熔絮片。是一种用热熔黏合工艺加工而成的絮片。它不允许有破洞,压缩弹性率必须达到 85%。

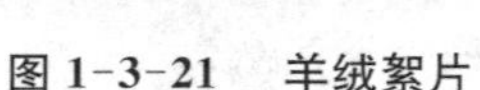

图 1-3-21　羊绒絮片

图 1-3-22　石炭絮片

图 1-3-23　化纤絮片

② 喷胶棉絮片。以涤纶短纤维为主要原料,梳理成网,并对纤网喷洒液体黏合剂,再经热处理而成。

③ 金属镀膜复合絮片。以纤维絮片、金属镀膜为主体原料,经复合加工而成,俗称太空棉、宇航棉、金属棉等。

④ 毛型复合保暖材料。以纤维絮层为主体,以保暖为主要目的,为多层次复合结构材料。

⑤ 远红外棉复合絮片。这是一种多功能高科技产品,具有抗菌、除臭作用和一定的保健功能。

2. 絮料选配的实际运用

选配絮料时,主要根据服装款式、种类、用途及功能要求的不同进行选择。必要时可对絮料进行再加工。

如羽绒服的填料选择,选取合适的填充物是关键。由于成本的原因,现有部分羽绒服的填充以腈纶为主,虽然腈纶的导热性差,但经过几次洗涤,蓬松性降低,影响保暖效果。同时,由于填充物的质量明显大于鸭绒、鹅绒,所以会给穿着者带来压迫感。如果填充物为羽绒,由于羽绒较轻,所以穿着轻便、舒适,同时羽绒蓬松,保暖性好,但成本增加。

三、紧扣材料认识与选配

紧扣类材料指服装中具有封闭、扣紧功能的材料。紧扣材料除了自身所具备的封闭、扣紧作用外,其装饰性也是不容忽视的。这类材料主要包括纽扣、拉链、钩、环等物件。

1. 纽扣材料认识与选配

(1) 认识纽扣

纽扣是较早专用于服装的紧扣材料之一,种类和形状多种多样,大小各异,色彩丰富,可用多种材料制造。

① 按纽扣材料分。

a. 天然材料纽扣。具备天然材质的光泽、质地和纹理,装饰效果自然、高雅。如贝壳纽扣、木纽扣、竹纽扣、椰壳纽扣、宝石纽扣和陶瓷纽扣等(图 1-3-24)。

b. 合成材料纽扣。此类纽扣是世界纽扣市场上需求量大、品种最多的一类。合成材料纽扣具备色泽鲜艳、花色繁多、价格低廉及良好的耐磨性、耐化学性和染色性的特点,不足

（a）贝组扣

（b）木纽扣

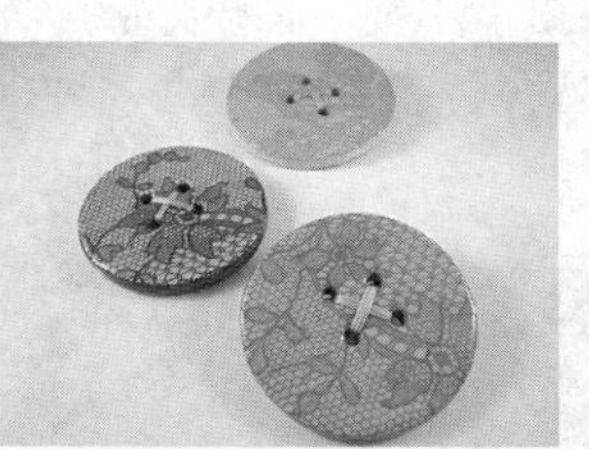
（c）陶瓷纽扣

图 1-3-24 各类天然材料纽扣

之处是易污染环境、耐高温性较差。如树脂纽扣、尼龙纽扣、仿皮纽扣及其他塑料纽扣（图 1-3-25）。

（a）玻璃纽扣

（b）尼龙纽扣

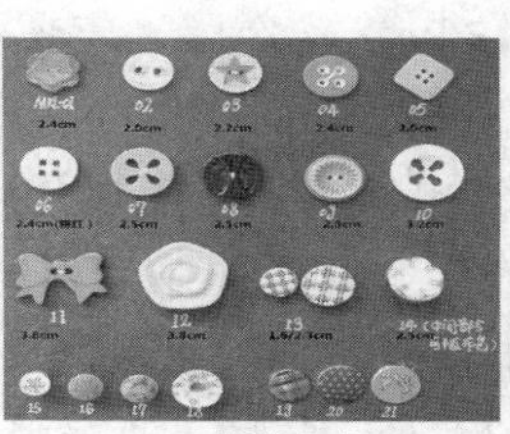
（c）树脂纽扣

图 1-3-25 各类合成材料纽扣

c. 组合纽扣。由两种或两种以上的不同材料，通过一定的加工方式组合而成的纽扣，装饰性和功能性更加突出，已成为流行数量最多的纽扣品种。如 ABS 电镀-尼龙件组合（或电镀金属、树脂件组合）、金属-树脂件组合等（图 1-3-26）。

（a）铆钉

（b）铆钉

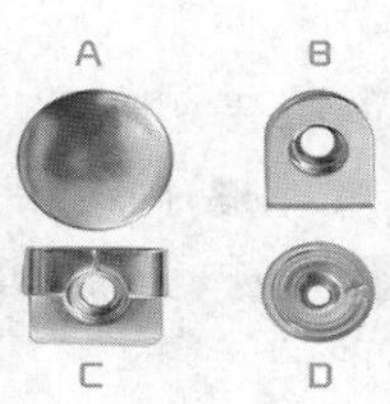

（c）四合挂扣

（d）四合扣

图 1-3-26 几类常见的组合纽扣

② 按纽扣的结构分。

a. 明眼纽扣。扣子上有四个或两个孔眼，贯穿纽扣中央部位的上下表面，以便于手缝或用钉扣机将其缝在服装上，如图 1-3-27(a)所示。

b. 暗眼纽扣。暗眼纽扣的扣眼一般在纽扣的背面，正面无孔眼，又可分为有脚纽扣和无脚纽扣。有脚纽扣的背面有一凸起扣脚，脚上有一横向穿透的孔眼，以便于缝合固定；无脚纽扣的扣眼凹陷入纽扣的背面，可以穿线缝合，如图 1-3-27(b)所示。

c. 按扣。又称揿扣、揿纽和子母扣，用金属或合成树脂制成，结构有"凸"形和"凹"形两个部分，可压揿扣合，使用方便。适用于不宜锁扣眼的服装或需要光滑、平整而隐蔽的扣紧处。按扣可以缝合或铆合在服装上，如图 1-3-27(c)所示。

d. 盘扣。用绳、饰带或面料所卷的带子盘结制成，扣与扣环套合而扣紧。这种扣具有强烈的民族特色。盘花形式也多种多样，装饰效果很强，如图 1-3-27(d)所示。

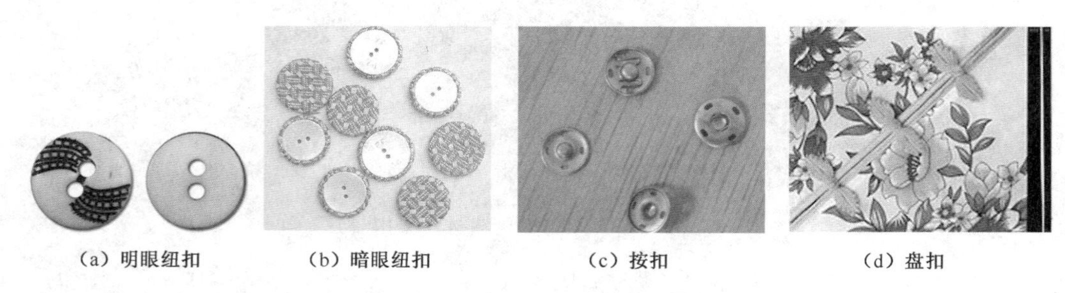

(a) 明眼纽扣　(b) 暗眼纽扣　(c) 按扣　(d) 盘扣

图 1-3-27　各类结构的纽扣

e. 包覆扣与嵌合扣。包覆扣是用服装面料或其他织物包覆普通纽扣，以达到需要的装饰效果；嵌合扣的结构由两个部分组成。

f. 免缝扣。此扣不需要用线缝合，一般每两个为一组，或铆合，或拧合(像螺丝般)，如用于夹克衫的四合扣。

(2) 纽扣的选用

选配纽扣时，应与其他辅料一样，在颜色、造型、质量、大小、性能、质量及价格等方面与服装面料相匹配。

① 纽扣是一个独立的服装造型要素，在服装设计时应当充分考虑。纽扣具有很强的装饰性，而且可以不通过面料直接表现出造型效果，经常是服装的“焦点”，起到画龙点睛的作用。它既可以是造型中的点，也可以构成线，是服装设计中不可忽略的因素。

② 纽扣的尺寸以纽扣的直径表示。扣眼的大小应小于纽扣的尺寸，且要考虑纽扣的厚度，纽扣越厚，扣眼尺寸应相应增大。

③ 为使纽扣缝合牢固，服装钉扣处应平整，可在纽扣部位的背面，用一小而薄的垫扣与纽扣同时缝合。对于高级服装，附备用纽扣是十分必要的。

④ 服装中的纽扣数量应兼顾美观、实用、经济的原则，仅为美观而置服装穿脱方便、经济合理而不顾的做法是不可取的。

⑤ 根据不同面料的特点合理选择扣件的种类是很重要的。因扣件选用不当，容易将面料拉穿或扣件拉脱。如使用针织面料时，不宜选用单管形状铆接的扣件。这种扣件开口时，其开合力集中在铆接点上，由于铆接时面料被击穿，加上针织面料本身的特点，就非常容易击穿并将扣件拉脱、面料拉坏。五爪扣的铆接是五个爪均匀分布在一个平面和圆周上，其装钉后开合的受力状态也是均匀分布的。针织面料和较薄型面料适宜用四合扣(四件扣)。

2. 拉链材料认识与选配

选择紧扣件材料时，应根据不同年龄层来选择合适的装饰，当然，也应考虑服装的设计和款式。如服装紧扣连接处，不适宜直接用纽扣连接，可选择合适的拉链。

(1) 认识拉链

拉链是一个可重复拉合、拉开，由两条柔性的、可互相啮合的单侧牙链组合而成的直接件。根据不同的设计要求，加上它快速、简便、安全等性能，它在服装中的应用相当广泛。拉链由底带、边绳、头掣、拉链牙、拉链头、把柄和尾掣构成(图 1-3-28)。

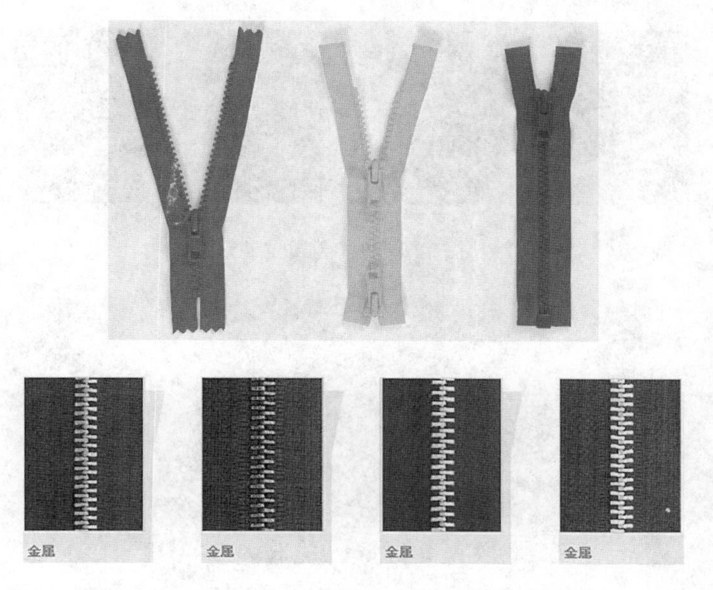

<table>
<tr><td colspan="2" rowspan="2">拉链种类</td><td colspan="7">型号</td></tr>
<tr><td>3</td><td>4</td><td>5</td><td>6</td><td>7</td><td>8</td><td>10</td></tr>
<tr><td rowspan="3">链牙啮合宽度(mm)</td><td>金属拉链</td><td>3.9～4.8</td><td>4.9～5.4</td><td>5.5～6.2</td><td>—</td><td>6.3～7.1</td><td>7.2～8.1</td><td>8.2～9.2</td></tr>
<tr><td>注塑拉链</td><td>3.9～4.8</td><td>4.9～5.4</td><td>5.5～6.2</td><td>6.3～7.0</td><td>—</td><td>7.2～8.0</td><td>8.7～9.2</td></tr>
<tr><td>尼龙拉链</td><td>3.9～4.8</td><td>4.9～5.4</td><td>5.5～6.2</td><td>—</td><td>6.3～7.0</td><td>7.1～8.0</td><td>10.0～10.6</td></tr>
</table>

图 1-3-28　拉链结构和种类

(2) 拉链的类别

拉链的种类也较多，有两种分类方法。

① 按材料分类。

a. 金属拉链(图 1-3-29)。优点是耐用、庄重、高雅、装饰性强；缺点是链牙较易脱落或移位，价格较高。主要应用于中高档夹克衫、牛仔装、皮衣、防寒服等。

b. 树脂拉链(图 1-3-30)。优点是耐磨、抗腐蚀、色泽艳丽；缺点是链牙颗粒较大，较粗。主要应用于质地厚实的外衣、工作服、童装、部队训练服等。

c. 尼龙拉链(图 1-3-31)。优点是耐磨、轻巧、弹性好、色泽鲜艳。主要应用于质地轻薄的服装，如童装、女装等。

② 按照拉链的结构形态分类。

a. 闭尾拉链。一端或两端闭合，前者用于裤子、裙子和领口等，后者用于口袋等(图 1-3-32)。

b. 开尾拉链。主要用于前襟全开的服装(如滑雪服、夹克、外套等)和可以装卸部件的服装(图 1-3-33)。

c. 隐形拉链。拉链牙较小，拉链把柄和拉链牙不在一边，拉链安装后不容易察觉，多用于裙子、裤子、礼服等后中或侧腰(图 1-3-34)。

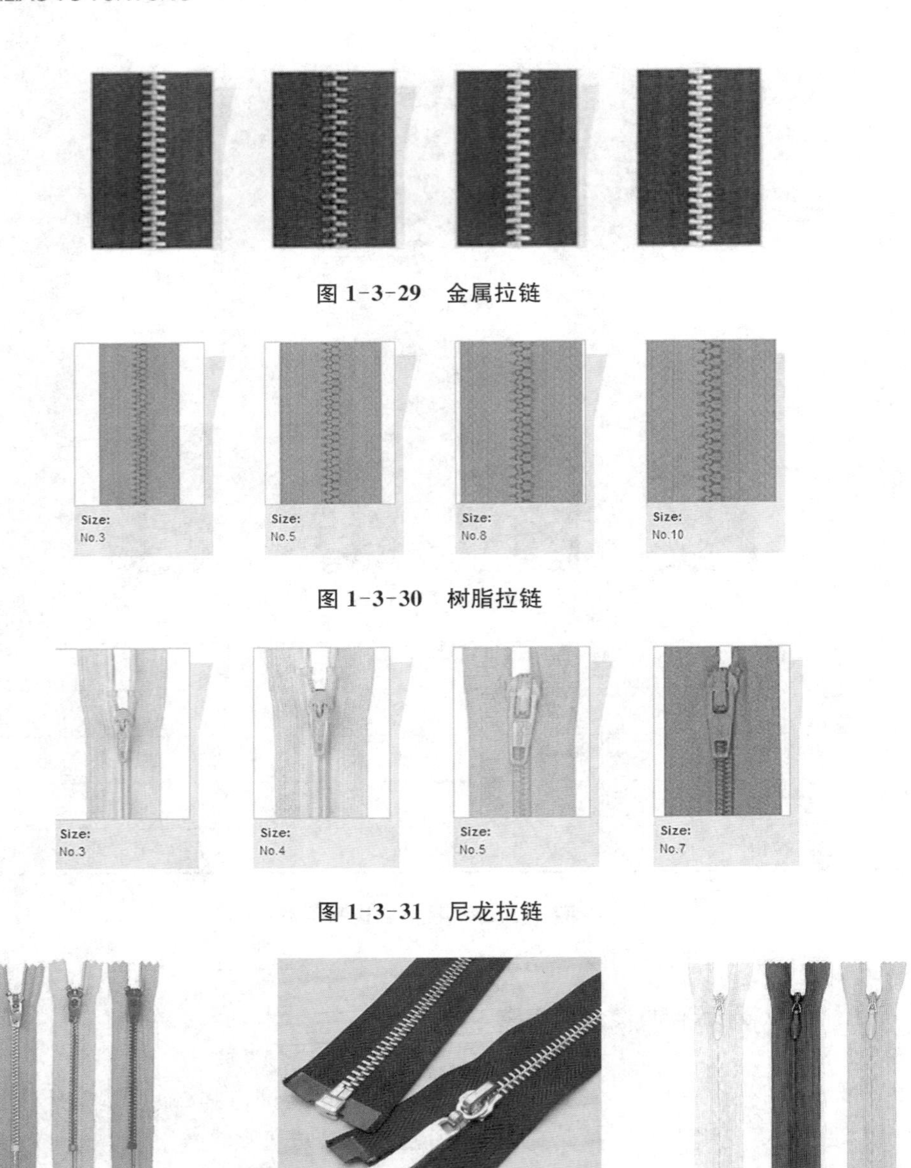

图 1-3-29　金属拉链

图 1-3-30　树脂拉链

图 1-3-31　尼龙拉链

图 1-3-32　闭尾拉链　　图 1-3-33　开尾拉链　　图 1-3-34　隐形拉链

(3) 拉链的选配与运用

拉链是服装的重要辅料,拉链的质量直接影响服装的外观和使用性能,选择拉链时应考虑以下问题:

① 应根据服装的用途、使用和保养方式,服装面料的厚薄、性能和颜色,以及拉链的使用部位进行选择。一般来说,轻薄的服装选用小号拉链。拉链选择可参考表 1-3-4 和表 1-3-5 所示。

② 注重拉链底带的选用。拉链底带有全棉、涤/棉及纯涤纶带,其宽度、厚度和拉伸强度,都随拉链的号数增大而增大。底带的缩水率、柔软度、色泽、强度等须与面料相适应。因此,纯涤纶带的拉链不适合纯棉服装,因其缩水率与柔软度差异很大。

表 1-3-4　闭尾拉链的用途

原料	号数	用途范围
金属	2	女装、恤衫、裙、衬衫、手袋等
	3、4、5	牛仔裤、西裤、大衣、浴袍、鞋靴等
	7、8、10	皮手袋、行李袋、工业物件
塑胶	3、4、5	衬衫、袖口、手袋等
	8、10	行李袋袋口等
尼龙	1、2、3	女装及童装、恤衫、裙、女裤、套装、袋口、袖口等
	4、5	浴袍、手袋、鞋靴、背包、行李袋等
	8、10、15	行李袋及工业用途

表 1-3-5　开尾拉链的用途

原料	号数	用途范围
金属	2、4、5	男装、T 恤衫、大衣、夹克衫、运动服、雨衣等
	7、8、10	大衣、睡袋、航空套装等
塑胶	3、4、5	夹克、大衣、罩衣、雨衣等
	8、10	大衣、劳保服等
尼龙	2	男装、恤衫、衬衣、罩衣等
	4、5	夹克、大衣、套装、劳保服等
	8、10	大衣、睡袋、航空套装、劳保服等

3. 其他紧扣材料

(1) 绳带

服装中的绳带，除了起固紧作用外，还具有较强的装饰性。装饰性的绳带可用作服装、鞋帽的紧扣件和装饰件，可根据款式需要应用于风雨衣、夹克衫、防寒服、童装等；实用性的绳带则可作为附件来配合服装的穿着，如服装中的锦纶搭扣带、裤带、腰带、鞋带等。

服装中常用的编织绳，手感柔软，一般用作装饰绳和松紧绳。编织绳主要用人造丝、涤纶低弹丝、丙纶等材料，染成各种颜色，然后编成单色或花色绳。松紧绳呈圆形，具有弹性，中间有芯线，外包纱线(材料多为棉、人造棉、人造丝)。

此外，还有棉包氨的弹性罗纹带，用于夹克衫下摆、袖口等部位，缎带、人造丝、针织彩条带、滚边带等用作装饰。

(2) 挂钩、搭扣

挂钩多由金属或树脂材料制成，主要用于承受拉力部位的固紧闭合，如裤腰、裙腰、衣领等。搭扣多为尼龙搭扣，多用于开闭迅速且安全的部位，如婴幼儿服装、作战服、消防服等。

四、缝纫线与其他辅料认识与选配

1. 缝纫线的认识与选配

缝纫线是主要的线类材料，用于缝合各种服装材料，兼有实用与装饰双重功能。缝纫线的质量好坏，不仅影响缝纫效率，而且影响所缝服装的外观质量及加工成本。因此，有必要了解缝纫线的有关常识。

(1) 认识各类缝纫线

缝纫线最常用的分类方法是原料分类法，包括天然纤维缝纫线、合成纤维缝纫线及混合缝纫线三大类。

① 天然纤维缝纫线。

a. 棉缝纫线。以棉纤维为原料，经练漂、上浆、打蜡等工序制成的缝纫线，强度较高，耐热性好，适用于高速缝纫与耐久压烫，缺点是弹性与耐磨性较差。它又可分为无光线(或软线)、丝光线和蜡光线。棉缝纫线主要用于棉织物、皮革及高温熨烫衣物的缝纫。

b. 蚕丝线。用天然蚕丝制成的长丝线或绢丝线，有极好的光泽，其强度、弹性和耐磨性能均优于棉线，适用于缝制各类丝绸服装、高档呢绒服装、毛皮与皮革服装等。我国古代常用蚕丝绣花线绣制精美的装饰绣品。

② 合成纤维缝纫线。

a. 涤纶缝纫线。目前主要的缝纫用线，以涤纶长丝或短纤维为原料制成，具有强度高、弹性好、耐磨、缩水率低、化学稳定性好的特点，主要用于牛仔、运动装、皮革制品、毛料及军服等的缝制。须注意的是，涤纶缝纫线的熔点低，高速缝纫时易熔融，堵塞针眼，导致缝线断裂，故不适合过高速缝合的服装。

b. 锦纶缝纫线。锦纶缝纫线由纯锦纶复丝制成，分长丝线、短纤维线和弹力变形线三种，目前的主要品种是锦纶长丝线。它的优点是强伸度大、弹性好，其断裂长度高于同规格棉线3倍，因而适合于缝制化纤、呢绒、皮革及弹力等服装。锦纶缝纫线更大的优势在于透明缝纫线的发展。由于此线透明，和色性较好，因此减少和解决了缝纫配线的困难，发展前景广阔。不过，限于目前市场上透明线的刚度太大，强度太低，线迹易浮于织物表面，而且其不耐高温，缝速不能过高，现主要用作贴花、擦边的缝制，没有用于缝合。

c. 维纶缝纫线。由维纶纤维制成，其强度高，线迹平稳，主要用于缝制厚实的帆布、家具布、劳保用品等。

d. 腈纶缝纫线。由腈纶纤维制成，主要用作装饰线和绣花线，纱线捻度较低，染色鲜艳。

③ 混合缝纫线。

a. 涤/棉缝纫线。采用65%的涤和35%的棉混纺而成，兼有涤和棉两者的优点，既能保证强度、耐磨、缩水率的要求，又能克服涤不耐热的缺陷，对高速缝纫适应，适用于全棉、涤/棉等各类服装。

b. 包芯缝纫线。以长丝为芯线，外包覆天然纤维而制得的缝纫线。其强度取决于芯线，而耐磨与耐热取决于外包纱。因此，包芯缝纫线适合于高速缝纫的服装。

(2) 缝纫线的质量及应用

为了使缝纫线在服装加工中有最佳的可缝性，缝纫效果满意，正确选择和应用缝纫线是十分重要的。缝纫线的正确应用，应遵循以下原则：

① 与面料特性相配伍。缝纫线与面料的原料相同或相近，才能保证其缩率、耐热性、耐磨性、耐用性等方面一致，避免线、面料间的差异而引起外观皱缩。

② 与服装种类相一致。对于特殊用途的服装，应考虑特殊功能的缝纫线，如弹力服装需

用弹力缝纫线，消防服需用经耐热、阻燃和防水处理的缝纫线。

③ 与线迹形态相协调。服装不同部位所用线迹不同，缝纫线也应随其改变，如包缝需用蓬松的缝纫线或变形线，双线迹应选择延伸性大的缝纫线，裆缝、肩缝线应坚牢，扣眼线需耐磨。

④ 与质量、价格相统一。缝纫线的质量和价格应与服装的档次相统一，高档服装用质量好、价格高的缝纫线，中、低档服装用质量一般、价格适中的缝纫线。

一般，缝纫线的标牌上都标有缝纫线的等级、使用原料、纱线细度等，有助于人们合理地选择和运用。缝纫线标牌通常包括四项内容（按顺序排列）：纱线粗细、色泽、原料、加工方法。可用“60/2X3 白涤纶线”的形式表示。

缝纫线是决定服装质量的重要因素。要根据面料的种类、厚度、颜色、款式结构和服装功能等来选择缝纫线的种类、规格、颜色及色牢度等，不同的面料和不同规格的缝纫线要选用不同的缝纫机针，三者的关系见表 1-3-6。

表 1-3-6　缝纫线的选配关系

面料种类		缝纫线的种类与规格(tex)	机针规格(号)
棉布	薄型	棉线 9.8×3；涤纶线 9.8×3	9～11
	中厚型	棉线 9.8×3，14.5×3；涤纶线 9.8×3，14.5×3	12～14
毛料	薄型	丝线 9.8×3；涤纶线 9.8×3，14.8×3	9～11
	中厚型	丝线 14.8×3；涤纶线 9.8×3，14.8×3	12～14
	厚型	丝线 29.2×3；涤纶线 14.8×3，19.7×3，29.2×3	14～16
丝绸	薄型	丝线 7.3×3；涤纶线 9.8×3	9～11
	中厚型	丝线 9.8×3；涤纶线 9.8×3，14.8×3	12～14
化纤面料	薄型	涤纶长丝线 6.2×3，9.3×3，12.2×3	9～11
		涤纶线 9.8×3，14.8×3	
	中厚型	涤纶长丝线 12.2×3，18.6×2，18.6×3	12～14
		涤纶线 9.8×3，14.8×2，14.8×3	
	厚型	涤纶长丝线 18.6×3，24.4×3，31.1×3	14～16
		涤纶线 14.8×3，19.7×3	
毛皮皮革	薄型	涤纶长丝线 6.2×3，9.3×3，12.2×3，18.5×3	12～14
		涤纶线 14.8×3，19.7×3；锦纶长丝线 14.8×3，17.1×3	
	厚型	涤纶长丝线 12.2×3，18.6×3，24.4×3，31.1×3	14～16
		涤纶线 19.7×3，29.5×3	
		涤纶线 17.1×3，31.7×3，14.8×3，14.8×4	

2. 装饰材料的分类及特点

这里的装饰材料主要指依附于服装面料之上的花边、缀片、珠子等装饰效果极强的材料。它们的作用是加强服装造型和装饰。

(1) 花边辅料

花边是用作嵌条或镶边的各种花纹图案的带状材料，或称蕾丝，在女装和童装中的应用较多，主要包括编织花边、刺绣花边、经编花边和机织花边四大类（图 1-3-35）。多应用于内衣、睡衣、时装、礼服、披肩及民族服装，具有极强的艺术感染力。

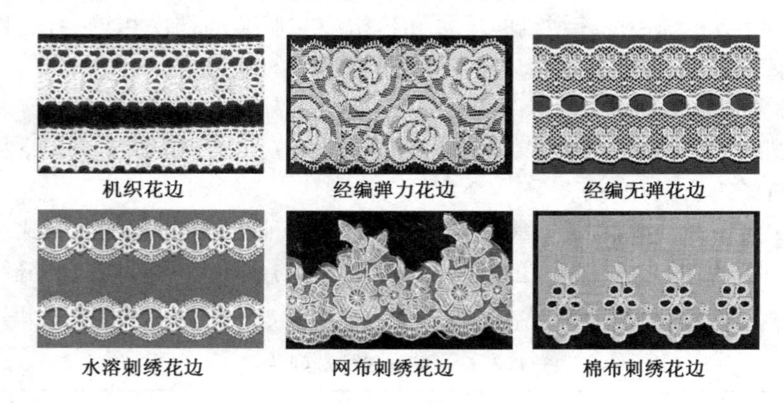

图 1-3-35　常用花边类型

(2) 缀片、珠子辅料

这类辅料因其极强的装饰性而广泛应用于婚礼服、夜礼服、舞台服装及时装，使服装造型靓丽，魅力四射（图 1-3-36）。

选配时，应注意花边、缀珠的色彩、花型、宽窄与服装款式、面料相配伍，以突出最佳的装饰效果。

图 1-3-36　缀片、珠子辅料

3. 商标和使用说明

(1) 商标和使用说明的概念

① 商标。商标是指生产及经营者为使自已的商品或服务与他人的商品或服务相区别，而使用在商品及其包装上或服务标记上，由文字、图形、字母、数字、三维标志和颜色组合，以及上述要素的组合所构成的一种可视性标志。商标的作用是使生产及经营者能够保证商品和服务质量，保障消费者和生产及经营者的利益。

② 使用说明。使用说明是指向使用者传达如何正确、安全地使用产品，以及与之相关的产品功能、基本性能和特性的信息。它通常以说明书、标签、铭牌等形式表达。

在我国，为了帮助消费者识别、购买和保养服装，国家规定纺织服装应具有完整的使用说明，包括制造者的名称和地址、产品名称、号型或规格、维护方法、纤维成分及含量、产品标准编号、安全类别、使用和贮藏注意事项等内容。

图 1-3-37　商标实例

(2) 商标分类和特点

商标按使用原料可分为以下五种(图 1-3-38)：

① 用纺织品印制的商标。由经过涂层的纺织品印制，如尼龙涂层布、涤纶涂层布、纯棉及棉/涤涂层布。

② 纸制商标。即吊牌，通常在吊牌的正、反面印制商标、标识等。

③ 编织商标。即织标，一般以涤纶为原料，按图案设计要求编织而成。织标常用作服装的主要商标而被缝于服装上。

④ 革制商标。即皮牌，通常以真皮或合成革为原料，用特制模具，经高温浇烫形成图案。皮牌主要用于牛仔装及皮装。

⑤ 金属制商标。一般以薄金属板材料为原料，经模具冷压而成。金属制商标主要用于牛仔装及皮装。

图 1-3-38　各类材质的商标实例

(3) 使用说明分类及作用

使用说明按作用分为以下六种(图 1-3-39)：

① 成分使用说明。表示服装面、辅料所用的纤维种类及比例，通常按纤维含量的多少排列。

② 洗涤维护使用说明。即洗涤标识，指导消费者对服装进行正确的洗涤、熨烫、保管等。

③ 号型或规格使用说明。即服装规格，通常用服装号型表示。这些号型可根据服装种类不同而有差异，例如衬衣以领围为规格使用说明，裤子以裤长和腰围为规格使用说明。

④ 原产地使用说明。标明服装产地，以便消费者了解服装来源。

⑤ 条形码使用说明。能用读码设备，将条形码数字所表示的服装的产地、名称、价格、款

式、颜色、生产日期等内容读出来。

⑥ 合格证使用说明。由服装生产企业对检验合格的服装加盖的合格章，表明服装经检验合格。

另外还有一些其他使用说明，如服装企业依据相关法律标准及企业实际情况标注的使用说明。

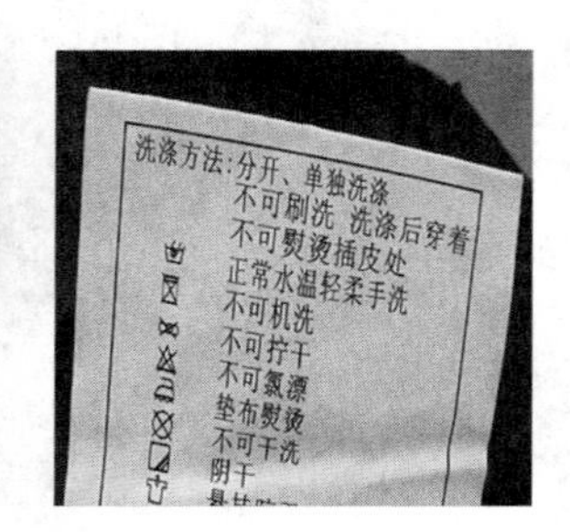

图 1-3-39 各类使用说明实例

(4) 制作商标、使用说明的基本原则

首先，制作商标、使用说明时，应与服装款式、面料相协调。对不同种类的服装，要根据其特点进行制作。如童装可选择色彩鲜艳、活泼可爱的标识，高档服装应配以高质量的标识。

其次，标识内容要真实、正确，图案颜色应与企业形象相吻合，制作标识的原料及方法应统一，以产生最佳的搭配效果，便于消费者识别和购买使用。

此外，服装的包装也是目前服装生产管理中不容忽视的方面，包括包装袋、衣架、裤(裙)夹、卡片纸、拷贝纸、封口胶带、纸盒等。这些包装辅料的合理选配，可以完善服装及企业形象，对提高服装的档次起着积极的作用，同时对服装企业及服装品牌起到良好的展示宣传作用。

任务实施

辅料网络调研及供应

① 调研市场上流行的里布、衬料、垫料的类型、用途、生产商等信息。

类型	规格/品种	样板	用途	生产商

② 通过服装市场及面辅料市场调研，设计一款夹克，并制作服装生产辅料卡。

范例：

辅料卡			
样板日期			
供应商 规格/品种	应用	颜色	款式图
面料：乔其纱 供应商：XXX 规格编号：WJ6Y664，58/60"	前幅，后幅，袖子， 领子，腰带	蟹青	
辅料 1：绣花 供应商：XXX 规格编号：AI0602C	袖口分割	珠白色	
辅料 2：珠片 1 供应商：XXX 规格编号：12/0 R/R	袖口分割	JN9	
辅料 3：珠片 2 供应商：XXX 规格编号：600 cupped	袖口分割	123/mfTR316	
辅料 4：衬 供应商：XXX 规格编号：	领子及前中	珠白色	
辅料 5：斜纹条 供应商：XXX 规格编号：WJ3138，58/60"	领底边缘	蟹青	
辅料 5：斜纹 供应商：XXX 规格编号：WJ6Y664，58/60"	腰耳，袖口	蟹青	

项目四

服装的标识、整理与保养

☞ **学习目标：**

- 了解服装标识的种类、基本信息、分类和规格要求，调研服装标识的类别，掌握服装标识表达的内容和制作方法
- 掌握服装标识表达的内容和制作方法，规范、科学地制作服装标识，培养学生诚实守信的品质
- 了解服装材料的后整理工序，根据其外观、性能等，学会判别常见服装材料的后整理类型
- 能根据服装材料的不同，合理保养各类服装

任务一　服装标识收集与分类

任务引入

服装成衣按规定一般会挂有多种标识(图 1-4-1)。这些标识对消费者具有指导意义。比如:衣领、袖口部位有商标，便于消费者确认品牌;领窝、侧缝处有规格、尺寸，方便消费者按尺码选择合适的服装;而在最明显的地方则挂有吊牌，集合了有关服装的所有信息，对服装的品牌、成分、规格以及是否检测合格做了一个全面介绍。

图 1-4-1　标识示例

任务分析

① 学会识别服装使用信息的标识，熟知其类别和用途。

② 调研各类服装使用说明的形式和内容，收集内衣、外衣、裙子、裤子的使用说明标识，解释标识内容，整理成调研报告形式。

③ 根据标识的基本要求，参照服装标识的基本内容，制作各系列服装的标识牌。

相关知识

合格证

名称：T恤衫

执行标准：GB/T 22849-2014

安全类别：B类

企业名称：XX有限公司

企业地址：XX省XX市XX路XX号楼X层

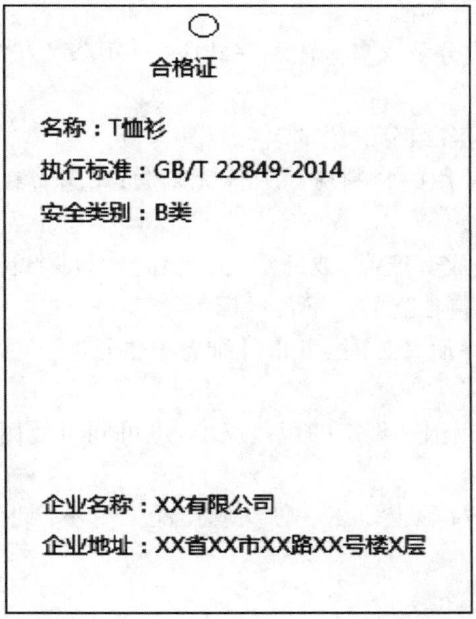

图 1-4-2　服装标识示例一

一、服装标识内容

服装标识也被称为服装使用说明，它是企业向使用者传达如何正确、安全地使用产品，以及与之相关的产品功能、基本性能和特性等信息的一种手段。

在中国，服装标识需具备八项内容（图 1-4-2、图 1-4-3）：

① 制造者的名称和地址；② 产品名称；③ 号型或规格；④ 维护方法；⑤ 纤维成分及含量；⑥ 产品标准编号；⑦ 安全类别；⑧ 使用和贮藏注意事项。

号型：160/84A
纤维成分含量：棉100%（袖口罗纹除外）
洗涤方法：

图 1-4-3　服装标识示例二

此外，服装标识还需要满足其明示的产品标准的规定。具有特殊功能的产品，其功能性也需要体现在标识上，如防紫外线性能、抗菌性能等。

1. 制造者的名称和地址

国内的纺织服装：应标明承担法律责任的制造者依法登记注册的名称和地址。

进口的纺织服装：应标明该产品的原产地（国家或地区），以及代理商、进口商或销售商在中国大陆（或内地）依法登记注册的名称和地址。

2. 产品名称

产品应标明名称，且表明产品的真实属性。

国家标准、行业标准对产品名称没有规定术语及定义的，应使用不会引起消费者误解或混淆的名称。如纤维成分为氨纶的标注“莱卡”或“弹力丝”（图 1-4-4），仿羊羔绒的外套标注“羊羔绒外套”，等等。这些都会引起消费者混淆或误解。

图 1-4-4　莱卡

3. 服装号型或规格

服装产品宜按 GB/T 1335 或 GB/T 6411 表示服装号型的方式标明产品的号型。一些特殊产品按其明示的产品标准规定进行标注。此项内容需标注在耐久性标签上。

号：指人体的身高，单位为“cm”，是设计和选购服装长短的依据。

型：指人体的胸围或腰围或臀围（GB/T 6411），单位也是“cm”，是设计和选购服装肥瘦的依据。

体型：指按人体的胸围和腰围差数划分的类别，分为 Y、A、B 和 C。（童装按 GB/T 6411，不划分体型。）

女子：Y——19～24 cm，A——14～18 cm，B——9～13 cm，C——4～8 cm；

男子：Y——17～22 cm，A——12～16 cm，B——7～11 cm，C——2～6 cm。

4. 纤维成分及含量

纺织产品应按 GB/T 29862 的规定标明其纤维的成分及含量。皮革服装应按 QB/T 2262 的规定标明皮革的种类名称。基本要求如下：

① 每件产品应附着纤维含量标签，标明产品中所含各组分纤维的名称及其含量。

② 每件制成品应附着纤维含量的耐久性标签，且使用的材料应对人体无刺激；应附着在产品合适的位置，并保证标签上的信息不被遮盖或隐藏。

③ 含有两个及以上且纤维含量不同的制品组成的成套产品；或纤维含量相同，但每个制品作为单独产品销售的成套产品，则每个产品上应有各自独立的纤维含量标签。

④ 纤维含量相同的成套产品，并且成套交付给最终消费者时，可将纤维含量的信息仅标注在产品中的一个制品上。

⑤ 纤维含量标签上的字迹应清晰、醒目，文字应使用国家规定的规范汉字，也可同时使用其他语种的文字，但应以中文标识为准。

⑥ 纤维含量可与使用说明的其他内容标注在同一标签上。当一件纺织产品上有不同形式的纤维含量标签时，应保持其标注内容的一致性。

5. 维护方法

服装产品应按 GB/T 8685 规定的图形符号表述维护方法，可增加与图形符号相对应的说明性文字。当图形符号满足不了需要时，可用文字予以说明。维护方法需标注在耐久性标签上。

洗涤符号应依照下列顺序排列：水洗、漂白、干燥、熨烫和专业维护。符号数量没有具体规定，以不损坏产品为原则。

常用服装洗涤符号和说明如图 1-4-5 所示。

6. 执行的产品标准

服装产品应标明所执行的国家、行业、地方或企业的产品标准编号，如：

① 连衣裙、裙套：FZ/T 81004。

② 牛仔服装：FZ/T 81006。

③ 单、夹服装：FZ/T 81007。

④ 夹克衫：FZ/T 81008。

⑤ 人造毛皮服装：FZ/T 81009。

⑥ 低含毛混纺及仿毛针织品：FZ/T 73005。

⑦ 羊绒针织品：FZ/T 73009。

⑧ 文胸：FZ/T 73012。

⑨ 针织泳装：FZ/T 73013。

⑩ 毛针织品：FZ/T 73018。

⑪ 针织休闲服装：FZ/T 73020。

⑫ 化纤针织内衣：FZ/T 73024。

⑬ 婴幼儿针织服饰：FZ/T 73025。

最高洗涤温度 40 ℃，常规工艺	最高洗涤温度 40 ℃，缓和程序	最高洗涤温度 40 ℃，非常缓和程序	手洗，最高洗涤温度 40 ℃	不可水洗	允许任何漂白剂	仅允许氧漂/非氯漂
不可氯漂	悬挂晾干	悬挂滴干	平铺晾干	在阴凉处悬挂晾干	在阴凉处悬挂滴干	在阴凉平铺晾干
可使用翻转干燥，常规温度，排气口最高为 80 ℃	可使用翻转干燥，较低温度，排气口最高为 60 ℃	不可翻转干燥	熨斗底板最高温度为 200 ℃	熨斗底板最高温度为 150 ℃	熨斗底板最高温度为 110 ℃	不可熨烫
使用四氯乙烯和符号 F 代表的所有溶剂的专业干洗，常规干洗	使用四氯乙烯和符号 F 代表的所有溶剂的专业干洗，缓和干洗	使用碳氢化合物溶剂的专业干洗，常规干洗	使用碳氢化合物溶剂的专业干洗，缓和常规干洗	不可干洗	专业湿洗，常规湿洗	专业湿洗，非常缓和湿洗

图 1-4-5　常用服装洗涤符号和说明

⑭ 针织裙、裙套：FZ/T 73026。
⑮ 针织人造革服装：FZ/T 73028。
⑯ 针织 T 恤衫：GB/T 22849。
⑰ 针织棉服装：GB/T 26384。
⑱ 针织拼接服装：GB/T 26385。
⑲ 棉针织内衣：GB/T 8878。
⑳ 棉服装：GB/T 2662。
㉑ 男西服、大衣：GB/T 2664。
㉒ 女西服、大衣：GB/T 2665。
㉓ 西裤：GB/T 2666。
㉔ 羽绒服装：GB/T 14272。
㉕ 针织羽绒服装：FZ/T 73053。
㉖ 机织儿童服装：GB/T 31900。

7. 安全类别

按 GB 18401《国家纺织产品基本安全技术规范》规定，标明 A 类、B 类或 C 类。婴幼儿和儿童纺织服装还需要标注 GB 31701《婴幼儿及儿童纺织产品安全技术规范》标准编号。对于婴幼儿和儿童纺织服装，当它们标注了 GB 31701 标准编号和安全类别时，无需再标注

GB 18401中的安全类别，如GB 31701 B类、GB31701婴幼儿用品。

其中，非直接接触皮肤的纺织产品至少符合C类；直接接触皮肤的纺织产品至少符合B类；婴幼儿用品必须标明“婴幼儿用品”字样。

8. 使用和贮藏注意事项

因使用不当可能造成产品损坏的产品宜标明使用注意事项；有贮藏要求的产品宜说明贮藏方法。

如纯蚕丝服装应注意：存放时不宜使用铁衣架，防止铁锈污染，应避免和易褪色或染色的物品一起存放。

羊毛衫应注意：不可与毛糙的物体摩擦钩挂，以免毛衫起毛起球或出现钩纱脱丝引起破洞。贮藏时放置阴凉干燥处，注意防蛀防霉。

二、服装标识制作规范化要求

1. 纤维含量标识需注意的问题

(1) 纤维含量以该纤维的量占产品或产品某部分的纤维总量的百分率表示，宜标注至整数位。

(2) 纤维含量应采用净干质量结合公定回潮率计算的公定质量百分率表示。

(3) 纤维名称应使用规范名称，天然纤维采用GB/T 11951中规定的名称，化学纤维名称采用GB/T 4146.1中规定的名称，羽绒羽毛采用GB/T 17685中规定的名称。化学纤维有简称的宜采用简称。

(4) 对于尚未统一名称的其他化学纤维，可标注为“新型XX纤维”。必要时，相关方需提供“新型XX纤维”的证明或验证方法。

(5) 带有里料的产品应分别标明面料和里料的纤维名称及其含量。如果面料和里料采用同一种织物可合并标注。

(6) 含有填充物的产品应分别标明面料、里料和填充物的纤维名称及其含量。羽绒填充物应标明羽绒的品名和含绒量(或绒子含量)。

(7) 在产品中起装饰作用的部件、非外露部件以及某些小部件，例如：花边、褶边、滚边、贴边、腰带、饰带、衣领、袖口、下摆罗口、松紧口、衬布、衬垫、口袋、内胆布、商标、局部绣花、贴花、连接线和局部填充物等，其纤维成分可以不标。除衬布、衬垫、内胆布等非外露部件外，若单个部件的面积或同种织物多个部件的总面积超过产品表面积的15%时，则应标注该部件的纤维含量。

(8) 产品或产品的某一部分含有两种及以上的纤维时，除了标准上许可不标注的纤维外，在标签上标明的每种纤维含量允差为5%，当标签上的某种纤维含量≤10%时，纤维含量允差为3%；当某种纤维含量≤3%时，实际含量不得为0。填充物的纤维含量允许偏差为10%；当标签上的某种填充物的纤维含量≤20%时，纤维含量允差为5%；当某种填充物纤维含量≤5%时，实际含量不得为0。

2. 标识的形式要求

服装标识有以下几种形式：

a. 直接印刷或织造在产品上；b. 固定在产品上的耐久性标签；c. 悬挂在产品上的标签；d. 悬挂、粘贴或固定在产品包装上的标签；e. 直接印刷在产品包装上；f. 随同产品提供的资料等。其中：a 和 b 指的是耐久性标签形式，c 指的是吊牌；d 和 e 指的是包装上的形式；f 指的是说明性资料。

（1）号型或规格、纤维成分及含量和维护方法三项内容 应采用耐久性标签，其余的内容宜采用耐久性标签以外的形式。如果采用耐久性标签对产品的使用有影响，例如，袜子、手套等产品，可不采用耐久性标签。

（2）如果产品被包装、陈列或卷折，消费者不易发现产品耐久性标签上的信息，则还应采取其他形式标注该信息。

（3）标识应附着在产品上或包装上的明显部位或适当部位且应按单件产品或销售单元为单位提供。

（4）标识上的文字应清晰、醒目，图形符号应直观、规范。所用文字应为国家规定的规范汉字。可同时使用相应的汉语拼音、少数民族文字或外文，但汉语拼音和外文的字体大小应不大于相应的汉字。

任务实施

➢实施目的

① 了解服装标识的组成要素、不同要素的组成、规范化要求及服装产品检验标准等。

② 熟练掌握服装标识表达的内容和制作方法。

➢材料/工具准备

各式服装（衬衫、裙子、毛衣等）、服装标牌、服装类标准等。

➢考核要求

① 正确表达服装的基本特征。

② 根据测试结果，能分析服装的不同用途，正确选择纤维。

通过参考示例，给自己衣柜内的外套、裤子、内衣，各制作两套吊牌。

示例　服装吊牌

吊牌包括：制造者的名称和地址、产品名称、执行的产品标准、安全类别、使用和贮藏注意事项 耐久性标签包括：产品号型或规格、纤维成分及含量、维护方法	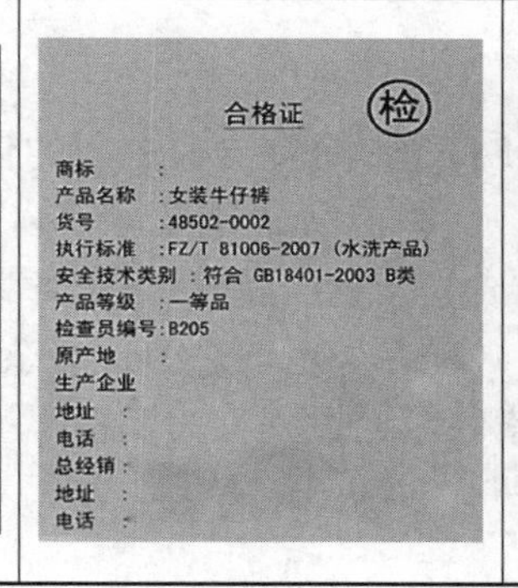 合格证　检 商标　: 产品名称　:女装牛仔裤 货号　:48502-0002 执行标准　:FZ/T 81006-2007（水洗产品） 安全技术类别　:符合 GB18401-2003 B类 产品等级　:一等品 检查员编号:B205 原产地 生产企业 地址　: 电话　: 总经销: 地址　: 电话　:	 品号 HWMAJ3G002A　色号 02C　尺码 50 号型 175/92A　执行标准 GB/T 26384-2011 成分 拼料：羊剪绒毛皮 面料：100%聚酯纤维 里料：100%聚酯纤维 填充物：100%聚酯纤维（无纺布除外）	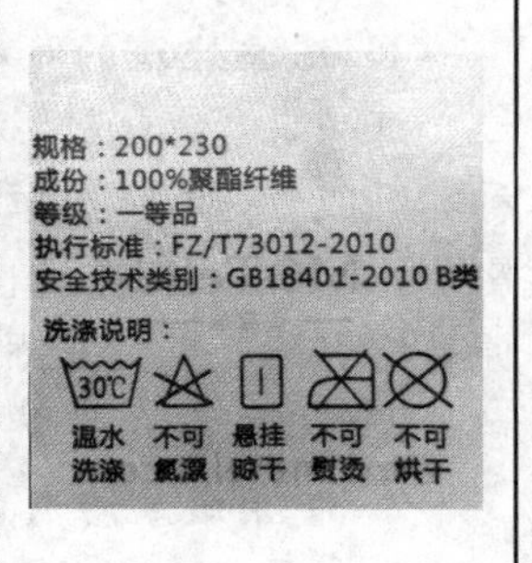 规格：200*230 成份：100%聚酯纤维 等级：一等品 执行标准：FZ/T73012-2010 安全技术类别：GB18401-2010 B类 洗涤说明： 30℃ 温水洗涤　不可氯漂　悬挂晾干　不可熨烫　不可烘干

任务二　服装整理与保养

任务引入

经过纺纱织造后，从织布机上取下的织物称为坯布。坯布如何成为最终的服装用材料，须视材料的最终用途而定。最终用途不同，织品的染整加工会千差万别，其达到的目标也随之改变。常规服装材料的加工有三步曲——纺纱、织造和染整后处理，表现出材料的风格和纹理效果。

染整工序主要负责把坯布加工成为满足各类客户所需的成品布，为制衣厂提供合格的服装面料。了解面料整理、服装保养等知识，对服装加工有重要的指导作用。

任务分析

① 了解服装材料的后整理工序，根据其外观、性能等，学会判别常见服装材料的后整理类型，调研目前流行的服装材料的整理类型。

② 了解服装材料的保养知识，学会根据服装材质和款式不同，合理进行洗涤、熨烫等。

相关知识

相关知识一　服装及其材料的整理

印染后整理（染整）是指对坯布进行练漂、染色、印花与整理等一系列加工过程。练漂、染色、印花的目的是提高产品的美感，如提高洁白程度、染上色彩和印上图案等；整理包括物理整理和化学整理，主要用于改善面料外观和性能。

一、练漂处理的目的和意义

1. 练漂处理的目的

练漂是煮练（或精练）和漂白的简称。任何纺织纤维，除含有主要的化学成分外，还含有各种辅助成分，如灰分、草刺、色素、油脂、蜡质等。这些辅助成分会对后续工序的加工造成不利影响。而纺纱、织造过程中沾污的附加物，不仅成为染色的障碍，导致各种染斑，而且使纤维的原有特点不能充分发挥，有损成品质量。因此，必须在染色前去除这些杂质和不纯物。将去除色素以外的杂质的工艺过程称为煮练，去除色素的工艺过程称为漂白。

2. 常用服装材料的练漂方式

（1）棉、麻织物的练漂方式

工序：坯布检验→烧毛→退浆→煮练→漂白→丝光。

棉、麻织物多用天然的淀粉类浆料上浆，因此其退浆较为困难，须在100 ℃的温度下处理30～60 min；棉、麻织物的煮练须在强碱浴中进行；棉、麻织物的漂白可用氧化和还原两类漂白剂；棉、麻织物的丝光仅用于需要丝光处理的高档织物。

(2) 蚕丝织物的练漂方式

蚕丝织物的品种很多,有先染后织的色织绸,有先织后染的染色绸,还有无需染色的白色绸。不论何种产品,均需经过精练和漂白工序,使丝织物脱胶,同时除去污垢。

蚕丝织物的精练方法很多,有水萃取法、肥皂精练、碱精练、酸精练、酶精练等。使用时,应根据织物的最终用途加以选择,因为这些方法分别适合于不同品种的丝绸织物,其精练效果是不同的。如采用肥皂精练法精练的真丝绸质量上乘,光泽和手感都好,但成本太高;而采用碱精练脱胶的真丝绸的柔软性、白度、光泽和手感都较差,身骨欠佳,但精练时间短。

(3) 毛织物的练漂方式

毛织物的练漂方式与丝织物类似。

(4) 化纤织物的练漂方式

工序:坯布检验→松缩→煮练→预定形。

由于合成纤维无油脂、蜡质、蛋白质等天然杂质,只存在加工过程中加入的油剂、浆料等,因此,合成纤维织物的煮练工程比较简单,只需在弱碱性浴中进行。

二、服装材料的染色加工

服装材料天生并不具有色彩或很少带有颜色,只有经过印染加工,才能使其变得五彩缤纷、花色繁多。染色是服装材料进行染整加工处理的重要组成部分,同时,染色可使材料原有的一些疵病得到掩盖和修复,提高其服用性能。

1. 染色的目的和作用

染色是将纤维材料染上颜色的加工过程。它借助染料与纤维发生物理或化学的结合,或者通过化学方法在纤维上生成染料,使纺织品成为有色物体。染色产品不但要求色泽均匀,而且必须具有良好的染色牢度。

染色的目的明确,作用明显。通常将染色的作用归纳如下:

① 使染料固着。即确定合适的染色条件,包括染色温度、时间及染料的浓度和染浴的 pH 值。

② 提高染色牢度。即使染料分子充分渗透,增强织物的耐用性。

③ 增加匀染性。为了使上染均匀,不出现染花现象,匀染剂的应用很重要。

④ 保证鲜艳度。视产品用途,选用合适的染料。

2. 普通染色技术

(1) 染料分类与染色特性

染料的种类很多,一般分为天然染料和合成染料两大类。目前使用的大部分为合成染料。按染料的应用特点的分类如下:

① 直接染料。在中性或碱性含电解质的染浴中能染着纤维素纤维的水溶性染料,也可用于丝绸的印染。该类染料具有平面型大分子结构,与纤维以范德华力及氢键结合。

② 酸性染料。该类染料在水溶液中解离生成阴离子色素,需在中性至酸性染浴中染蛋白质和聚酰胺等纤维。染料与纤维以库仑力及范德华力相结合。

③ 反应染料。原称活性染料,是一类在分子结构中含有染色过程中能与纤维形成共价键结合的反应性基团的染料。主要用于纤维素纤维的染色,也可用于蛋白质纤维和聚酰胺纤维的染色。

④ 还原染料。具有两个以上羰基,不溶于水的一类染料。其结果主要为靛、蒽醌类或其他稠环类衍生物。染色时需先经碱性还原成隐色体状态才能上染纤维,然后再经氧化恢复至

原来的不溶性染料而固着。

⑤ 分散染料。一类难溶于水，靠分散剂帮助以高度分散状态存在于染浴中的非离子染料，主要用于聚酯纤维、醋酯纤维等制品的印染。

⑥ 硫化染料。需用硫化钠进行还原处理才能上染纤维素纤维，然后经氧化显色固着于纤维上的染料，主要用于棉、麻、黏纤、维纶等纤维的染色。

⑦ 氧化染料。主要是芳香胺类化合物。被纤维或毛皮吸附后，经过氧化作用而在基质上形成不溶于水的有色物质而使基质显色。

⑧ 阳离子染料。一类在水溶液中能解离生成阳离子色素的染料，该染料可在弱酸性染浴中对含有阴离子染席的聚丙烯腈等合成纤维进行染色，耐光色牢度较高。

⑨ 媒介染料。一类酸性染料，故原称酸性媒介染料，其分子中具有能与金属离子络合的配位体结构。在酸性染浴中染蛋白质纤维，并需用金属媒染剂处理以提高染色物的色牢度。

⑩ 微胶囊染料。颗粒一般在 10～30 μm，利用高分子化合物的凝聚原理制得的商品染料剂型。由囊衣和内芯构成，染料含在内芯中，在高温汽蒸时，囊衣破开，染料才可上染纤维。

(2) 染料在服装材料中的应用

各种服装材料应用的染料情况见表 1-4-1。

表 1-4-1　织物种类与染料选用的关系

织物种类	染料
棉织物	直接染料、硫化染料、还原染料、冰染染料、活性染料
毛织物	酸性染料、酸性媒染染料、媒染染料
蚕丝织物	酸性染料、中性染料、媒染染料
锦纶	酸性染料、中性染料、分散性染料
涤纶	分散性染料
腈纶	阳离子染料
维纶	中性染料
氯纶	直接染料、硫化染料、还原染料、分散染料

扎染工艺

蜡染工艺

3. 手工染色技术

手工染色是指不同于工业化大生产的手工印染工艺，包括手绘、扎染、泼染等技术。

(1) 手绘

真丝绸手绘产品是艺术与工艺相结合的结晶，具有欣赏与实用的双重价值，以方巾、长巾、手帕为主，近年来发展到件料服装，如真丝短袖衫、无袖衫、套装、长裙、夹克衫等女装。

① 采用面料。如双绉、电力纺、花绉锻、素绉锻、乔其等。

② 所用染料。主要为酸性、中性、直接和活性等几大类。

③ 常用技法。包括手指弹射法、泼墨点缀法、喷雾法、勾勒深色法、压印与手绘相结合、扑印与手绘相结合、综合运用法等(图 1-4-6～图 1-4-8)。

(2) 扎染

扎染古称绞缬，为我国民间传统技艺。它不同于一般染织艺术，不可复制为其重大特色。其形色变化自然天成，非笔墨能随意画就。扎染的基本原理是防染。借助纤维本身，运用不同的扎结方法，有意识地控制染液渗透的范围和程度，形成色差变化，从而表现出无级层次的色晕。

图 1-4-6 泼墨点缀法

图 1-4-7 勾勒深色法

图 1-4-8 压印与手绘结合法

扎染的方法有煮染、浸染、套染、点染、喷染、转移染、综合染色等(图 1-4-9～图 1-4-11)。

图 1-4-9 喷染

图 1-4-10 浸染

图 1-4-11 点染

(3) 蜡染

蜡染是我国古老的民间传统印染手工艺,与绞缬(扎染)、夹缬(镂空印花)并称为我国古代三大印花技艺。蜡染是用蜡刀蘸熔蜡,绘花于布后,以蓝靛浸染,既染去蜡,布面就呈现出蓝底白花或白底蓝花的多种图案。同时,在浸染中作为防染剂的蜡自然龟裂,使布面呈现特殊的“冰纹”,尤具魅力(图 1-4-12)。

(4) 泼染

泼染产品可谓集染色与印花优点之大成,其图案形象生动、色彩丰富、风格多样,且花型抽象随意,造型神奇,具有一般染色和印花达不到的效果,因而极具吸引力(图 1-4-13)。

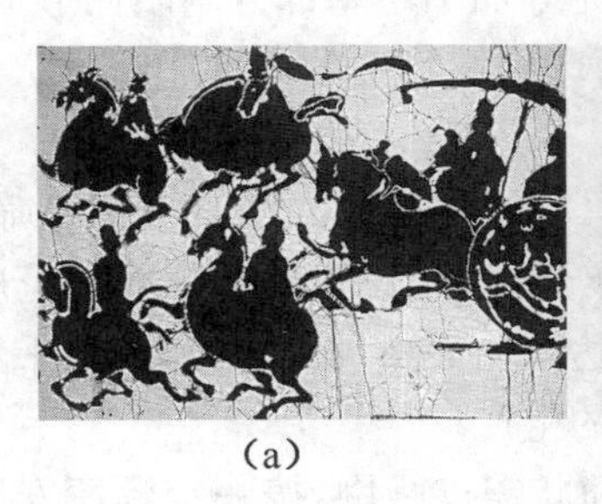

(a)

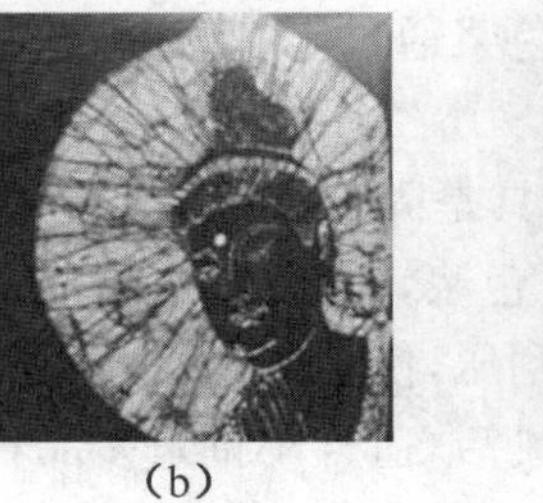

(b)

图 1-4-12 蜡染

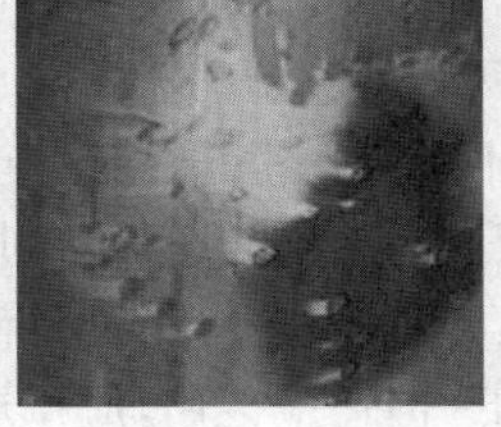

图 1-4-13 泼染

泼染的原理：以手绘方式将染液绘制于织物表面,再用盐或其溶液吸取染液中的水分,使上染部分的染料浓度增加,直至染液自然干燥,结果形成或如烟花四射,或如奇葩怒放,或如流星飞泻的变化多端的花纹图案。

泼染用于双绉、素绉缎和真丝缎等厚重织物的效果为好,宜采用弱酸性染料。

三、服装材料的印花处理

印花整理工艺

新型印花整理

印花是通过局部着色，使染料或颜料在织物上形成一种或多种颜色的图案的加工。为克服织物的毛细管效应引起的渗化现象，获得清晰的花纹，在染料溶液或分散液中加入成糊物质(原糊)，将它们调成具有一定黏度的浆糊状物，称为色浆。

印花比染色复杂。因为纺织品印花是局部着色(染色)，印花处须有染色牢度，非印花处则不能渗色或沾色(图 1-4-14、图 1-4-15)。

图 1-4-14　染色布

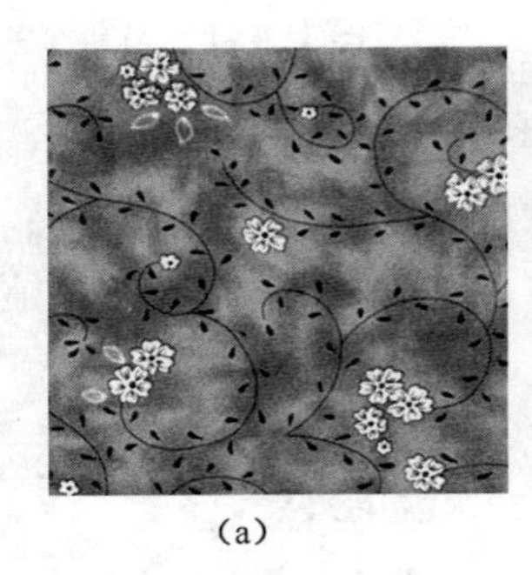

(a)

(b)

图 1-4-15　印花布

服装材料的印花方法很多，可因设备而异，也可因印花工艺和印花织物而不同。常用的印花方法包括：

1. 按印花设备分类

(1) 滚筒印花

滚筒印花是用滚筒进行印花的一种印花方法，一般是指使用凹纹滚筒的印花。印花时，花纹凹陷，可贮存色浆，与织物接触时，即将色浆印到织物上。图案通过雕刻铜滚筒(或辊筒)印在织物上，每种花色各自需要一个雕刻辊筒。在纺织业的特定印花加工中，五辊印花、六辊印花等常用来表示五套色或六套色滚筒印花。

(2) 筛网印花

筛网印花是用尼龙等纤维或金属丝制成筛网，经感光等加工堵塞部分网眼而形成图案，印花时，依靠刮刀的作用，使印花色浆通过未堵塞的网眼而印到织物上的一种印花方法。筛网有平网和圆网两种类型。

① 平网印花。所用印花模具是固定在方形架上并具有镂空花纹的涤纶或锦纶筛网(即花版)。花版上的花纹处可以透过色浆，无花纹处则以高分子膜封闭网眼。印花时，花版紧压织物，花版上盛色浆，用刮刀往复刮压，使色浆透过花纹到达织物表面(图 1-4-16)。平网印花的生产效率低，但适应性广，应用灵活，适合小批量多品种的生产。

② 圆网印花。所用印花模具是具有镂空花纹的圆筒状镍皮筛网，按一定顺序安装在循环运行的橡胶导带上方，并且能与导带同步转动。印花时，色浆输入网内，贮留在网底，当网随导带转动时，紧压在网底的刮刀与网发生相对刮压，色浆透过网上花纹到达织物表面(图 1-4-17)。圆网印花属于连续加工，生产效率高，兼具滚筒和平网印花的优点，但是在花纹精细度和印花色泽浓艳度上有一定局限性。

图 1-4-16(a)　平网印花设备

图 1-4-16(b)　平网印花示意

图 1-4-17(a)　圆网印花设备

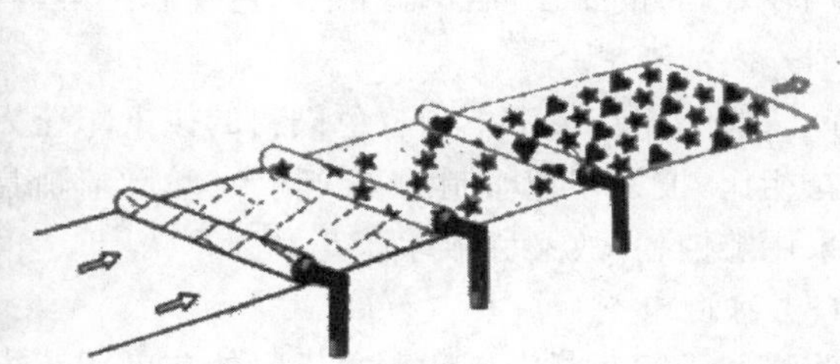

图 1-4-17(b)　圆网印花示意

(3) 喷墨印花

此法又称数码印花，它是将含有色素的油墨通过喷嘴喷射到待印基质上，由计算机按设计要求控制形成花纹图案的一种印花方法(图 1-4-18)。

(4) 转移印花

此法是通过热压将纸上的花纹图案转移到织物上的一种印花方法(图 1-4-19)。与常规印花相比，转移印花产品的图案清晰、套色准确、层次丰富、花型逼真、立体感强、风格别致，因此此法特别适合于印制多套色满地花纹图案，以印制涤纶等织物的效果最佳。

图 1-4-18　喷墨印花设备

图 1-4-19　转移印花设备

2. 按印花工艺分类

(1) 直接印花

此法是指将含有染料或颜料的色浆印到白色或浅底色织物上，色浆中的染料上染，但不破坏底色的印花方法。采用这种印花方式，只在布的正面形成花纹，反面基本上无色或仅有模糊的颜色。

(2) 拔染(拔印)印花

拔染印花是在织物上先染色后印花，色浆中含有可破坏底色的拔染剂，通过破坏底色，从而在有色织物上显出图案的印花方法。拔染印花一般用于印深色花布，能在深底色上得到浅花细茎的效果。这种印花织物的特点是布的两面都有花纹，只是正面明显，花型清楚、鲜艳，花纹细致有立体感。拔染在真丝绸印花中受到重视。

(3) 防染(防印)印花

防染印花是在织物上先印花后染色，印花浆中含有防止底色上染的防染剂，在有色织物上显出图案的印花方法。与拔染印花产品相比，防染印花产品精细度优良，防印底色与花色的鲜艳度均较好，布的正反面都有鲜艳的色泽和图案，只是反面较正面差些。

(4) 拔白印花

此法属于印花浆中不含着色染料的拔染印花方法，可在有色织物上形成白色图案。与防染印花相比，拔染印花印制的花纹精致、轮廓清晰且边缘不露白，效果更佳。因这种印花方法多数采用雕白粉，故又称雕印印花。

(5) 防白印花

此法属于印花浆中不含着色染料的防染印花方法。其关键在于利用色浆的渗透作用，使印在织物正面的色浆渗透到反面，获得正反面色泽基本相近的印制效果。

(6) 特种印花

特种印花是指非常规的印花方法，包括泡沫印花、接枝印花及蜡防印花等。

① 涂料印花。此法是借助黏合剂的作用，使颜料固着在织物上进行着色的印花方法。涂料印花使用涂料直接印花，通常叫作干法印花，以区别于湿法印花(或染料印花)。涂料在纤维上“着色”的原理是通过一种能生成坚牢薄膜的合成树脂，固着在纤维表面，因此对各种纤维织物都能印花。涂料印花印制的织物，有明亮艳丽的色泽，光照稳定性好。

② 接枝印花。此法是指用氨基磺酸对织物进行接枝处理再进行印花的方法。该方法具有防染、多色和仿立体的印花效果。

③ 蜡防印花。蜡防印花俗称蜡染，它是借助人工难以描绘的蜡韵冰纹、块和点的防染作用，使染料多层次地叠加、渗透，在织物上形成色彩浓艳华丽的图案，且具有朦胧感。此法多用于真丝绸织物，染制头巾、高档时装、床罩、和服和艺术品等，一般选用真丝双绉、真丝素绉缎、真丝桑波缎、斜纹绸、电力纺等织物。

四、服装材料的整理

1. 整理的目的

整理是服装材料获得优美的外观风格及良好的穿着性能的重要工序。通过整理，可达以下目的：

① 改善织物的外观。通过整理，可产生柔和、肥亮等光泽，可获得丰满、滑爽等优良手感。

② 改善织物的使用性能。经过定形、拉幅、防缩等整理，可使织物具有规定的门幅和缩水率，使其穿着时形状更加稳定，特别是经过汽蒸等整理，可使织物在加工时受到影响的光泽和风格得以恢复。

③ 增加织物的功能性，提高织物的附加价值。通过各种化学特殊整理，可满足人们对织物的特殊需要，如赋予织物防缩、抗皱、免烫、阻燃、防水、防污、抗静电等功能，使织物具有折皱和桃皮绒的新颖外观，从而不同程度地提高织物的附加价值。

2. 整理的分类

(1) 按整理方法分

① 物理方法。即利用水分、热量、压力或拉力等机械作用来达到整理目的的方法。

② 化学方法。即利用一定的化学试剂与纤维发生化学反应，从而改变织物的外观性能的方法。

③ 物理化学方法。是指将物理和化学方法相结合，给予织物耐久的效果和某些特殊性能。

(2) 按整理功能分

服装材料的整理，因各种织物所用的纤维不同，因而整理时的要求也不一样。一般将整理划分为常规整理和特殊整理两大类。

① 常规整理。织物的常规整理是指经过纺纱、织造或针织等工序后，织物中会产生各种形变，为了消除这些形变，须经过的一系列的整理工序，从而使织物满足尺寸稳定和形态平稳等要求。常见工序有预缩、拉幅、上浆、热定形和磨绒(磨毛)、起毛、柔软等，以及毛织物特有的煮呢、蒸呢、压呢、缩绒等整理。

a. 轧光、电光和轧纹。轧光是指利用纤维在湿热条件下的可塑性，将面料表面轧平或轧出平行的细密斜纹，以增进织物光泽的工艺过程；电光是指使用通电加热的轧辊，对面料进行轧光处理的工艺过程；轧纹是指由刻有阳纹花纹的钢辊和软辊组成轧点，在热轧条件下，使面料获得呈现光泽的花纹的工艺过程(图 1-4-20)。

b. 磨绒(磨毛)。用砂磨辊(或带)将面料表面磨出一层短而密的绒毛的工艺过程称为磨绒，又称磨毛。磨毛整理能使经纬纱同时产生绒毛，且绒毛短而密(图 1-4-21)。

c. 洗水整理。是指利用水、砂石或化学药剂对面料或服装进行处理，使其表面产生自然泛旧效果的工艺过程。根据处理媒介不同，分为水洗、石磨洗、砂洗、酶洗等，在牛仔面料及服装中的应用广泛(图 1-4-22)。

图 1-4-20 轧纹面料

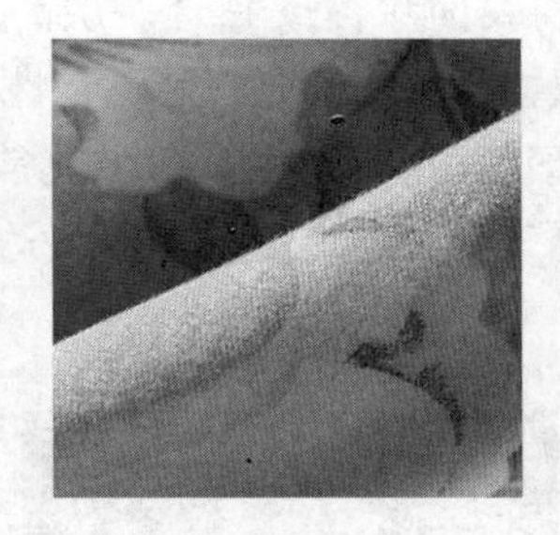

图 1-4-21 磨毛面料

图 1-4-22 水洗牛仔

② 特殊整理。除常规整理外，服装材料还有许多特殊的功能整理，这是人们对整理织物的高级化更为关注的结果，不仅要求织物具有良好的外观风格和尺寸稳定性，而且希望织物能满足各种特殊用途的需要，具有各种独特的使用性能。特殊整理的目的，对天然纤维织物而言，是在不损伤固有的优越性能的条件下，赋予合成纤维织物所具有的洗可穿性能。在这一方面，以防缩、防皱整理最为重要。对合成纤维织物来说以导入天然纤维织物的亲水性为目的。

在这一方面，以亲水整理、防静电整理、防污整理等最为重要。另外，手感整理、光泽整理、防燃整理、防蛀整理等也受到重视，掀起了新的功能服装热。

a. 防缩的抗皱整理。对棉型织物进行树脂整理，得到耐久定形的全棉免烫织物；对丝织物的防缩抗皱处理，不仅使丝绸的缩水率下降，而且对绸面的光泽和平整度及手感柔软性等有所改善；毛织物的防缩处理是针对其毡缩性进行的，因此人们提出了可机洗羊毛产品的概念，即羊毛产品在按照使用说明进行机器洗涤的情况下，在使用期内不会发生毡缩。

b. 防水拒水整理。织物经过拒水整理后，在织物表面不形成连续性薄膜，可使空气通过织物，但不易被水润湿，常用于制作雨衣、雨帽等。近年来出现了具有既拒水又透湿的双重功能的织物，透气防水的材料已广泛用于户外用品(图 1-4-23)。

c. 防污整理。对涤纶和锦纶等合纤织物进行防污整理，以增强纤维的亲水性，减少其憎水性，减少污垢的静电吸附，并且在洗涤时可防止污垢的再附着(图 1-4-24)。

d. 抗静电整理。利用具有防静电功能的表面活性剂或亲水性树脂处理织物的表面，提高织物的导电性能，从而达到抗静电的目的。目前采用的主要方法是在纺制合成纤维时，把亲水性或导电性物质混入纺丝原液中，使纺出的纤维具有抗静电能力，其织物也具有抗静电性能。

e. 阻燃整理。对一些特殊用途的服装，如消防服、军用服装、地毯等，进行阻燃整理，使织物具有不同程度地阻止燃烧或阻止火焰迅速蔓延的效果。也有利用阻燃纤维来达到阻燃目的。在纺丝原液中混入阻燃剂，或在聚合时使阻燃剂与其他单体共聚后制成纺丝原液，经过纺丝即可制成阻燃纤维。涤纶、锦纶等都可用这种方法制成阻燃纤维。

f. 抗紫外线整理。其原理是在织物上施加一种能反射或吸收紫外线的助剂，从而阻挡紫外线对人体的危害和影响。能反射紫外线的整理剂，称为紫外线屏蔽剂；对紫外线有选择吸收能力的整理剂，称为紫外线吸收剂。

g. 防蛀整理。是指对织物进行化学(如使用对人体无害的杀虫剂)处理，杀死蛀虫；或对纤维进行改变，使其成为防蛀织物。对羊毛和丝绸类织物进行防蛀整理，使其具有防蛀效果，不再成为幼虫的食料。防蛀是羊毛、丝绸面料加工中一个对成本影响很大的领域，也是消费者十分重视的使用性能。

h. 涂层整理。涂层是指在织物表面涂覆或黏合一层高聚物材料，使其具有独特的外观或功能的工艺过程。经涂层整理的织物，无论在质感上还是性能上，往往给人新材料之感。涂布的高聚物称为涂层剂，而黏合的高聚物称为薄膜。市场上常见的有防绒涂层、亮光 PU 涂层、珠光涂层、涂 PU 银胶、PU 白胶、透气透湿涂层、湿法透气透湿白胶、高耐水压涂层、阻燃涂层等面料(图 1-4-25)。

图 1-4-23　拒水整理面料

图 1-4-24　防污整理面料

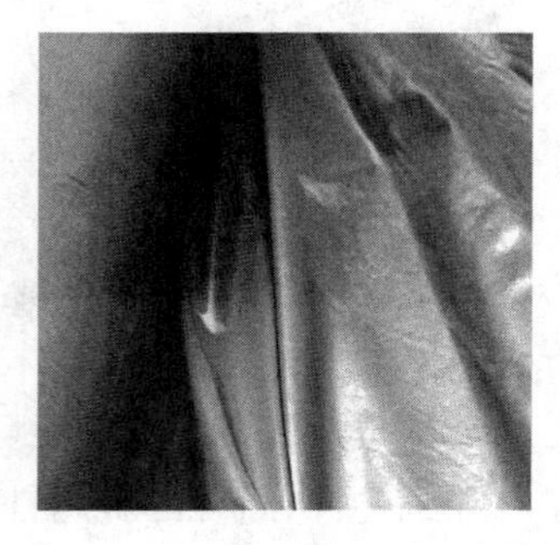
图 1-4-25　涂层整理面料

此外，还有许多功能性整理，如：蚕丝织物的砂洗整理、防泛黄整理，合纤的折皱整理、亲水整理，羊毛织物的弹力整理、抗菌防臭整理，及特殊外观效应的仿鹿皮起绒织物，等。这些特殊整理都是适应于服装功能化发展的必然结果。随着服装行业的发展，必将出现更多的织物功能性整理，以满足各行各业的需求。

相关知识三　服装及其材料的保养

由于新型的服装材料和整理方法日益增多，使得服装及其材料的识别、选择以及服装的使用保养的难度增加。正确而科学地使用和保养服装，才能保持其良好的外观和性能。

服装与服装材料在生产加工、销售和穿着使用过程中会被污垢沾污，需采用一定的方式去除污垢。不同的污垢，应使用不同的去污方法。合理的去污方法，可以保证服装不变形、不变色且不损伤材料，保持服装的优良性能，从而延长服装的使用寿命。

一、去污(去渍)

1. 污渍的种类

服装上的污垢主要来自体外和体内两个部分。体外污物包括固体污垢、油质污垢和水溶污垢，如风、沙、尘土、油烟、果汁、菜汤等，主要存在于外衣上；体内污物包括体内分泌物、皮脂、皮屑等，主要存在于内衣上。

服装与污垢的结合分为机械性吸附、物理结合、化学结合三种形式。

① 机械性吸附。是服装与污垢较简单的结合方式，主要是空气中的尘土微粒散落在织物的空隙和凹陷部位，被吸附在服装褶裥处、拼接的凸片边缘、纱线间的空隙等处而不掉落。这种附着作用与材料的组织结构、密度、厚度、表面处理、染色后整理有关。稀薄织物表面凸凹明显，绒毛、污粒被吸附较多；紧密织物不易沾污，但污粒难于洗落。

② 物理结合。是人体外的油污借助分子力的作用附着于纤维上，且易渗入纤维内部。化纤织物由于摩擦常带静电，更易吸附相反电荷的污垢。要去除这种污垢，须使用洗涤剂。

③ 化学结合。这种方式并非生成新物质，而是指脂肪酸、黏土、蛋白质等悬浮液或溶有污粒的液体渗入纤维内部，与纤维分子上的某些基团以化学键结合黏附在织物上，较难去除。如织物上的血污可用蛋白质酶分解去除；铁锈可利用草酸的还原性能，使之转化为草酸铁而去除。

2. 服装的去渍

服装久穿不洗，污垢深入缝隙和纤维内部，不仅堵塞孔眼，妨碍透气和正常排汗，引起身体不适，而且孳生霉菌，使牢度下降，甚至威胁人体健康。

去渍是指用化学药品和正确的机械作用去除常规水洗与干洗无法去除的污渍的过程。这些污渍往往在服装的局部造成较严重的污染，除洗涤以外，还需要进行局部去污。有些污渍在水洗与干洗前较易去除，而有些污渍在水洗与干洗过程中或水洗与干洗之后，经过处理才能去除。

去渍的常用方法有喷射法、揩试法、浸泡法、吸收法。

① 喷射法。指利用去渍台(去渍的专用设备)上配备的喷射枪提供的冲击力去除水溶性污渍的方法，但须考虑织物结构和服装结构的承受能力。

② 揩试法。指使用刷子、刮板和包裹棉花的细布等工具来处理织物表面的污渍，使之脱离织物的方法。

③ 浸泡法。污渍与织物结合紧密、沾污面积大的服装，需采用浸泡方法，使化学药品有充足的时间与污渍发生反应。

④ 吸收法。结构疏松、易脱色的织物宜采用此法。加入去渍剂，待其溶解，然后用吸湿较好的棉花类材料吸收被去除的污渍。注意：要及时去除棉团上的污渍或更换棉团。

去渍的步骤分为三步：第一步，根据服装材料和款式，确定干洗或湿洗，毛类、西服、大衣、婚纱类宜干洗，鞣酸渍、蛋白清等宜湿洗；第二步，确定去渍对服装的损伤程度，款式复杂、材料结构疏松的服装，去渍要格外小心；第三步，确定去渍是否方便及费用。

服装去渍方法和去渍剂的选择，应根据服装材料的特性、操作的简便性和费用的经济性进行。

例如圆珠笔油渍的去除方案有几种：① 用苯揩试；② 用四氯化碳揩试；③ 用汽油揩试；④ 用丙酮揩试；⑤ 用酒精皂液揩试；⑥ 用碱性洗涤剂揩试。

上述方案中，具体选用何种方案，首先考虑服装的材料。如为毛料，则用方案①～④；如为涤/棉面料，则可选择方案⑤～⑥。

部分特殊污渍的去除方法见表 1-4-2。

表 1-4-2 污渍的去除方法

污　渍	去除方法
墨水/圆珠笔迹	先用白酒精擦拭，再用白醋或药用酒精擦拭
万能笔迹	用汽油或四氯化碳处理，然后用洗涤剂洗涤
蜡笔	用挥发性油洗，然后用溶有 20%的酒精液洗
墨	水洗后，将饭和洗涤剂揉在一起的黏状物，黏在污渍处的背面搓洗
酒(啤酒)	用温水洗，如果洗不掉，可采用在硼砂的水溶液中加少许氨水的方式进行处理
水果汁	温洗，涤液中加 5%的氨水
沙士(西餐用调味汁)	用温洗涤液洗，如果洗不掉，用加有 2%硼砂的水溶液洗
咖啡、茶、水果渍	用柠檬酸溶液或酒精溶液，再用 5%过硼酸钠溶液浸洗。如果是白色或还原性颜色的织物，可用 2%的次氯酸钠去除色渍。果汁中含有机酸，先用淡氨水浸洗，再用肥皂洗涤
乳汁渍	不能用热水洗。新渍用自来水浸几分钟，然后用肥皂搓洗；陈渍先用洗涤剂洗，再用淡氨水溶液轻洗
香水	用酒精洗，再用温洗涤液洗
唇膏、化妆品渍	用酒精或汽油擦拭，用清水漂洗。如白色织物沾上污渍，可用 10%氨水湿润，再用 4%的草酸溶液擦拭，然后用洗涤剂清洗
血渍	用洗涤液或氨水溶液或纯醋擦拭(温水不行)
铁锈	用加有 1%草酸的溶液洗涤，再用微温水洗
油漆、煤焦油	用松节油揉搓，再用汽油洗
动、植物油渍	用汽油、苯、酒精等作为去渍溶剂，用棉花蘸擦或软刷擦
矿物油渍	用汽油或丙酮、乙醚、三氯乙烯、醋酸戊脂等溶剂去除。但这类溶剂对某些化学纤维，如醋酸纤维、氯纶等有分解作用，不能使用
霉斑渍	新霉斑可先用软刷刷，再用酒精搓洗；陈霉斑可先涂上淡氨水，过一会再涂上高锰酸钾溶液，最后用亚硫酸氢钠溶液水洗

3. 服装的洗涤

在去除服装局部的特殊污渍后，整件服装的洗涤方式一般根据服装的污垢内容、服装材料、服装款式等进行确定，以保证服装的正常使用及去污的经济快捷。洗涤方式有水洗和干洗两种。

(1) 水洗

以水为载体，加一定的洗涤剂及作用力，从而去除服装上污垢的过程称为水法。它能去除服装上的水溶性污垢，简单、快捷、经济。水洗可分手洗和机洗。机洗时要注意洗涤温度、洗涤液的选择、洗涤时间、脱水和干燥环节。

① 洗涤前对服装分类。洗涤前，应根据材料的纤维原料、织物结构、服装的形态和颜色(深、中、浅)等对服装进行分类，以便区别对待。

a. 按颜色分。首先把颜色较深与鲜艳的服装挑出，因为这类服装有掉色的可能性。颜色深浅的服装要分开洗涤。

b. 按服装精细程度分。把纤细面料的服装分出来，包括丝织物、轻薄织物等。这类服装最好不要放在洗衣机内洗涤，应用手洗，以避免损伤。毛线衣类也应挑出进行手洗，因为机洗会对它们造成伤害。

c. 按纤维原料分。把毛及含量高的服装挑出来。它们应干洗，否则会引起缩绒，造成服装变形。

水洗服装分类如下：

第一类：白色纯棉、纯麻服装；

第二类：白色或浅色棉、麻及混纺织物服装；

第三类：中色棉、麻及混纺织物服装；

第四类：白色或浅色化纤织物服装；

第五类：深色棉、麻及混纺织物服装；

第六类：深色化纤服装。

② 洗涤液的选择。根据衣物的材料和款式，合理选择洗涤液(表 1-4-3)。

表 1-4-3　水洗时衣物与洗涤液的选择关系

洗涤剂类型	特　点	洗涤对象
皂片	中性	精细丝、毛织物
丝、毛洗涤剂	中性，柔滑	精细丝、毛织物
洗净剂	弱碱性(相当于香皂)	污垢较重的丝、毛、拉毛织品
肥皂	碱性，去污力强	棉、麻及混纺织品
一般洗衣粉	碱性	棉、麻及化纤织品
通用洗衣粉	中性	厚重丝、毛及合纤织品
加酶洗衣粉	能分解奶汁、肉汁、酱油、血渍等	各类较脏的衣物
含荧光增白剂的洗涤剂	增加衣物洗涤后的光泽	浅色织物，夏季衣物，床上用品
含氯洗涤剂	具有漂白作用	丝、毛、合纤及深色、花色织物慎用

③ 湿洗温度(表 1-4-4)。

表 1-4-4　水洗时衣物与洗涤温度的选择关系

种类	织物名称	洗涤温度	投漂温度
棉、麻	白色、浅色	50～60 ℃	40～50 ℃
	印花、深色	45～50 ℃	40 ℃左右
	易褪色	40 ℃左右	微温
丝	素色、印花、交织	35 ℃左右	微温
	绣花、改染	微温或冷水	微温或冷水
毛	一般织物	40 ℃左右	30 ℃左右
	拉毛织物	微温	微温
	改染	35 ℃以下	微温
化纤	各类化纤纯纺、混纺、交织物	30 ℃左右	微温或冷水

④ 脱水和干燥。脱水、漂洗干净后,可用手绞、压干、甩干、吸干等方法脱水。易变形、易破损的黏胶纤维织物,高档毛织物、轻薄丝织物,勿用力拧绞,可甩干脱水或自然沥水;免烫的化学纤维及化学纤维混纺面料,甩干易造成不平整,最好挤出或压干脱水,展平后悬挂干燥。

干燥方式影响织物的质地和穿着。过去一般采用日光暴晒,但日光对某些织物的强度、手感、光泽、颜色等都有损伤,特别是真丝、羊毛、锦纶、丙纶等织物。棉、麻、腈纶面料可日晒,但勿长时间暴晒;真丝、羊毛、锦纶等面料应在通风处阴干。

(2) 干洗

干洗也称化学清洗法,即利用有机溶剂,如汽油、三氯乙烯、四氯乙烯、四氯化碳、酒精等,使衣物上的污垢溶解并挥发,从而达到清洁的目的。整个洗涤过程中不用水。

用干洗剂洗涤毛料、丝绸等高级服装及面料时,不会损伤纤维,无褪色及变形等缺点,能使服装具有自然、挺括、丰满等特点。干洗剂的种类很多,就外形来看,有膏状与液态两种。膏状多用于局部油污的清洗,而整件面料洗涤需要液体干洗剂。液体干洗剂的基本组分为有机溶剂,其余为表面活性剂、抗污染剂、溶剂稳定剂等。

干洗的设备是干洗机,一般分为四个阶段:洗涤、脱液、烘干、冷却。

① 洗涤。将分好类的服装放入加有干洗液的干洗机内,通过干洗机内滚筒的转动,使服装与干洗剂发生作用,从而去掉服装上的污垢。

② 脱液。脱液是清洗完成后去除服装上的溶剂的过程。脱液时,应尽量排液,当溶剂被排出时,服装不再被溶剂浸泡。

脱液时间应根据衣物的厚薄、牢度进行选择。对于较厚、强度较高的服装,脱液时间可长些;反之,脱液时间可短一些,因为衣物起皱和拉伤程度会随着脱液时间的增加而增加。脱液时间的一般标准是:普通衣物 3 min,羊毛织物 2 min,羊绒织物和丝织物 1 min。

③ 烘干与冷却。烘干是在脱液之后进行的,目的是进一步去除服装上的干洗剂。在脱液时,通过离心力使干燥剂脱离服装,然而服装上仍残留少量的干洗剂。烘干是依靠加热空气,使服装上的干洗剂蒸发,从而去除服装上残存的干洗剂;冷却是将经烘干处理的蒸汽冷却,得到正常温度下的溶剂,以达到回收的目的,同时被洗的衣物在空气的循环中得到冷却,消除服

装上残留的气味。

过高的烘干温度会损坏衣物，带来色斑、焦糊等问题。烘干时间对烘干效果及溶剂回收是十分重要的。烘干时间的长短取决于烘干温度和装衣量的高低和多少。

服装上要附加洗涤标记，具体洗涤标记见本项目任务一。

二、服装熨烫

1. 熨烫的意义

熨烫，即用熨烫设备对服装成品和半成品进行整理，其实质是对服装的热湿定形处理。

为了将平面的材料制成符合人体曲面的服装，除了采取设计上的技巧及裁剪、缝纫过程中的拼缝、卡省等技术，还必须用熨烫技术，使服装更加符合人体。

2. 熨烫的作用

① 熨平褶皱，改善外观。

② 使服装外观平整，褶裥和线条挺直。

③ 塑造服装的立体效果。

3. 熨烫的分类

① 按生产过程分为中间熨烫和成品熨烫。

② 按定形效果保持性分为暂时定形、半永久性定形、永久性定形。

③ 按定形工具分为手工熨烫和机械熨烫。

4. 熨烫工艺

(1) 熨烫温度

熨烫温度是影响定形的主要因素。一般来说，熨烫效果与温度成正比，即温度越高，定形效果越好。温度过低，水分不能汽化，无法使纤维中的分子产生运动，达不到熨烫的目的；但温度过高，超过纤维的承受范围，会引起织物收缩、熔融、炭化或燃烧。因此，关键是根据纤维的种类掌握适宜的温度。对于同类原料的织物，厚型比薄型的熨烫温度高，纹面织物比绒面织物的熨烫温度高，湿烫比干烫的温度高，服装的省、缝部位比其他部位的熨烫温度高，等。

对于混纺或交织织物，熨烫温度应根据其中耐温性较低的一种纤维而定。表 1-4-5 所示是各类纤维织物在不同情况下适宜的熨烫温度，可供参考。所谓“危险温度”，是指在这个温度下直接熨烫 30 s 后，织物强力下降 10%，变色程度可由肉眼观察到。

表 1-4-5　各类纤维织物的熨烫温度　　单位：℃

纤维名称	直接熨烫温度	垫干布熨烫温度	垫湿布熨烫温度	危险温度	蒸汽烫
麻	185～205	200～220	220～250	240	—
棉	175～195	195～220	220～240	240	—
羊毛	160～180	185～200	200～250	210	—
桑蚕丝	165～185	190～200	200～230	200	—
柞蚕丝	155～165	180～190	190～220	200	不喷水
黏胶	160～180	190～200	200～220	200～230	—
涤纶	150～170	180～190	200～220	190	—
锦纶	125～145	160～170	190～220	170	—

（续 表）

纤维名称	直接熨烫温度	垫干布熨烫温度	垫湿布熨烫温度	危险温度	蒸汽烫
维纶	125～145	160～170	不可	180	不喷水
腈纶	115～135	150～160	180～210	180	—
丙纶	85～105	140～150	160～190	130	—
氯纶	45～65	80～90	不可	90	—
氨纶	90～100	—	—	—	130

掌握和控制熨斗的温度十分重要。自动调温熨斗有温度调节装置，注明“麻”“棉”“合纤”等字样，应根据织物种类调至相应温度档。每档温度大致是：低档温度 40～60 ℃，合成纤维 85～110 ℃，丝 115～150 ℃，毛 150～170 ℃，棉 180～230 ℃，麻 220～240 ℃，高档温度 270～300 ℃。

（2）熨烫湿度

水分可使纤维润湿、膨胀、伸展，在热的作用下易于变形和定形，因此，使织物含有一定水分进行熨烫，定形效果较好。特别是毛织物和褶痕明显的棉、麻、黏胶织物，采用湿热定形，快速高效。但并非所有材料都可进行热定形，柞蚕丝喷湿熨烫会产生水渍，维纶在湿热条件下会发生收缩。

给湿方法有直接喷水、垫湿布和蒸汽熨斗给湿。喷水、垫湿布给湿的均匀性不及蒸汽熨斗，操作时应注意。给湿量的多少视材料的类别和厚薄而定，厚型面料的给湿量可多些，以垫湿烫为好，但水分过多会影响熨烫速度和效果。适当的水分可使不耐高温的化学纤维织物受热均匀，既保护面料，又使得定形持久。

在日常生活中，洗涤后的服装可在晾至八九成干时，不加湿直接熨烫或垫干布熨烫，同样可起到湿热定形的作用。

（3）熨烫压力

温度和湿度是熨烫定形的重要条件。除此以外，加上一定的压力，可迫使织物伸展或弯折成所需的形状，使构成织物的纤维朝一定方向移动，一定时间后，纤维分子在新的位置固定，即达到定形的目的，使织物平整或形成褶裥等。

熨烫压力主要指熨斗自身重力加上操作时附加的压力和推力。压力的大小应根据具体织物的特点和服装的部位而定。需平整光亮的织物，压力可大些；紧密纹面类织物易产生极光，压力要小；厚重织物、褶痕明显的织物，用力压磨；毛绒类、起绒类、绉类、泡泡类织物，压力宜小，最好蒸汽冲烫，以免绒毛压倒或绉纹被压平；细薄的丝绸，用力要轻。服装的领、肩、兜、前襟、贴边、袖口、裤线、拼缝等处熨烫时，压力要大些，以保证彻底定形。

（4）熨烫时间

熨烫时间是指熨烫时熨斗在同一部位停留时间的长短，关系到定形效果对织物的影响。若时间过短，织物未能充分定形；时间过长，织物局部受损。因此，熨烫时在织物的同一部位应不停地摩擦移动。同一部位的停留时间一般为 1～2 s，应根据具体织物和部位灵活掌握。耐热性好的织物，含湿量大的织物，厚型织物，熨烫时间可长些；反之，时间应稍短。若一次熨烫效果不良，可多次熨烫至平整，但不宜长时间停留在同一部位，防止产生极光和形成熨斗印迹，或导致局部变色、熔化、炭化等。

(5) 熨烫冷却

熨烫后，只有通过急骤冷却，才能使纤维分子在新的位置停止或减少运动，以达到完全定形的目的。冷却有两种方法：机械冷却法和自然冷却法。机械冷却法是在熨烫完毕后，利用抽风机将水分和余热抽掉，即可迅速冷却。家庭熨烫可准备一把冷熨斗，进行一热一冷定形。自然冷却法是指熨斗离开衣物后自然降温，为加快速度，可用口吹气、用电吹风机吹冷风，或挂在通风处进行冷却。

三、服装产品保养

不同原料组成的面料，性能不同，因此各种服装制品在保养方面具有其特殊性。

1. 天然纤维面料及制品保养

(1) 棉、麻制品的保养

① 30 ℃水温洗，不可漂白，中温熨烫，阴凉处晾干。

② 棉、麻服装可用各种洗涤剂洗涤。洗涤前，可放在水中浸泡几分钟，但不宜过久，以免颜色受到伤害。

③ 棉、麻服装忌用硬刷和用力揉搓，以免布面起毛；洗后不要用力拧绞；有色织物不要用热水浸泡。

④ 棉、麻织物一般不怕日晒，但长时间在日光下暴晒，会降低穿用的牢度，易使服装褪色或泛黄，因此应晾晒服装的反面。穿着过程中应避免沾上酸液引起腐蚀破损。

⑤ 棉、麻服装洗净、晒干、熨烫后要叠放平整，收藏时要避免潮湿、闷热、不通风，衣柜内的不清洁易引起霉变。

(2) 羊毛及羊绒制品的保养

⋙ **洗涤注意事项**

① 可干洗，也可手洗。洗涤前，在重点污渍处做标记，并将胸围、身长、袖长的尺寸量好记录。

② 使用专业的洗涤剂，先将洗涤剂放入 35 ℃水中搅匀，将衣物放入，浸泡 15～30 min，如有重点脏污，可用挤、揉的方法，其余部分轻轻拍揉。

③ 避免混洗，防止染色。

④ 洗后脱水，羊绒衫需放置在网兜内。

⑤ 将脱水后的羊绒衫平铺在有毛巾被的桌上，用手整理到原有尺寸，阴干。切忌暴晒！

⑥ 熨烫必须使用蒸汽熨斗，保持中温(140 ℃左右)。熨斗与衣服保持 0.5～1 cm 的距离，切忌直接压在上面。

⋙ **保养注意事项**

① 收藏前必须洗净，彻底晾干。

② 折叠后装袋平放，切忌挂放，以免悬挂变形。

③ 不要与其他类别产品同袋混装。

④ 在避光、干燥处存放，注意防蛀，但严禁防蛀剂与羊绒衫直接接触。

⋙ **穿着注意事项**

① 内穿时，与其配套穿着的外衣里子最好是光滑的，不能太粗糙、坚硬，内袋不要装硬物

及插笔、本子等，以免局部摩擦起球。

② 外穿时，尽量减少与硬物的摩擦和强拉硬勾。

③ 穿着时间不宜太长，10 天左右更换，使其弹力回复，避免纤维疲劳和变形。

(3) 桑蚕丝制品的保养

① 穿着时要特别注意避免与尖锐的物体或表面粗糙的家具或其他物品接触、摩擦，以免勾挂。

② 避免汗渍残留在衣物上，穿着后需及时清洗。

③ 严禁用机洗，需轻揉手洗，最好专业干洗，严禁用力搓揉。

④ 因为纤维的抗碱性差，需使用专用的真丝洗涤剂，严禁用洗衣粉、肥皂，否则会破坏蛋白质，使服装变得又硬又黄。

⑤ 洗涤用水为冷水或温水，忌用热水，不能长时间浸泡，随泡随洗，尽量缩短洗涤时间。

⑥ 洗涤时在水中加一小匙食醋，洗涤后衣物颜色更加鲜艳光亮。

⑦ 反面晾晒，不可暴晒或让日光直射(避免服装泛黄和脆化)，不可用手拧干或脱水，可以叠成方块挤压水分，然后带水抖直，平铺阴干，适宜反面向外。严禁用衣架挂晾，否则会变形。

⑧ 不同颜色的衣物分开洗涤，不可与其他衣物混合洗涤，以免混色或污染。

⑨ 熨烫时保持中温熨烫，烫斗底板不能和衣服直接接触，距离 1 cm，以免起皱和起光。

⑩ 不要向桑蚕丝服装表面喷洒香水、防臭剂等。

⑪ 虽然桑蚕丝的燃点高，难以燃烧，但是遇高温仍会有萎缩现象，避免用火烤。

⑫ 储藏时注意防虫，防虫剂必须用布包好，直接接触会使衣物变脆和变色。

2. 化学纤维面料及制品保养

(1) 再生纤维制品的保养

① 黏纤制品的保养。黏纤服装的缩水率大，水洗时要随洗随浸，不可长时间浸泡。黏纤遇水会发硬，洗涤时要轻洗，以免起毛或裂口。用中性或低碱性洗涤剂，水温不能超过 45 ℃，洗后切忌拧绞。

黏纤服装易磨损、变形，穿用时尽量减少摩擦、拉扯，经常换洗，防止久穿变形。

黏纤服装洗净、晾干、熨烫后应叠放，不宜悬挂，以免伸长变形。黏纤服装的吸湿性很强，收藏中应防止高温、高湿和不洁环境引起的霉变。

② 醋酯制品的保养。醋酯纤维遇高温会很快软化，熨烫温度为 100～120 ℃。

③ 天丝制品的保养。天丝面料的湿强度高，有良好的尺寸稳定性和吸湿性，色泽鲜艳，手感柔顺滑糯，具有天然纤维的舒适感。

天丝制品手洗、机洗、干洗皆可，但不可使用漂白剂，适宜阴干，不可拧干。

④ 竹纤维制品保养。竹纤维面料抗菌、防霉、抗紫外线，有优良的垂悬性和多微孔结构，吸湿性、导热性极好，尺寸稳定，色泽艳丽，抗静电，手感细腻、轻薄、柔糯。

竹纤维制品手洗、机洗、干洗皆可。

(2) 合成纤维制品的保养

合纤面料具有不霉、不蛀、耐腐蚀、保暖性好、色彩鲜艳、易洗易干的优点，也具有吸湿透气性差、易起静电、易起球等缺点。洗涤保养应注意两个方面：

一方面，合纤服装先在温水中浸泡 15 min，水温不宜超过 45 ℃，然后用低碱性洗涤剂洗涤，要轻揉、轻搓。领口、袖口较脏处，可用毛刷刷洗。洗后，可轻拧绞，不宜烘干，以免因热起皱。厚织物用软毛刷刷洗，轻轻拧干。

另一方面，收藏时应洗净、熨烫、晾干。由于合纤服装不宜虫蛀、霉变，存放时不放樟脑丸。但其混纺服装，收藏时应放少量的樟脑丸，并用纸包好，避免直接接触，否则会使合成纤维膨胀变形、发黏、强度下降。

① 涤纶制品保养。用冷水或温水洗涤，熨烫时应加盖湿布，温度在 120 ℃左右。

② 腈纶制品保养。腈纶耐酸不耐碱，洗涤时不可用力搓，熨烫温度在 150 ℃以下，过高会泛黄。纯腈纶织物不怕虫蛀，但混纺织物需放置樟脑丸。

③ 锦纶制品保养。可水洗，不可用力搓揉，低温熨烫。锦纶制品不易虫蛀，但与毛、棉等的混纺织物需放置樟脑丸。

④ 维纶制品保养。先用室温水浸泡，然后在室温下洗涤。采用一般洗衣粉。切忌用温开水，以免使维纶织物膨胀和变硬，甚至变形。洗后晾干，避免日晒。

⑤ 氨纶制品保养。冷水洗涤，可机洗。耐光性虽高，但在烈日下暴晒时间过长对颜色会有一定影响。纯氨纶不受虫蛀，但混纺织物需放置樟脑丸。

3. 其他类制品的保养

(1) 皮革类制品的保养

不可机洗，不可用力搓，不可烘干，不可接触尖硬物，不可接触火，避免剧烈摩擦，不可折叠包装。熨烫温度 110 ℃以下，蒸汽小心熨烫。洗后反面朝外晾干。

皮衣保存首先要考虑防蛀和防潮。洗涤干净和充分干燥的皮革衣物，可以不放防虫剂和干燥剂。不宜使用塑料袋密封保存，尤其在比较潮湿的地方。

皮革衣物保存时一定要悬挂，不可折叠码放。天气晴好时可以适当晾晒，干燥冷却后再收藏。

(2) 羽绒制品的保养

必须手洗，因为机洗会使羽绒不均匀，干洗会破坏羽绒的保暖性，使面料老化。最好使用中性洗涤剂，特别不能使用碱性洗涤剂，因为会使羽绒干燥、发硬，影响其蓬松度。洗衣粉的浓度不宜太高，漂洗后加白醋浸泡 10 min，中和洗衣粉的碱性。温水漂洗，30 ℃的温水，浸泡 10 min，溶解洗涤剂。不能拧干，不能暴晒，不能熨烫，干燥后轻轻拍打。

用透气性好的物品将羽绒服包好，存放在干燥处。雨季过后，要拿出来晾一晾，晾透后再收藏，防止霉变。切忌暴晒，以免面料老化褪色。

第二篇

运用篇

项目一

面料与辅料在正装设计中的应用

☞ **学习目标：**

- 熟知正装的特点、作用，了解不同面料对正装风格的影响
- 掌握正装的面料构成、面辅料的选配原则和方法
- 对比西装，分析中山装、民族服装等正装具有的特征，感悟这类中国传统服装蕴含的文化内涵
- 能根据正装特征，进行面辅料设计

扫码可
浏览彩图

任务引入

正装是最常用的一大类服装，主要适用于严肃的场合，而非娱乐和居家环境的装束，种类较多，如西服、中山装、民族服装等。如何合理选取面辅料，进行正装设计，才能更好地体现正装的庄重性和职业性等特点，是服装设计者的必学内容之一。

任务分析

① 了解正装的特点、正装面料的构成与面辅料的选用关系。

② 收集正装的种类、特征、穿着礼仪的信息资料。

③ 归纳正装用面辅料的种类和选用原则。

选择一款正装样式，要求画出服装效果图和款式图，并制定面料与辅料的选择方案。

相关知识

相关知识一　识别正装

正装，指的是正式场合（体现公众身份或职业身份的场合）的着装。

正装中，用于工作场合的职业装最多。通常，按照正装的穿着目的与用途的不同而具有不

同的含义：一是指有些单位按照特定的需要统一制作的服装，如公安制服、交警制服等；二是指人们自选的正式场合，如参加聚会、观看大型演出等场合穿着的服装；三是指人们在工作场合穿着的服装，有时也称作上班服。

一、正装的种类

人们穿着的正装主要包括西装、套装和衬衫等(图 2-1-1)。

图 2-1-1　各类正装

1. 西装

西装，一般指西式上装或西式套装，包括男西式套装以及与男西装式样类似的女式套装。西装根据其款式特点和用途的不同，一般可分为正规西装和休闲西装两大类：正规西装是指在正式礼仪场合和办公室穿用的西装；休闲西装是随着人们穿着观念的变化，在正规西装的基础上变化而来的，由于款式新颖时髦、穿着随意大方而深受青年人的喜爱。

2. 套装

套装是指两件套、三件套等多件组合的服装，与西装相比，既有差别又有相似之处，以女套装为主，可分为西装套装和时装套装两种，见图 2-1-2。

图 2-1-2　套装

3. 衬衫

衬衫也称衬衣，是人体上半身穿着的贴身衣服，指前开襟带衣领和袖子的上衣，一般可以分为正规衬衫和便服衬衫两大类。

男式正规衬衫的款式变化不多，设计重点一般放在衣领上。如今，翻领衬衫、纽领衬衫和立领衬衫比较流行。

女式衬衫有端庄文雅的硬翻领衬衫、简洁明快的无领衬衫、秀气脱俗的立领衬衫、适用面广的开领衬衫等。

二、正装的穿着礼仪及特征

服装穿着礼仪有如下原则：

① 注意场合。工作场合要求庄重保守，社交场合要求时尚个性，休闲场合要求舒适自然。

② 角色定位。要符合身份，体现个人的职业素质和风貌。

③ 扬长避短。特别要避短，如脖子短不宜穿高领衫，O形、X形身材的女性不宜穿短裤。

1. 西服特征

西服，是全世界最流行的服装，是正式场合着装的优先选择。居家、旅游、娱乐的时候，不必穿西装。根据国际惯例，参加正式、隆重的宴会，欣赏高雅的文艺演出时，应该穿着西装。

西装的主要特点是造型大方、选材讲究、做工精致，能够体现人们高雅、稳重、成功的气质，可以展示人们的职业、身份、品位。

一般来说，穿西装要遵循以下原则：

① 面料。一般选用纯毛面料或毛混纺面料。

② 色彩。一般为深蓝、灰、深灰等中性色。

③ 花纹。男西装只能是纯色或暗而淡的含蓄条纹。

④ 造型。这里指单排扣或双排扣。

⑤ 领带。穿西装一般应配领带。

⑥ 衬衫。着西装时，忌西装的袖子比衬衫长，忌衬衫下摆放在西裤外。

2. 套装特征

套装一般经过精心设计，有上下衣裤配套或衣裙配套，或外衣和衬衫配套，有两件套，也有加背心形成三件套。通常由同色同料或造型格调一致的衣、裤、裙等相配而成，其式样变化主要在上衣，通常以上衣的款式命名或区分。

配套服装过去多用同色同料裁制，现也采用非同色同料裁制，但套装之间的造型风格要求基本一致、配色协调，给人的印象是整齐、和谐、统一。

一般来说，穿套装要遵循以下原则：

① 尺寸适度。上衣最短可以齐腰，裙子最长可以至小腿中部，上衣袖长要盖住手腕。

② 注意场合。女士在各种正式活动中，一般以穿着套裙为好，尤其在涉外活动中。

③ 与妆饰协调。穿着打扮，讲究的是着装、化妆和配饰风格统一，相辅相成。

④ 兼顾举止。套裙最能够体现女性的柔美曲线、举止优雅和个人仪态等。

⑤ 须穿衬裙。穿套裙时一定要穿衬裙，衬裙的裙腰不能高于套裙的裙腰。

3. 衬衫特征

衬衫有领有袖，穿在内外上衣之间，也可单独穿用。上衣衬衫包含贴身穿衬衫、外穿衬衫以及与西装等配套穿着的衬衫三种。

正装衬衫用于礼服或西服正装的搭配，便装衬衫用于非正式场合的西服搭配，家居衬衫用于非正式西服的搭配，度假衬衫则专用于旅游度假。

相关知识二　正装面料的选用

随着人们生活质量的逐步提高，人们对纺织品的要求向“现代、美化、舒适、保健”发展，着重点是崇尚自然、注意环保。在服装面料的选用方面，应注意以下几点：

第一，纤维与纱线的种类、粗细、结构与服装档次一致；

第二，面料结构上，男装强调紧密、细腻，女装注重外观、风格；

第三，面料色彩和图案稳重、大方，适应面广；

第四，面料性能与服装功能相吻合。

一、正装面料的选用基本原则

1. 西装面料

(1) 西装面料的总体选择

男式西装面料以毛料为佳，具体视着装场合加以选择，精纺织物如驼丝锦、贡呢、花呢、哔叽、华达呢，粗纺织物如麦尔登、海军呢等。

(2) 不同款式西装的面料选择

中高档面料适合制作合体的职业男西装，而毛、麻、丝绸等面料则多制成宽松、偏长的休闲样式。

(3) 西装面料的图案与色彩选择

常用的图案有细线竖条纹，多为白色或蓝色。色彩的选用，深色系列如黑灰、藏青、烟火、棕色等，常用于礼仪场合穿着的正规西装，其中藏青最为普遍。当然，在夏季，白色、浅灰也是正式西装的常用色。

2. 套装面料

(1) 套装面料的总体选择

女套装常用的面料有精纺羊绒花呢、女衣呢、人字花呢等。对于毛织物，选料的要求是挺、软、糯、滑。除毛织物以外，棉、麻、化纤面料也可选用，如窄条灯芯呢、细帆布、条纹布等。

(2) 不同季节套装的面料选择

春、秋、冬季穿着的女式套装选用精纺或粗纺呢绒，常用精纺面料有羊绒花呢、女衣呢、人字花呢等，粗纺呢绒有麦尔登、海军呢、粗花呢、法兰绒、女士呢等。

夏季穿着的薄型套装面料主要为丝、毛、麻织物。丝哔叽、毛凡立丁、单面华达呢、薄花呢、格子呢是薄型女套装的理想用料。

(3) 套装面料的色彩选择

色彩宜选素雅、平和的单色，或以条格为主，如蓝灰色、烟灰色、茶褐色、石墨色、暗紫色等。

3. 衬衫面料

(1) 不同档次衬衫的面料选择

高档衬衫一般选用高支全棉、全毛、羊绒、丝绸等面料，普通衬衫一般选用涤/棉或进口化纤面料，低档衬衫一般选用全化纤面料或含棉量较低的涤/棉面料。

（2）男衬衫面料选择

男衬衫面料以全棉或涤/棉混纺为主，如全棉单面华达呢、凡立丁、花平布、条格呢、罗缎、细条灯芯绒和薄型涤/棉织物。全棉精梳高支府绸是正规衬衫用料中的精品，麻织物也常用作高档正规衬衫。中厚型衬衫可以选用真丝面料、全毛凡立丁、单面华达呢，也可以选用纯棉绒布和涤/棉织物。

（3）女式衬衫面料选择

质地轻柔飘逸、凉爽舒适的真丝织物是女式衬衫的理想面料，如真丝砂洗双绉、绸缎、软缎、电力纺、绢丝纺等。各种带新颖印花、提花及手绘花卉图案的真丝绸，更得女性青睐。棉、麻、化纤织物也是女式衬衫的常用面料，如府绸、麻纱、罗布、涤纶花瑶、涤/棉高支府绸、细纺及烂花、印花织物。

二、面辅料在正装中的运用

1. 面辅料在西装中的运用

精纺毛料以纯净的绵羊毛为主，亦可用一定比例的毛型化学纤维或其他天然纤维与羊毛混纺，通过精梳、纺纱、织造、染整而制成，是高档的服装面料。按面料的成分可分为纯毛、混纺、仿毛三种。

（1）纯羊毛面料

① 纯羊毛精纺面料。此类面料大多质地较薄，呢面光滑，纹路清晰，光泽自然柔和，有膘光，身骨挺括，手感柔软，弹性丰富。紧握呢料后松开，基本无折皱，即使有轻微折痕，也可在很短时间内消失（图 2-1-3）。

图 2-1-3　纯毛精纺面料在西装中的应用

② 纯羊毛粗纺面料。此类面料大多质地厚实，呢面丰满，色光柔和而膘光足，呢面和绒面类不露纹底，纹面类织纹清晰丰富，手感温和、挺括而富有弹性（图 2-1-4）。

图 2-1-4　纯毛粗纺面料在西装中的应用

图 2-1-5　毛/涤面料在西装中的应用

（2）羊毛混纺面料

① 羊毛与涤纶混纺面料。阳光下表面有闪光点，缺乏纯羊毛面料柔和的柔润感，面料挺括，但有板硬感，并随涤纶含量的增加而增加，弹性较纯毛面料好，但手感不及纯毛和毛/腈混纺面料。紧握呢料后松开，几乎无折痕（图 2-1-5）。

② 羊毛与黏胶混纺面料。光泽较暗淡。精纺类手感较疲软，粗纺类则手感松散。这类面料的弹性和挺括感不及纯羊毛和毛/涤、毛/腈混纺面料。若黏胶含量较高，面料容易折皱(图 2-1-6)。

图 2-1-6　毛/黏面料在西装中的应用

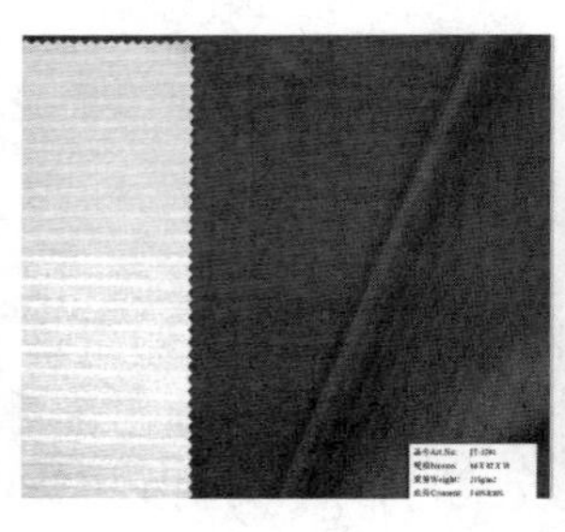

图 2-1-7　纯化纤仿毛面料在西装中的应用

(3) 纯化纤仿毛面料

传统的仿毛面料以黏胶、腈纶为原料，光泽暗淡，手感疲软，缺乏挺括感。由于弹性较差，极易出现折皱，且不易消退。此外，这类仿毛面料浸湿后发硬变厚。随着科学技术的进步，仿毛产品在色泽、手感、耐用性方面有了很大的进步。

高档西装的面料多选用质地上乘的纯毛花呢、华达呢、驼丝锦等容易染色、手感好、不易起毛、富有弹性、不易变形的面料；中档西装的面料主要有羊毛与化纤混纺织品，具有纯毛面料的属性，价格比纯毛面料便宜，洗涤后便于整理(图 2-1-7)。

(4) 西装辅料选择

西装辅料主要有里布、衬布、垫料等。其中，里布常用羽纱(绸缎中的斜纹织物)、美丽绸(牢度不及羽纱、细斜纹、有光彩软缎)、电力纺、纺绸。常用衬料有黏合衬、黑炭衬、马尾衬、牵带等。常用垫料有胸绒衬、垫肩(肩棉)、弹袖棉、领底呢。如图 2-1-8～图 2-1-13 所示。

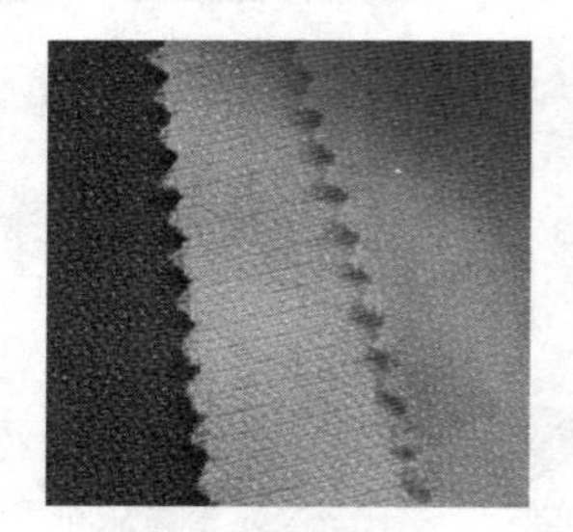

图 2-1-8　黏合衬

图 2-1-9　黑炭衬

图 2-1-10　牵带

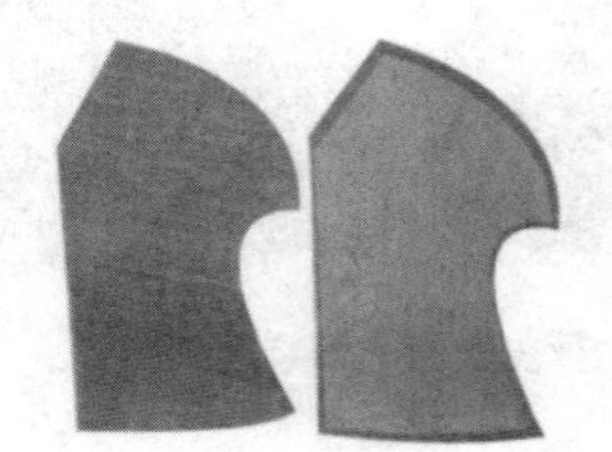

图 2-1-11　胸绒衬

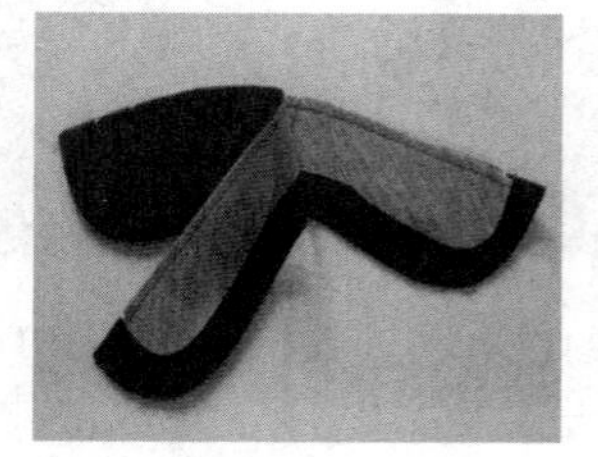

图 2-1-12　弹袖棉

图 2-1-13　领底呢

此外，辅料选择受西装流派的影响。如：美国型的特点是重视功能性，肩部不用过高的垫肩，胸部也不过分收紧，形态自然，而且多使用伸缩自如的针织或机织面料；欧洲型更重视服装的优雅性，肩垫、胸垫多使用较厚的面料，通常采用全里；英国型与欧洲型类似，但肩部与胸部不那么突出，穿起来有绅士味。

2. 面辅料在套装中的运用

(1) 套西面料选用

套西面料主要选择精致高档的全毛面料，部分选用羊毛与丝混纺、羊毛与羊绒混纺及羊毛结合黑亮丝的时尚面料(图 2-1-14～图 2-1-16)。

图2-1-14　舍味呢(纯毛)

图 2-1-15　马裤呢(毛/涤)

图2-1-16　大衣呢(毛/羊绒混纺)

① 羊毛面料。具有良好的回弹性、悬垂性和挺括性，轻薄、透气，手感舒适，表面光滑平直，富有光泽，织物结构紧密。

② 羊毛与丝混纺的面料。光泽柔和明亮，回弹性良好，轻薄、透气，表面光洁细腻，具有良好的吸湿、散湿性能，手感滑爽柔软，质感饱满，高雅华贵。

③ 羊毛与羊绒混纺的面料。手感柔软、滑糯，质地轻薄，富有弹性，色泽柔和，吸湿、耐磨，且十分保暖。

④ 羊毛与涤纶混纺的面料。除具有羊毛的良好品质及柔软手感外，兼具涤纶优良的弹性和回复性，面料挺括，不起皱，保形性、耐光性好，强度高，弹性好。

(2) 单西面料选用

① 羊毛面料(特点同套西)。

② 全棉面料。具有良好的吸湿透气性，手感柔软，穿着舒适。棉的外观朴实，富有自然的美感，光泽柔和，染色性能好，可塑造丰富的肌理效果。

③ 棉与莫代尔混纺的面料。莫代尔纤维将天然纤维的舒适性与合成纤维的耐用性合二为一，与棉混纺，具有较好的染色效果，织物颜色明亮饱满，且手感舒适、柔软。

④ 羊毛与丝混纺的面料(特点同套西)。

⑤ 羊毛与羊绒混纺的面料(特点同套西)。

(3) 套装辅料选用

穿套裙的时候一定要穿衬裙。特别是穿丝、棉、麻等薄型面料或浅色面料的套裙时，假如不穿衬裙，就很有可能使内衣"活灵活现"。

女式套装在面料选配方面较男西装更为讲究。用于男西装的面料均可用于女式套装，只是男装要求同色配套，而女式套装可以在不同色套之间进行搭配，不同颜色之间也可以互相映衬。

此外，具有垂顺感和舒适手感的面料已成为职业女装的新宠，它们都具有平整、易打理的特点。在面料上，采用水洗、免烫等休闲面料，可使服装外形坚挺又易于保养。在花色上，彩色、几何图案的运用，使整体风格显得自然随意。

3. 面辅料在衬衫中的运用

衬衫面料是衬衫用面料的总称，主要指薄而密的棉制品、丝绸制品等。男衬衫的常见面料主要有府绸、细平布、精纺高支毛型面料等(图 2-1-17、图 2-1-18)。

(1) 棉、麻类面料

① 纯棉面料。

② 麻类面料。质朴，悬垂性较好，但有刺痒感。目前出现了高支麻纱，通过纺纱或后期整理工艺，麻类面料改变了以往粗、硬、厚及色彩单纯的特点，逐步形成了轻薄、柔软、细腻和花样丰富的风格，同时麻类服装具有凉爽透气、卫生保健的优点，市场应用越来越广，衬衣是其中之一(图 2-1-19)。

图 2-1-17　丝光棉衬衣

图 2-1-18　涤/棉衬衣

图 2-1-19　麻类衬衣

(2) 真丝面料

真丝面料质地轻柔飘逸、凉爽舒适，是女士衬衫的理想面料(图 2-1-20)。如真丝砂洗双绉、真丝绉缎、软缎、电力纺、钢丝纺等，均有选用。各种印花、提花及手绘真丝绸，更得女性青睐。

图 2-1-20　真丝衬衣

(3) 衬衫辅料选择

衬衫面料以纯棉、真丝等天然质地为主，讲究剪裁合体贴身，领和袖口内均有衬布，以保持挺括效果。

西式衬衫的领讲究而多变。领式按翻领前的八字形区分，有小方领、中方领、短尖领、中尖领、长尖领和八字领等。其质量取决于领衬材质和加工工艺，以平挺不起皱、不卷角为佳。用作领衬的材料有各种规格的浆布衬、贴膜衬、黏合衬和插角片等，其中以用双层黏合衬的平挺复合领为上品，其次为树脂衬加领角贴膜衬。

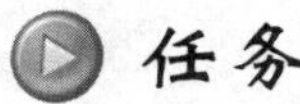

任务实施

正装面辅料应用设计

请根据市场上的正装流行品牌(男女装不限)进行调研，设计一款正装，制作面辅料表。

要求：① 根据设计款式进行面辅料市场调研，收集合适的面辅料样板。

② 将面辅料样板贴在表格中，并填好相关信息。

③ 表格用 A4 卡纸制作(含款式图)。

示例：男西装方案设计

男西装三粒扣双衩

面辅料表

	粘贴样板	名称	用量	单价
面料	面料			
辅料	里布			
	袋布			
	纽扣			
	衬			
	主唛			
	洗水唛			
	尺码/CO 唛			
	其他辅料			

总成本价：
设计者：

项目二

面料与辅料在休闲装设计中的应用

☞ 学习目标：
- 熟知休闲装的特点、作用，了解不同面料对休闲装的影响
- 掌握休闲装面料构成，面辅料的选配原则和方法
- 能根据休闲装特征进行面辅料方案设计

扫码可
浏览彩图

任务引入

休闲装也是人们日常生活中常用的一大类服装，主要指娱乐和居家环境穿着的服装，种类较多，如T恤、夹克、套衫、休闲裤等。如何合理选取面辅料，进行休闲装设计，才能更好地体现休闲装的随意、舒适等特点，是服装设计者必学内容之一。

任务分析

① 了解休闲装的特点，休闲装面料的构成与面辅料的选用关系。
② 收集休闲装的种类、特征、穿着礼仪的信息资料。
③ 归纳休闲装面辅料的种类和选用原则。
选择一款休闲装样式，要求画出服装效果图和款式图，并制定面料与辅料的选择方案。

相关知识

相关知识一　识别休闲装

休闲装又称便装，表达人们在现代生活中随意、放松的心情，风格简洁、自然，通常在轻松自如、自由自在的休闲生活中穿着。

休闲服装是用于公众场合穿着的舒适、轻松、随意、时尚、富有个性的服装。由于休闲服装的风格特性不同，选用面料的要求也有所不同，总的原则是以轻盈、柔软、悬垂、质朴的风格为主。

一、休闲装的种类

随着休闲活动内容的不断丰富，休闲服装的种类很多，按照风格特性可分为以下几种：

1. 前卫休闲装

运用新型质地的面料，风格偏向未来型。如用闪光面料制作的太空衫，是对未来穿着的想象(图 2-2-1)。

2. 运动休闲装

具有明显的功能性，使人们在休闲运动中能够舒展自如，因良好的自由度、功能性和运动感而赢得了大众的青睐。如全棉 T 恤、涤/棉套衫、运动鞋等(图 2-2-2)。

3. 浪漫休闲装

以柔和圆顺的线条、变化丰富的浅淡色调、宽宽松松的超大形象，营造出浪漫的氛围和休闲的格调(图 2-2-3)。

图 2-2-1　前卫休闲装

图 2-2-2　运动休闲装

图 2-2-3　浪漫休闲装

4. 古典休闲装

构思简洁单纯，效果典雅端庄，强调面料的质地和精良的剪裁，显示一种古典美。

5. 民俗休闲装

巧妙地运用民俗图案和蜡染、扎染、泼染等工艺，具有浓郁的民俗风味(图 2-2-4)。

图 2-2-4　民俗休闲装

6. 乡村休闲装

讲究自然、自由、自在的风格，服装造型随意、舒适，用手感粗犷而自然的材料，如麻、棉、皮革等制作而成，是人们返朴归真、崇尚自然的真情流露。

二、休闲装的特征

休闲服装的本质特点在于“休”与“闲”，具体表现如下：

1. 舒适与随意性

穿着时舒适不刻板，突出服装整体设计的人性化。

2. 实用与功能性

实用性与功能性是休闲服装的最大特点。如服装可以挡风，可以防水，可以保暖；再如多层拉链，防浸水的口袋设计，可放可收的帽子，等。

3. 时尚与多元性

面料的多元化使休闲服装具有基本实用功能的同时，不失时尚、流行性。

休闲服设计，应突出功能性，款式要求简洁、轻便、舒适。为了加强休闲气氛，服装造型要富有趣味性，可以大胆地发挥想象力，使造型结构丰富多变、活泼诙谐。服装轮廓常用几何形及仿生造型法进行设计。服装结构常使用拼接法、分割法以及领、袋、袖等部位的装饰法予以变化，以增添情趣与美感。休闲服应选择耐洗、吸湿性强的面料进行制作。面料的色彩图案需与活泼、轻松的悠闲气氛相协调，常采用大胆、鲜艳、明亮的原色系色彩，图案多取材于风景、贝壳鱼虫、花草水果等。

相关知识二　休闲服装面辅料的选用

根据穿着场合，休闲服可以分为休闲时尚服、休闲职业服、休闲运动服；根据季节可分为春秋季服装和夏冬季服装。在面辅料选用方面应注意以下几点：

第一，面辅料应使用符合国际、国家、行业和地方标准规定的产品；

第二，除特殊风格的产品，辅料应与面料配伍；

第三，面料色彩应紧跟时尚，丰富多彩；

第四，休闲运动服的面料应具有功能性。

一、休闲服面料的选用基本原则

1. 休闲时尚服面料

(1) 休闲时尚服面料的总体选择

休闲时尚服的面料丰富多样，如针织面料、机织面料、皮革、毛皮、人造革、非织造布等，以及经过涂层、闪光、轧纹等特殊处理的面料，体现时尚与前卫。可以单一组成，也可以拼接组合，但多以下一年度流行趋势的面料为主。

(2) 不同季节休闲时尚服的面料选择

春、秋季节的气温比较适宜，应采用天然纤维(如棉、蚕丝、羊毛)及化学纤维面料，中高档的休闲服采用皮革、毛皮。

夏、冬季的气温差别较大，夏季应用吸湿放湿性和导热性较好、捻度高、手感挺爽的面料，如麻、棉、蚕丝、再生纤维素纤维和改性化学纤维制成的面料，针织面料的选用较机织面料多；冬季应用透湿透气性和保暖性好、手感柔软蓬松的面料，如棉、羊毛、羊绒和化学纤维制成的面料，外套类以机织面料为主，毛衫类以针织面料为主，填充物以絮用纤维或羽绒为主。

(3) 休闲时尚服的色彩选择

休闲时尚服的色彩应用当季流行的元素。春秋季节多用暖色系，如红色、黄色、粉色等；夏季多用冷色系，如蓝色、绿色等；冬季多用暖色系，也可以用冷色系，如黑色、黄色等。

2. 休闲职业服面料

(1) 休闲职业服面料的总体选择

休闲职业服常用的面料有：棉型面料，如卡其布、华达呢、斜纹布、灯芯绒等；麻型面料，如涤/麻混纺织物；毛型面料，如薄哔叽、凡立丁、派力司等；丝绸面料，如双绉、碧绉等；化学纤维面料，如莱赛尔、莫代尔、改性腈纶等。

(2) 不同季节休闲职业服的面料选择

春、秋、冬季穿着的休闲职业服一般选用卡其布、华达呢、斜纹布、灯芯绒、摇粒绒等织物；夏季休闲职业服一般选用凡立丁、派力司、薄哔叽、双绉、碧绉等织物。

(3) 休闲职业服面料的色彩选择

休闲职业服的色彩以近似色和同类色、对比色为主，多为浅亮明快的色彩，如淡蓝色。

3. 休闲运动服面料

休闲运动服一般选用针织面料和机织面料，其中针织面料的应用最为广泛，如平针织物、网眼织物、绒类织物等。

由于休闲运动服兼有休闲和运动两个特点，因而，在不同场合，有不同的功能性要求，如夏季户外运动时，面料应具有吸湿、速干、防紫外线等功能。

二、面辅料在休闲服中的具体运用

1. 面辅料在日常休闲服中的具体运用

(1) T恤衫(夏季)

T恤衫的原料很广泛，一般有棉、麻、毛、丝、化纤及其混纺织物，尤以纯棉、麻或麻棉混纺为佳，具有透气、柔软、舒适、凉爽、吸汗、散热等优点(图2-2-5～图2-2-7)。

T恤衫常为针织品，但由于消费者的需求在不断地变化，其设计也日益翻新。丝光棉质T恤，色泽鲜明光亮，质地自然，柔软舒适，吸湿透气，手感顺滑，悬垂性特强。麻质T恤有吸

图2-2-5 麻质T恤

图2-2-6 棉质T恤

图2-2-7 丝质T恤

湿、散湿速度快的特点，苎麻、亚麻织物穿着凉爽、舒适。真丝面料轻薄、柔软，贴服舒适，受人推崇。仿真丝绸、砂洗真丝绸、绢纺绸也是T恤衫的理想面料。

(2) 夹克、风衣类（春秋季）

夹克是春秋季较为普遍穿着的一类服装，深受男士的喜爱。夹克的真正含义是男人的一种自我表达，一种生活观念，一种工作态度。一件有思想、有灵魂的夹克——不仅仅是一件衣服。

夹克比较常规的面料是涤/棉或全棉。将特殊面料融入夹克的设计，是夹克发展的一种趋势。现多采用记忆和仿记忆及涂层面料，涂层面料具有涂层紧密、防水功能优、抗皱能力强、衣服挺直的特性。图2-2-8(a)～(c)所示为夹克设计实例。

夹克实例一(a)：采用锦纶材料，其耐磨性能居各类织物之首，吸湿性和弹性优。

夹克实例二(b)：采用珠地面料，珠地布是针织布料的一种，透气、透湿、干爽、耐洗，外观粗犷。配料可以是全棉或棉混纺，也可以是化纤。

夹克实例三(c)：采用记忆面料，具有形态记忆功能，制成的服装不用外力支撑，能独立保持任意形态以及可呈现任意折皱，用手轻拂即可完全回复平整状态，不会留下折痕。

图2-2-8(a) 全锦纶面料夹克

图2-2-8(b) 珠地面料夹克

图2-2-8(c) 记忆面料夹克

风衣是一种能遮风、挡雨、御寒的长外套，如图2-2-9(a)、(b)所示。风衣向来是秋季时尚的主旋律，除其功能外，展现更多的是一种时尚。色彩上以卡其绿为基调，以藏青色、蓝色、灰色、米色、咖啡色为主，非常便于与正装搭配，塑造出稳重、亲切却不沉闷的感觉。面料采用以棉为主的混纺面料，既有棉的舒适性，又非常便于洗涤。

图2-2-9(a) 防水布在风衣中的应用

图2-2-9(b) 麂皮绒在风衣中的应用

此外，为使服装具有更好的防风雨性能，除选择合适的面料外，还需在设计上下功夫，如：在衣服接缝处压一层胶，防止雨水浸入；采用斜型口袋并带防雨翻盖；在袖隆下方增加拉链，以便运动时可以拉开透气；等等。在辅料选择上，一般选用保护性的魔术贴、带扣及单头闭尾拉链等。

(3) 休闲裤、牛仔服

① 休闲裤。休闲裤，面料舒适，款式简约。对于一年四季都穿裤装的男士而言，休闲裤是首选服装。

休闲裤的款型大体上分为三种。第一种是多褶型休闲裤，即在腰部前面设计数个褶。这种裤型几乎适合所有穿着者，无论体型胖瘦。第二种是单褶型休闲裤，即在腰部前面对称地各设计一个褶。相比前者，裤型较为流畅，并且具有一定的"扩容性"，较为流行。第三种是裤型休闲裤，即欧版裤型，即腰部没有任何褶，看上去颇为平整，显得腿部修长。现实生活中主要指以西裤为模板，在面料、板型方面比西裤随意、舒适，颜色更加丰富多彩的裤子。

休闲裤面料以棉、天丝/棉、涤/棉为主，另有新型高科技面料，如吸湿排汗涤纶(凉爽玉)涤和全天丝的高档面料(图 2-2-10)。

休闲裤实例一：天丝、涤、棉多种成分组合，互补了各自的缺点，经过丝光处理，使产品手感柔软，不易折皱，穿着舒适，质感与垂性自然。

休闲裤实例二：全天丝，纤维性能独特，对人体有抗菌效果，透气凉爽，手感舒适，易打理。

休闲裤实例三：吸湿排汗纤维面料，采用仿毛工艺，经过磨毛加工，产品柔软，不易收缩变形，排汗透气，能够保持人体皮肤干爽、舒适。

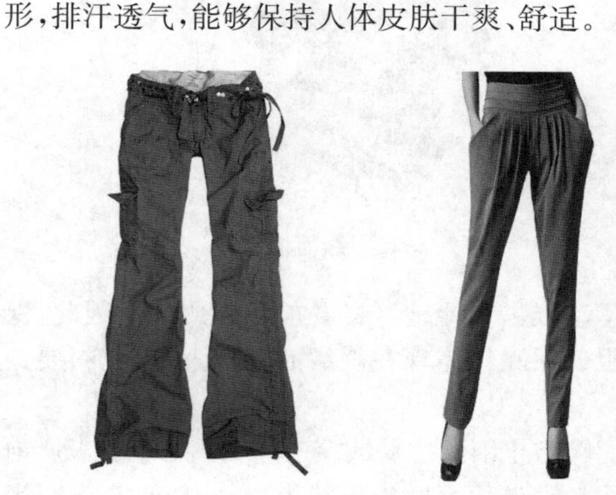

(a)全棉面料休闲裤　(b)天丝混纺面料休闲裤　(c)吸湿排汗休闲裤

图 2-2-10　各类面料的休闲裤

② 牛仔服。牛仔服按是否经水洗工艺可分为原色产品和水洗产品。原色产品是指只经退浆、防缩整理，未经洗涤方式加工整理的服装；水洗产品是指经石洗、酶洗、漂洗、冰洗、雪洗等或多种组合方式洗涤加工整理的服装，不同的水洗工艺给牛仔服装带来不同的颜色和风格，让牛仔服装变得多姿多彩(图 2-2-11～图 2-2-13)。一般而言，高档牛仔服装的质地柔软舒适，布面光洁，手感滑爽。

牛仔服装的辅料主要有里布、衬布、纽扣、拉链、铭牌等。其中，纽扣常用四合扣、工字扣(俗称牛仔扣)、揿扣、撞钉等。

图 2-2-11 原色牛仔

图 2-2-12 印花仿麂皮牛仔

图 2-2-13 水洗毛须牛仔

(4) 棉服、羽绒服类(冬季)

棉服是在冬季严寒的环境下进行户外运动或去高原地区必备的保暖服装,指内部填充棉花、羽绒等物料,用于御寒的服装。

棉服的面料一般采用具有防风性能的纯棉(高密织物)、涤纶、锦纶等面料。图 2-2-14 所示为亮面棉服,采用涂层涤纶面料,仿 PU 皮效果,保暖防风。图 2-2-15 所示棉服为儿童装,采用缎面,舒适柔软。

图 2-2-14 仿 PU 棉服

图 2-2-15 缎面棉服

羽绒服也是在冬季严寒的环境下进行户外运动或去高原地区必备的保暖服装。因此,保暖性对于羽绒服而言是首要的性能要求。羽绒服的保暖性体现在羽绒的品质上,填充料要选用含较多绒毛且蓬松度高的羽绒。

羽绒服的面料应防风拒水、耐磨耐脏,还要能够防止细微的羽绒穿透外飞。对于要求质地紧密、平挺结实、耐磨拒污、防水抗风的羽绒服,面料宜选用手感较硬的织物,一般有高支高密的卡其、斜纹布、涂层府绸、尼丝纺以及各式条格印花布等(图 2-2-16、图 2-2-17)。

图 2-2-16 高密卡其

图 2-2-17 涂层府绸在羽绒服中的应用

2. 面辅料在休闲职业服针织衫产品中的运用

针织衫按成分可分为低含毛或仿毛类针织衫、高含毛类针织衫及羊绒针织衫，按纺织工艺可分为精梳针织衫、半精梳针织衫和粗疏针织衫，按织物组织可分为平针针织衫、罗纹针织衫、双反面针织衫、提花针织衫、镂空针织衫、经编针织衫等(图 2-2-18～图 2-2-20)。

用于职业场合的针织衫，在款式设计上要突出面料的独有质感和优良的性能。为打造干练清爽的职场形象，应采用流畅的线条和简约的造型，强调针织衫特有的舒适自然。在此基础上，面料的选择就非常重要。

(1) 平针组织面料

平针组织面料的正面较为光洁，其反面较正面黯淡，因而一般利用平针组织的正面进行设计，但利用反面设计的休闲毛衫也很常见。为突出面料的特点，一般利用细针平针组织织纹不明显的特点来表现细腻感强、悬垂性好或需要打褶的面料风格，用粗针平针表现朴素粗犷的风格。

(2) 罗纹组织和双反面组织布料

在平针、罗纹、双反面、双罗纹这四种基本组织中，横向延伸性最好的是罗纹，纵向延伸性最好的是双反面组织。利用这一特性，可以在针织衫的下摆、袖口、领子等边口部位以及其他容易拉伸的地方采用罗纹组织，在门襟、领子、下摆、袖口及局部的装饰部位采用双反面组织。

图 2-2-18 镂空针织衫

图 2-2-19 提花针织衫

图 2-2-20 绒线针织衫

3. 面料在休闲运动服中的运用

休闲运动服采用较多的是针织面料，其次是机织面料。在成分上，化学纤维较天然纤维更为常用。由于休闲运动服多在运动时穿着，因此，面料的不同功能赋予运动服不同的特点(图 2-2-21、图 2-2-22)。

(1) 弹力休闲运动装

弹性织物依据含有弹性纤维的多少可分为高弹织物、中弹织物和低弹织物。目前，对弹力织物还无相关的国家或行业标准。依据杜邦公司规定：高弹织物是指拉伸率为 30%～50%且回复率降低小于 5%～6%的织物；中弹织物是指拉伸率为 20%～30%且回复率降低小于 2%～5%的织物；低弹织物是指拉伸率小于 20%的织物。

(2) 吸湿快干面料运动装

吸湿快干面料不仅具有优良的手感柔软和透气性佳等特性，而且具有快速导湿、散湿的特点，在运动量大时更能获得良好的舒适性。吸湿快干面料一般由四种方式获得：一是改变化学纤维结构；二是改变纤维的物理形态，如中空、沟槽、异形截面、超细化等纤维差别化技术的运用；三是合理地设计织物组织结构；四是采用适当的后整理技术（包括涂层整理加工）。

图 2-2-21 弹力面料休闲运动服

图 2-2-22 吸湿快干面料运动服

任务实施

休闲装方案设计

➢实施目的

① 了解不同类型的面料对休闲装设计（款型、外观、性能等）的影响。

② 熟练掌握辅料的作用，根据休闲装的特点合理选配辅料。

➢实施内容

① 面料选用：描述选定面料的原料、风格、色彩等基本信息。

② 辅料选用：描述选定辅料的种类、材质、用途、色彩等基本信息。

示例：休闲裤方案设计

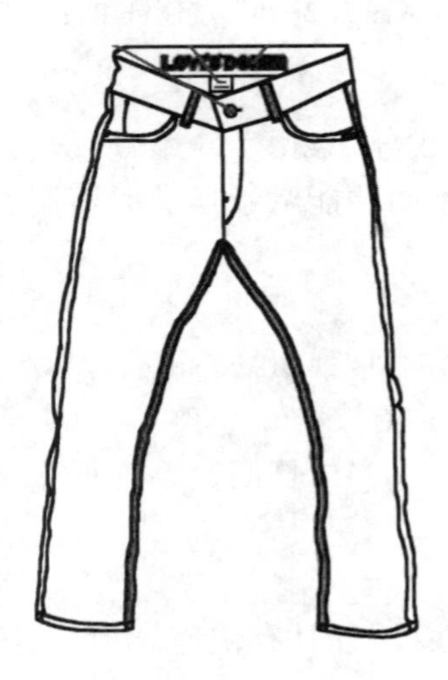

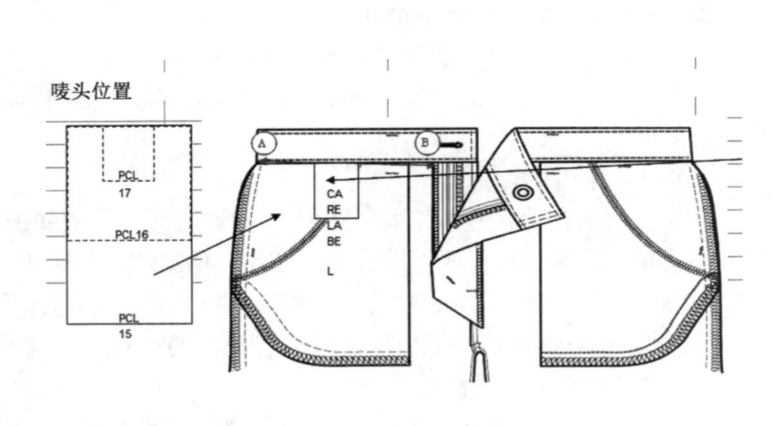

物料明细表

面辅料描述	物料编号	颜色	用量	位置
面料	NY2360	蓝色	1.423	—
主唛	WLB286B	—	1	车于后中内裤头，外露止口 1″
后袋唛	TAB005	红色	1	车于右后袋，距袋顶 1″
尺码/CO 唛	PCL16B	白色	1	车于穿衣者左侧腰头顶 A 与 B 中间
洗水唛	PCL15-101	白色	1	车于“尺码/CO 唛”底下
ID 唛	PCL17	白色	1	车于“洗水唛”底下
32L 工字纽	BTN992	银色(WH-7)	1	前中(洗后)
15L 撞钉	BTN993	银色(WH-7)	5	左右前袋各 2 粒＋右表袋 1 粒(洗后)
4YG 金属拉链	YKK560	黄铜色牙齿，蓝色底布	1	前中
衬	2800	白色	2.375y/打	腰头
袋布	PT260	原白	1.998y/打	两个前袋布
皮牌	PCH511	棕色	1	腰头(洗后车)
挂牌	PLB888	—	1	挂于右后侧耳仔
UVM 牌	STK330	—	1	用 1.5 cm 白色胶针订于后腰头距皮牌 1/4″处
洗水牌	PPLB859B	—	1	—
价钱牌	LB-03	—	1	—

面辅料贴样

面料	衬	袋布	主唛
后袋唛	尺码/CO 唛	洗水唛	ID 唛
32L 工字纽	15L 撞钉	4YG 金属拉链	皮牌
挂牌	UVM 牌	洗水牌	价钱牌

项目三

面料与辅料在运动装设计中的应用

☞ **学习目标：**

- 熟知运动装的特点、作用，了解不同面料对运动装的影响
- 掌握运动装面料构成，面辅料的选配原则和方法
- 熟悉中国运动服品牌，掌握最新纺织科技，有意识地将新型纺织面料融入运动装设计
- 能根据运动装特征进行面辅料方案设计

任务引入

运动装也是人们日常生活中常用的一类服装，种类较多，如运动服、运动裤等。如何选取面辅料，进行运动装设计，才能更好地体现运动装的随意、舒适等特点，是服装设计者必学内容之一。

任务分析

① 了解运动装的特点，运动装面料的构成与面辅料的选用关系。
② 收集运动装的种类、特征、穿着礼仪的信息资料。
③ 归纳运动装面辅料的种类和选用原则。
选择一款运动装样式，要求画出服装效果图和款式图，并制定面料与辅料的选择方案。

相关知识

相关知识一　运动装概述

从 20 世纪 80 年代起，运动服装市场迅速发展。运动服装既可在体育运动时穿着，也可在日常运动时间穿着，其适用范围十分广泛，涵盖男装、女装和童装。

一、运动服装的种类

运动服装可以分类三类：一类是专业从事体育运动时穿着的服装，也叫体育运动服（图 2-3-1）；第二类是日常运动时穿着的服装，叫作运动便装（图 2-3-2）；第三类是户外运动时穿着

的服装，称为户外运动服（图 2-3-3）。

图 2-3-1 体操运动服

图 2-3-2 运动便装

图 2-3-3 户外运动服

二、运动服装的特征

运动服装所有的特性必须适应运动时的需要，专业运动服装也需满足运动竞赛环境和观众欣赏的需求。

现在的运动服装更趋向于轻薄、柔软、耐穿且易洗快干和具有一定的功能性，主要表现在能最大程度地提高服装的舒适性、保护性和功能性。概括起来，运动服装具有以下特征：

① 服装面料的舒适性和功能性。

② 服装款式的简约性。

③ 服装色彩的鲜艳性。

④ 服装造型的合体性。

⑤ 服装结构的协调性。

三、运动服装的功能性

随着科技的发展，各种具有不同功能性的纤维和织物不断涌现。由于这些纤维和织物具有很好的实用性，又能很好地保护人体健康，而且能在运动时给人们带来舒适感，因此在运动服装上也得到了广泛应用。功能性面料具有某种特殊功能或适应某种特殊用途，主要通过纤维功能化和后整理功能化而获得。一些功能介绍如下：

1. 吸湿速干、凉爽功能

吸湿速干、凉爽已是一些运动服装的基本功能。对面料进行功能性整理或对纤维进行改性处理，使得服装在运动时有很好的吸湿速干或凉爽性。如春夏季节的气候潮湿闷热，人在运动时极易出汗，贴身衣物需要满足汗液快速蒸发及肌肤快速干爽的需求，吸湿速干服装就是很好的选择。

2. 面料的保暖性

在温度较低的环境下进行运动，服装的保暖性显得尤为重要。采用好的保暖面料，既可以帮助人们抵御寒冷，同时保护身体，又不显得臃肿，且便于运动。

3. 防水透湿功能

户外运动服装要求具有“呼吸”功能，能确保在户外活动时人体散发的汗液透过织物排出体外，同时可防止受到雨雪的侵袭，如Gore-tex的层压织物制成的防水透湿服装。

4. 高弹性和耐磨性能

人们在户外运动时，可能会做一些幅度较大的动作，高弹性的服装面料可以增大关节和肌肉活动的范围，提高运动的舒适性。聚氨酯弹性纤维就是户外运动服装中被广泛采用的人造弹性纤维。一些户外运动服装的耐磨性能也极为重要，如杜邦公司开发的Cordura纤维是一种喷气变形高强力锦纶，其产品质轻、抗磨、耐穿，耐磨性是一般喷气变形锦纶的2倍，非常适用于制作结实耐穿的户外运动服装。

5. 面料的防护性能

户外运动服装还应具备一些安全防护性能，如防静电、防辐射、防紫外线等。如在跳伞或携带有精密电子仪器的运动中，服装摩擦产生的静电可能会干扰运动，甚至带来严重后果。

6. 面料的抗菌性、防臭性

人们在运动时会产生大量的汗液，造成皮脂腺大量分泌，在适宜的温湿度环境下，微生物就会大量繁殖。抗菌面料、防臭面料的产生，使人们在享受运动的同时也能保证健康和身心愉悦。

相关知识二　运动装的面辅料构成与应用

运动服装面料，需满足人体需求，强调运动舒适性，以舒适、坚牢为原则。传统运动服装是通过放大尺寸等手段来增加穿着舒适度和透气性的。现在的消费者在选购运动装的同时更注重服装的品质和穿着的舒适性。在面辅料选用方面应注意以下几点：

第一，运动服应注重面料的舒适性和功能性，要求根据不同的运动项目或穿着场合选择相适应的面料；

第二，面料的色彩要鲜艳夺目，与运动员积极向上的精神面貌、健美的飒爽英姿相协调，同时便于比赛、表演时观看和区分；

第三，除特殊风格的产品，辅料应与面料配伍；

第四，面辅料的内在质量、外观质量和相应功能特点应符合国际、国家、行业和地方标准的规定。

一、运动服装常用的纤维及其面料构成

1. 运动服装面辅料的选用基本原则

(1) 运动服装面料的选用原则

由于各项体育运动之间的要求差别很大，选择面料时对性能的要求不同，大致有以下要求：

① 力学性能。运动服装面料的力学性能中，最重要的是面料需要具有与运动量相适应的伸长能力和复原性。另外，顶破性、撕裂性、拉伸性、磨损性、断裂性也是很重要的力学性能。

② 舒适性。运动服装面料要有扩散体温、散发汗液的性能。针对不同发热点，使用不同的面料和工艺，可赋予身体的关键部位良好的散热效果。如腋下部位可拼缝网眼布料，以增加透气性。

③ 防护性。穿着运动裤在体育馆的地板上滑动时，裤子与地板剧烈摩擦后会发热，如为合成纤维，则容易发生纤维熔融事故。此时，必须在运动服装的内层采用天然纤维织物，以防止灼伤人体。

④ 耐用性。运动服装的面料具有耐久性能，以保证在运动训练和比赛时面料性能和材质不变。面料耐用性能的选择，应根据多种机能综合性的变化全盘考虑，区分主次位置。

⑤ 根据运动特征选择面料。运动时，运动环境和运动本身的速度性、方向性，都对运动服装的面料选择有很大的影响。

(2) 运动服装辅料的选用原则

① 专业运动服装的辅料选择。专业运动服的辅料主要是为了加强服装的机械性，因此辅料的选择从性能的角度出发，即以力学性能定辅料，主要包括里料、填充料、黏合剂、线带材、纽扣类、装饰料等。

② 运动便装的辅料选择。运动便装的辅料选择主要考虑功能性和装饰性。功能性主要通过功能性辅料来实现，材料以塑料为主，以实现轻巧感；品牌标、拉链头、吊钟类辅料，往往更具有设计性和时尚性，起画龙点睛的作用。

2. 运动服装常用的功能性纤维及面料

各种各样的功能性纤维或面料运用于运动服装中，这些功能赋予运动服装诸多特殊的性能，使得使用者穿着时具有很好的舒适性、防护性、卫生性。

(1) 运动服装中具有舒适性的功能性纤维及产品

① 远红外纤维及产品。远红外纤维是指向纤维基材中加入在常温下具有远红外辐射功能的陶瓷微粉制成的保暖纤维。纤维基材有聚酯纤维、聚酰胺纤维、聚丙烯纤维等合成纤维。添加的陶瓷微粉粒径通常为 0.5 μm 以下，一般都是金属氧化物或金属碳化物，如氧化铝、氧化锆、氧化镁、二氧化钛、二氧化硅、氧化锡、碳化锆等。

② 蓄热调温纤维及产品。蓄热调温纤维是一种自动感知外界环境温度的变化而智能调节温度的高技术纤维。该纤维以提高服装的舒适性为主要目的。该纤维织物可以吸收、储存、重新分配和放出热量，在环境温度低时，自动调高服内温度，在环境温度高时，自动调低服内温度，使服内温度处于较舒适的范围。目前已经较为成熟的蓄热调温纺织品制造工艺包括涂层整理工艺、复合纺丝工艺和微胶囊纺丝工艺等。因此说蓄热调温纤维及纺织品是将相变蓄热技术与纺织品制造技术相结合制造出的一种高科技纤维及纺织品。

③ 吸湿速干纤维及产品。吸湿快干技术选择合成纤维为基材，通过提高纤维的表面积，增强纤维的吸湿和快干的潜在能力，在纺织物理加工中，进一步改进集合体的传导效果；在染

整化学加工中，再赋以纤维表面的亲水化，最终实现吸湿快干功能。如杜邦公司的Coolmax纤维，具有专利技术的四管道吸湿排汗聚酯纤维材料，具有最好的透气性，能把皮肤表面散发的湿气快速传导至外层纤维。中兴公司的Coolplus是一种模仿自然生态，为聚酯和特殊聚合物的结合体，赋予纤维表面无数细微长孔的新兴高科技聚酯纤维。国内仪征化纤公司生产的Coolbst纤维具有"H"形截面，使纤维和纤维集合体具有较强的毛细效应，其抗弯性能优于其他网形截面纤维，使织物蓬松，手感舒适。中国石化洛阳分公司和东华大学生产的1.56 dtex"十"字形吸湿排汗纤维，可赋予织物更好的亲水性和散湿性。

④ 防水透湿织物。也称为可呼吸织物，是指具有一定压力的水或者具有一定动能的雨水及各种服装外的雪、露、霜等，不能透过或浸透织物，而人体散发的汗液、汗气能够以水蒸气为主的形式传递到外界，不会积聚或冷凝在体表和织物之间而使人感觉到黏湿和闷热，从而实现了织物防水功能与织物热、湿舒适性的统一。它是世界纺织业不断向高档次发展的集防水、防风、透湿和保暖性能于一体的、独具特色的功能织物。

根据工业化生产技术的差异，防水透湿织物可分为高密度织物、涂层织物和层压织物三种类型。

① 高密度织物。它是指采用细棉纤维或细合成纤维长丝织成的织物，其纱线间的空隙小到不允许水滴通过。

② 涂层织物。此类织物由纺织品与聚合物涂层结合而形成。防水透湿型涂层织物是采用各种工艺技术，将具有防水、透湿功能的涂层剂涂覆在织物表面，使织物表面孔隙被涂层剂封闭或减小到一定程度，而得到防水性的。涂层织物可分为亲水涂层和微孔涂层织物两种。

③ 层压织物。将具有防水透湿功能的微孔薄膜或亲水性无孔薄膜或上述两种薄膜的复合膜，采用特殊的黏合剂，通过层压工艺与织物复合在一起形成防水透湿层压织物。根据压胶的情况，可分为两层压胶面料、三层压胶面料、两层半面料。

(2) 运动服装中具有防护性的功能性纤维及面料

① 防紫外线纤维及产品。纺织品防紫外线的机理是通过对紫外线的吸收、反射完成的。要使纺织品具有满意的防紫外线效果，必须采用特殊的技术对其进行加工。具体方法：一是在纺丝过程中加入紫外线吸收剂或紫外线反射剂，其技术要求高。紫外线防护剂在纺织过程中引入纤维，不与皮肤接触，不会引起过敏反应，同时各项牢度良好。如抗紫外线涤纶就是采用在聚酯中掺入陶瓷紫外线遮挡剂的方法制成的。二是采用后处理技术将紫外线防护剂附着于织物上。如对棉纤维可采用浸渍有机系（如水杨酸系、二苯甲酮系、苯并三唑系、氰基丙烯酸酯系等）紫外线吸收剂处理，以获得防紫外线功能。但这种方法制成的纺织品，其防紫外线性能的耐洗涤性很差。

② 夜光纤维及产品。它是一种新型的功能型纤维材料，其科技含量高，在无光照时自身发出多种颜色的光。生产夜光纤维所采用的发光材料为碱土铝酸盐长余辉发光材料，该发光材料具有优良的发光性能，且不具有放射性，对人体和环境不会产生危害。夜光纤维的制造方法主要有熔融纺丝法、溶液纺丝法、高速流冲击法、键合法等，其纤维基质可选取涤纶、锦纶及氨纶等化学纤维，其物理化学性能与普通纤维相似，同时具有自发光的功能性，不但可以满足普通纤维服用性能的各种需求，还可以起到提醒和装饰的作用。将夜光纤维用于运动服装，可提高在夜间行走的安全性。

③ 防蚊虫纤维及产品。将含有各种蚊虫驱避剂和杀虫剂的处理物，在特定的温度和时间

等工艺条件下，通过黏合剂等使处理物与纤维结合在一起，在纤维表面形成不溶于水的一种有机溶剂的驱蚊药膜。这种药膜能散发出蚊虫厌恶的气味，使蚊虫不愿再含有防虫剂的织物上停留而逃走，同时蚊虫一接触织物就立即被击倒或杀死。

④ 抗静电纤维/导电纤维及产品。纺织材料大多数都容易产生静电，尤其是合成纤维在使用时可带 10 kV 以上的高电位，因此不可避免地会产生吸灰尘、放电等现象。可通过生产抗静电纤维，如对纤维表面进行亲水处理或在纤维中加入亲水聚合物或者生产导电性纤维（它是全部或部分使用金属或碳的功能导电物质制成的纤维）来消除静电的影响。

(3) 运动服装中具有卫生性的功能性纤维及面料

① 消臭纤维及产品。消臭纤维与抗菌防臭纤维不同，是用于消除周围环境中已发出的臭气。采用的方法主要是氧化法和吸收法。氧化法是利用纤维中含有的活性氧来氧化臭分子，如采用人造氧化酶就能达到显著效果。而吸收法是用碳素纤维制成的织物来吸收环境中的臭味，同样达到消除臭味的目的。使用的消臭材料有活性碳、氧化锌、二氧化硅、氧化铝、氧化镁、沸石、金红石、蛇纹石等。

② 抗菌纤维及产品。它是指用相关技术将抗菌因子牢固地与纺织品纤维分子或织物结合，能有效地抑制来自各方附着于纺织品表面上的细菌。它主要由两种方法获得：直接采用抗菌纤维制成各类织物，或者将织物用抗菌剂进行后处理加工以获得抗菌性能。抗菌纤维可通过天然抗菌纤维制得，如甲壳素纤维、亚麻、苎麻等；或化学纤维加工制得，通过接枝法、离子交换法、湿纺方法、熔融共混纺丝法、复合纺丝法等方法对化学纤维进行处理获得抗菌纤维。常用的后处理方法有表面涂层法、树脂整理法、微胶囊法。

二、运动服装面辅料的选择及应用

1. 普通运动服（运动便装）的面辅料选取

运动服是从事某项体育运动专用的服装，也包括旅游服和轻便工作服等。运动服应最大限度地满足具体的运动项目的要求。这类服装仅靠设计和裁剪的技巧是不够的，必须靠材料来弥补其不足，应选用有伸缩性的面料。材料的保温性、透气性、吸湿性和坚牢度，也需适应各种运动的环境与动作。

一般选择棉、毛、麻和化纤混纺或纯纺的针织物，有的用弹性织物。旅游服要求穿着轻便、不易起皱、活动方便，面料宜用坚牢、挺爽、厚实、色泽鲜艳的织物。登山服需应付高山容易变化的气象条件，具备保护生命的作用，设计上考虑穿脱容易，材料应有保暖性、透气性、耐洗、耐日晒、耐摩擦和牵拉，成衣轻盈、体积小、携带方便，还应经过防水防风整理，根据需要可增加辐射热反射层。表 2-3-1 所示为运动服面料的具体运用。

表 2-3-1 运动服面料的具体运用

分类	组织名称	性能	典型面料及用途
针织物	纬平针组织	延伸性好，易卷边，易脱散	汗布是运动服常用面料，汗布文化衫是运动便服的典型品种
	双罗纹组织	尺寸稳定，不卷边，不易脱散	棉毛布是制作运动套装的典型面料，棉毛运动衫裤是运动服装的典型品种

（续　表）

分类	组织名称	性能	典型面料及用途
针织物	罗纹式复合组织	延伸性小，尺寸稳定	灯芯绒是典型的胖花组织面料，是运动便装的品种之一
	网眼组织	透气性好，纵横向延伸性好	网眼面料在运动服中的应用最广，可作运动衫、运动装以及运动鞋的里料
	起绒组织	手感柔软，质地丰厚，轻便保暖，舒适	绒布是登山服及其他户外服装的里料
机织物	平纹组织	手感柔软，细腻，舒适	常见品种有拉绒平布、平布、府绸
	双层组织	手感柔软，光泽柔和，保暖，舒适，不易起皱	常见品种有平绒织物，以经起绒为多见，在平纹地组织上耸立致密的短毛绒
	联合组织	纹理清晰，具有其他单一组织的特性	可用于各种运动服装

2. 体育运动装面辅料的具体运用

体育运动装根据体育运动项目可分为以下几类：

（1）田径装

田径运动员以穿背心、短裤为主。一般要求背心贴体，短裤便于跨步。有时为不影响运动员的双腿大跨度动作，在裤管两侧开衩或放出一定的宽松度。背心和短裤多采用针织物，也有用丝绸制作的。

（2）球类运动装

球类运动装通常为短裤配套头式上衣，需放一定的宽松量。篮球运动员一般穿背心，其他球类则多穿短袖上衣；足球运动衣习惯上采用 V 字领；排球、乒乓球、橄榄球、羽毛球、网球等运动衣则采用装领，并在衣袖、裤管外侧加蓝、红等彩条斜线；网球衫以白色为主，女子则穿超短连衣裙。

球类运动的时间较长，运动量大，人体会大量出汗，运动装的面料最好选有吸湿排汗功能的面料，辅料有网眼，以利于透气。

（3）水上运动装

从事游泳、跳水、水球、滑水板、冲浪、潜泳等运动时，主要穿紧身衣，又称泳装。男子穿三角短裤，女子穿连衣泳装或比基尼。对泳衣的基本要求是运动员在水下动作时不鼓涨兜水，减少水中阻力，因此宜用密度高、伸缩性好、布面光滑的锦纶、腈纶等化纤类针织物制作，并戴塑料、橡胶类紧合兜帽式泳帽。潜泳运动员除穿游泳衣外，还配面罩、潜水眼镜、呼吸管、脚蹼等。从事划船运动时，主要穿短裤、背心，以方便划动船桨。衣服颜色宜选用与海水对比鲜明的红、黄色，以利于比赛中出现事故时容易被发现。轻量级赛艇运动，为防止翻船，运动员需穿吸水性好的毛质背心。

（4）举重和摔跤装

举重比赛时，运动员多穿厚实坚固的紧身针织背心或短袖上衣，配背带短裤，腰束宽皮带，皮带宽度不宜超过 12 cm。

摔跤装因摔跤项目而异。例如：蒙古式摔跤穿皮质无袖短上衣，又称“褡裢”，不系襟，束腰带，下着长裤，或配护膝；柔道、空手道穿传统中式白色斜襟衫，下着长至膝下的大口裤，系腰带；相扑习惯上赤裸全身，胯下系一窄布条兜裆，束腰带。

(5) 体操服

体操服在保证运动员技术发挥自如的前提下，显示人体及动作的优美。男子一般穿通体白色的长裤配背心，裤管的前折缝笔直，裤管口装松紧带，也可穿连袜裤；女子穿针织紧身衣或连袜衣，选用伸缩性能好、颜色鲜艳、有光泽的织物制作。

(6) 冰上运动服

滑冰、滑雪的运动服要求保暖，并尽可能贴身合体，以减少空气阻力，适应快速运动。一般采用较厚实的羊毛或毛混纺针织服，头戴针织兜帽。花样滑冰等比赛项目，更讲究运动服的款式和色彩，男子多穿紧身、潇洒的简便礼服，女子穿超短连衣裙及长筒袜。

(7) 击剑服

击剑服首先注重护体，其次需轻便，由击剑上衣、护面、手套、裤、长筒袜和鞋配套组成。上衣一般用厚棉垫、皮革、硬塑料和金属制成保护层，以保护肩、胸、后背、腹部和身体右侧。按花剑、佩剑、重剑等剑种，运动服保护层的要求略有不同。花剑比赛的上衣，外层用金属丝缠绕并通电，一旦被剑刺中，电动裁判器即亮灯；里层用锦纶织物绝缘，以防止出汗导电；护面为面罩型，用高强度金属丝网制成；两耳垫软垫；下裤一般长及膝下几厘米，再套穿长统袜，裹没裤管。击剑服应尽量缩小体积，以减少被击中的机会。

(8) 登山服

竞技登山一般采用柔软耐磨的毛织紧身衣裤，袖口、裤管宜装松紧带，脚穿有凸齿纹的胶底岩石鞋。探险性登山穿保温性能好的羽绒服，并配羽绒帽、袜、手套等，面料采用鲜艳的红、蓝等颜色，易吸热，便于冰雪中被识别。此外，探险性登山可用腈纶制成的连帽式风雪衣，帽口、袖口和裤脚都可调节松紧，可防水、防风、保暖并保护内层衣服。

此外，时尚运动服越来越受到追捧。在面料选用上加入时尚元素，辅料的运用也使运动服装的细节设计越来越受到重视，变得越来越时尚。

任务实施

运动服装案例调研

➢实施目的

① 了解不同类型的面料对运动装设计(款型、外观、性能等)的影响。

② 熟练掌握辅料的作用，根据运动装的特点合理选配辅料。

➢考核要求

① 熟悉各种面料、辅料的种类、特点和选用原则。

② 根据运动装的特征正确选配面料、辅料，制定某一类运动装的设计方案。

➢实施内容

① 选择三种运动类型，针对相应的运动服装，进行面料、辅料的种类、特点和选用原则的调研。

② 根据调研结果制作运动服装材料运用表。

运动服装调查表

类别	篮球服 	登山服 	泳衣 
面料 A			
面料 B			
辅料 A			
辅料 B			
辅料 C			
洗水唛	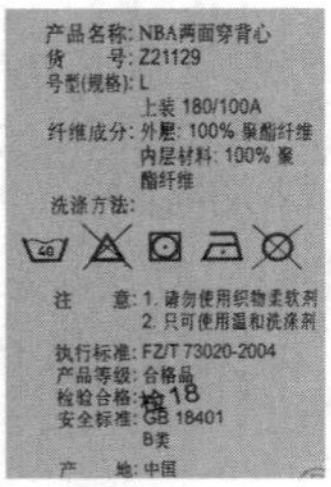 产品名称：NBA两面穿背心 货　号：Z21129 号型(规格)：L 上装 180/100A 纤维成分：外层：100% 聚酯纤维 内层材料：100% 聚酯纤维 洗涤方法： 注　意：1. 请勿使用织物柔软剂 2. 只可使用温和洗涤剂 执行标准：FZ/T 73020-2004 产品等级：合格品 检验合格：检 18 安全标准：GB 18401 B类 产　地：中国		 Tweenies by Lady Genny AC-103 90% ALGODON- 10% ELASTANO 10-12
特点	针织物，弹性、保形性良好，透气快干，质量轻	机织物，保形性良好，防水透气	针织物，弹性非常好，保形性好

项目四

面料与辅料在礼服设计中的应用

☞ 学习目标：

- 熟知礼服的特点、作用，了解不同面料对礼服风格的影响
- 掌握礼服面料构成，面辅料的选配原则和方法
- 收集“旗袍”“中式礼服”等服装的设计案例，体会中国元素的巧妙运用，从而增强对中国文化的认同感
- 能根据礼服特征，进行面辅料方案设计

扫码可
浏览彩图

任务引入

礼服是指在某些重大场合穿着的庄重、正式的服装。根据场合的不同，可以分为军礼服、晚礼服、婚纱等。如何合理选取面辅料，进行礼服设计，才能更好地体现礼服的庄重性和礼节性等特点，是服装设计者必学内容之一。

任务分析

① 了解礼服的特点，礼服面料的构成与面辅料的选用关系。

② 收集礼服的种类、特征、穿着礼仪的信息资料。

③ 归纳礼服用面辅料的种类和选用原则。

选择一款礼服样式，要求画出服装效果图和款式图，并制定面料与辅料的选择方案。

相关知识

相关知识一　礼服概述

礼服，顾名思义，是指人们在正式社交场合穿着，表现一定礼仪并具有一定象征意味的礼仪性服装。

礼服在一定的历史范畴中作为社会文化和审美观念的载体，受到一定社会规范所形成的

风俗、习惯、道德、礼仪的制约，具有一定的继承性和延续性。礼服的产生与人类早期的祭祀庆典等礼仪活动有关。随着社会的发展，礼服在社交礼仪中发挥着越来越多的作用。

一、礼服的特性

1. 共同特性

通过礼仪服装，人们建立并构成了相应的社会交往秩序。在一定的历史阶段内，它蕴含了人们熟知的生活风俗及审美习性。它是约定俗成的，是社会成员之间的一种默契。在一定的社会环境中，人们的兴趣、爱好、志向的趋同性，用途、活动场所、使用目的的一致性，流行趋势的影响、传统习惯的作用等充分融入礼仪服装，使礼服在款式造型、图案色彩、材料质地、工艺制作、服饰配件等方面，均具有一定的共同性。

2. 传统特性

礼仪服装是人们表现人类的信仰、理想与情感的一种手法。通过传统的尊重与沿袭，在礼服的形式、色彩及工艺方面，都产生了一定程度的实用性与合理性相互矛盾的因素，更多地表现着传统的寓意及延伸，穿着方式继承了特定民族世代相传的习惯、风俗、寓意以及特地的文化内涵，集中反映、表现着人们在长期生活中所形成的传统文化、民族心态和社会生活习惯。

3. 标识特性

礼仪服装与其他服装相同，具有标识性。礼服对穿着者的身份、等级、职业、宗教信仰等，都有着明显的标识及限定作用。

二、礼服分类及特点

礼服也叫社交服，是参加典礼、婚礼、祭礼、葬礼等郑重或隆重仪式时穿用的服装。随着生活节奏的加快，衣着观念的更新，人们对礼服的需求越来越多。

礼服根据不同情况可分类如下：

① 按出席礼仪场合的隆重程度分为正式礼服、准礼服和日常礼服。

② 按照穿着时间分为日礼服、晚礼服。

③ 按出席场合的性质分为鸡尾酒会服、舞会服、婚礼服、丧礼服等。

④ 按照风格分为中式礼服、西式礼服、中西合璧服。

⑤ 按照穿着方式分为整件式(即连衣式)、两件套、三件套、多件组合式等。

军官礼服、仪仗队礼宾服、军乐团礼宾服、文工团演出服等，是军人参加阅兵、大会、晚宴等正式非战斗活动的军用服饰。军礼服用料考究、做工精美，体现军人的气质和功勋、身份。由领花、胸花、肩章、胸章、袖章等必备饰品和着装者本人获得的勋章等其他挂饰点缀礼服上衣，搭配的长裤、皮带、军靴和军帽也很讲究，根据军职、军衔、军功的不同，用料、外形及挂饰物品都有严格规定，不可随便乱套。

1. 男士礼服及特点

男士礼服的种类有燕尾服、平口式礼服、晨礼服、西装礼服、英乔礼服、韩版礼服等。不同的男士礼服在讲究合适搭配的同时，还要注重礼服与穿着时间、场合相适宜。

(1) 燕尾服(正式礼服)

燕尾服(图 2-4-1)是男士最正式的礼服，但是，在当今的社交生活中，已不作为正式晚礼服使用，只作为公式化的特别礼服。如古典乐队指挥、演出服，特定的授勋、典礼、婚礼仪式，宴会、舞会、五星级宾馆的服务生晚礼服，等。

特点：前短后长，前身长度至腰际，后摆拉长，可显出修长的双腿，并有收缩腰身的效果。

搭配：除了配背心以外，也可以搭配胸巾和领巾，以增加正式华丽感。

适宜场合：正规的特定场合，如晚间婚礼、晚宴；适宜时间：下午六点以后。

(2) 平口礼服

特点：人称王子式礼服，又称为英国绅士礼服，单排扣和双排扣都可以，不及燕尾服与晨礼服正式，裁剪设计与西装较类似，适合较为瘦高的新郎穿着(图 2-4-2)。

搭配：外套、衬衣、长裤，搭配领结、腰封。

适宜场合：婚宴、派对；适宜时间：晚间。

图 2-4-1　燕尾服

图 2-4-2　平口礼服

图 2-4-3　晨礼服

(3) 晨礼服

特点：剪裁为优雅的流线型，充满了贵族气，适合有书卷气或整体形象不错的新郎穿着(图 2-4-3)。

搭配：外套、衬衣、长裤，搭配背心、领结。

适宜时间及场合：白天参加庆典、星期日的教堂礼拜以及婚礼活动，日间社交场合，贵族传统的体育赛事。

(4) 西装礼服

特点：将西服的戗驳领用缎面制成，即成为西装礼服，配领结和腰封(或背心)及胸前打褶皱设计的礼服衬衣(图 2-4-4)。

搭配：外套、衬衣、长裤，搭配背心、领带。

适宜场合：隆重场合；适宜时间：午间和晚间。

(5) 英乔礼服

它是中西结合的一种礼服，由中国设计师创立，英文为“Enjoy”，意为“享受”(图 2-4-5)。

特点：把中华立领、唐装、苏格兰裙、韩版等元素进行融合。与传统礼服相比，英乔礼服的变化较多，领饰除了传统的领结、领巾之外，增加了新式改良的领带、领花等，增加了现代、时尚感，同时不失典雅庄重。是一种平民化的礼服，能被大多数人所接受。

搭配：外套、衬衣、长裤，搭配背心、领饰。

适宜场合：婚礼；适宜时间：午间和晚间。

(6) 韩版礼服

特点：顾名思义，韩版礼服是专为亚洲人设计的一种礼服(图 2-4-6)。韩版礼服在胸、腰、袖、裤等位置做了一点收饰,比较适合体型瘦小的人穿着。很多人有一种误区,以为收身就是韩版,其实收身最早出现在欧版礼服中。

搭配:外套、衬衣、长裤,配背心、领带。

适宜场合: 较隆重的场合;适宜时间: 午间和晚间。

图 2-4-4　西装礼服

图 2-4-5　英乔礼服

图 2-4-6　韩版礼服

2. 女士礼服及特点

女士最为正式的礼服为晚礼服,准礼服是正式礼服的简装形式,如鸡尾酒会服、小礼服。

(1) 晚礼服(正式礼服)

晚礼服是下午六点以后穿用的正式礼服,是女士礼服中档次最高、最具特色的礼服样式,可分为传统晚礼服与现代晚礼服(图 2-4-7)。

女士的正式礼服应该是无袖、露背的袒胸礼服,奢华气派,质地十分考究,以透明或半透明、有光泽的丝质、锦缎、天鹅绒等面料为主,色彩高雅、豪华,印度红、酒红、宝石绿、玫瑰紫、黑、白等色最为常用,配合金银及丰富的闪光色,更能加强豪华、高贵的美感,再配以相应的花纹,以及珍珠、光片、刺绣、镶嵌宝石、人工钻石等装饰,充分体现晚礼服的雍容与奢华。

(2) 日装礼服(昼礼服)

日装礼服是在日常的非正式场合穿用的礼服,形式多样,可自由选择(图 2-4-8)。

日装礼服是午后正式访问宾客时穿的礼服,还可在听音乐会、观剧、茶会、朋友聚会等场合穿用,稍加修饰也能参加朋友的婚礼、庆典仪式等,具有高雅、沉着、稳重的风格,多为素色,以黑色最正规,如女士穿着的局部加有刺绣装饰、精工制作的裙套装、裤套装、连衣裙及雅致考究的两件套装等。

图 2-4-7　女士晚礼服

图 2-4-8　女士日装礼服

(3) 鸡尾酒会服(准礼服、半正式礼服)

鸡尾酒会是下午3点至6点朋友之间交往的非正式酒会。女性的礼服比较短小精干。鸡尾酒会礼服(图2-4-9)所用的面料比较广泛,悬垂性能较好、精致美观、华丽大方的都适用,如真丝绸、锦缎、塔夫绸及各种合成纤维的混纺、精纺面料等。一些新型面料也广泛用于此类礼服。

图2-4-9 鸡尾酒会服

(4) 婚礼服(婚纱)

婚纱是结婚时的专用服装,即结婚仪式和婚宴时新娘穿着的西式服装(图2-4-10)。婚纱可单指身上穿的服装和配件,也可以包括头纱、捧花等部分。婚纱的颜色、款式等视各种因素而定,包括文化、宗教及时装潮流等。婚纱来自西方,有别于以红色为主的中式传统裙褂。

图2-4-10 各式婚礼服(婚纱)

相关知识二 典型礼服及面料应用

礼服作为社交服装,具有豪华精美、标新立异、炫示性强的特点。礼服的面料选用应该根据款式的需要确定,面料的材质、性能、光泽、色彩、图案等均需要符合款式的特点和要求。在面辅料选用方面应注意以下几点:

第一,由于礼服注重于展示豪华富丽的气质和婀娜多姿的体态,因此,多用光泽面料,柔和的光泽或金属般闪亮的光泽都有助于显示礼服的华贵感,使人的形体更加动人;

第二,面料的柔软、厚薄、保形、悬垂等性能与礼服的轮廓造型、风格相匹配;

第三,做工精致。辅料中的缝线缩率和缝纫性能应与面料、里料配伍;

第四,面料色彩和图案应根据穿用场合确定。

一、礼服面辅料的选配原则

礼服,尤其是女士礼服,大多以光泽优雅、轻柔飘逸的真丝面料为最佳选择。面料的色彩选择要求颜色高贵、华丽、端庄,如黑色、紫色等,并且与珠宝等配饰相结合,更好地展示女性的高贵气质。男士礼服面料可以参考正装面料进行选择。

1. 选取合适的礼服面料

礼服的常用面料有欧根纱、网纱、素绉缎、弹力网眼布、真丝/化纤雪纺、化纤弹力色丁、真丝双宫绸、真丝提花缎、醋酸纤维面料、真丝/化纤塔夫、双色缎、蕾丝、真丝/化纤印花布、烂花绡等。

2. 礼服的款式与面料相协调

礼服的传统廓形有蓬裙、鱼尾裙、A形裙等。塑造蓬裙或较大裙脚的鱼尾裙等，需要借助粗网，硬挺的上身要加鱼骨，裙脚、衫脚等边缘的特殊效果采用马尾衬、鱼丝线等辅料而获得。礼服的造型像一个立体雕塑，在适合人体的前提下，采用分割、打褶、缩褶等工艺，巧妙地利用不同面料的特性，设计不同的款式，在确定基本板型的基础上，在全身或局部进行图案设计。

3. 礼服的图案

采用钉珠、机绣、雕空、蕾丝铺花、画染、手绣、车骨、车绳、车丝带、手勾、吊穗等工艺，形成不同风格的图案。

4. 礼服的色彩

不用类型的礼服，采用不同风格的颜色。如：春夏季的婚礼上，妈妈的礼服主要采用冰粉红、冰灰、浅咖啡、壳粉、香槟等素雅的色彩；PROM（美国中学生毕业典礼上女学生的礼服）则采用大红、玫红、湖蓝等较明快的色彩。

礼服不同于西装，需要一定的光泽度，也更需要笔挺，最稳重的颜色是藏青或灰黑色，咖啡、深棕都不太适合正式场合穿着。

二、常见的礼服面料

1. 真丝面料

常见的真丝面料有双绉、重绉、乔其、双乔、重乔、桑波缎、素绉缎、弹力素绉缎和经编针织物等(图 2-4-11、图 2-4-12)。

图 2-4-11　绉类

图 2-4-12　乔其纱面料

真丝面料，有着与众不同的光泽感，质地轻薄，手感柔软顺滑，带有最天然的高贵气息，是夏季婚礼服的首选面料。

适合款式：既适合款式简洁时尚的直身或鱼尾款，也适用于希腊式直身款婚纱或装饰简单的宫廷式。

2. 缎面面料

光滑的厚缎，有分光缎、厚缎(欧版和日韩版)、双色缎，是婚纱礼服的最常用面料，其质感和光泽度深受设计师和穿着者的喜爱(图2-4-13)。面料质地较厚,悬垂性好,有质量感,保暖性强,适合春秋季和冬季举行婚礼时选用。

适合款式:比较适合着重体现线条感的A字和鱼尾款的婚纱,能够表达隆重感;带珠光感的宫廷式或大拖尾款式的婚纱也常用厚缎制作。

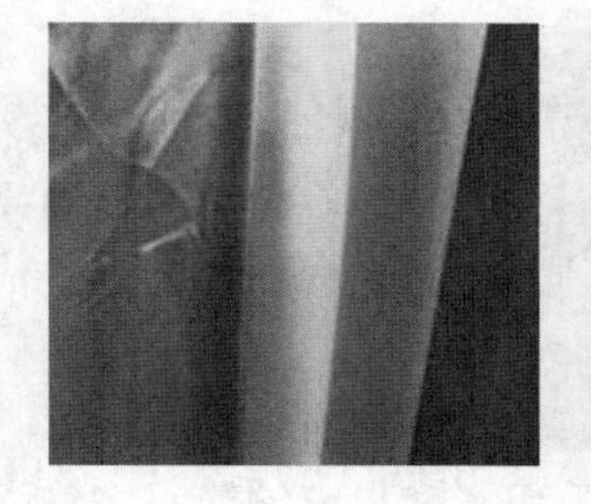

图2-4-13 缎面面料

3. 纱面面料

纱面面料用途多样,可用作主要面料,也可作为辅料应用在局部,质地轻柔飘逸,特别适合在上面排蕾丝、缝珠和绣花,能够表现出浪漫朦胧的美感,适合各种季节(图2-4-14)。

适合款式:渲染气氛的层叠款式、公主型宫廷款式,也可单独大面积地使用在婚纱的长拖尾处,如果是紧身款式,可作为简单罩纱覆盖在主要面料上。

4. 纱网面料

透明或半透明的硬丝或合成纤维纱网面料,与绢的感觉类似,但手感比绢光滑。相对廉价的水晶纱,有光泽,质感较好,能增加清纯、朦胧的效果。通常在厚缎面料外附着多层欧根纱,高档婚纱礼服上还会有刺绣和精致蕾丝装饰(图2-4-15)。

图2-4-14 纱面面料

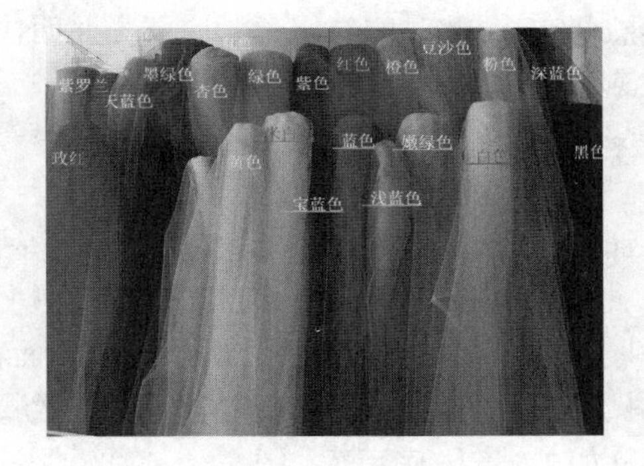

图2-4-15 纱网面料

5. 蕾丝(主辅料)

蕾丝是指有刺绣效果的面料,分软蕾丝、车骨蕾丝,是精致婚纱的常用面料,其特有的制作工艺特别适合配合缝珠,展现贵族气质。蕾丝原本作为辅料使用,有着精雕细琢的奢华感和体现浪漫气息的特质,目前作为主料的频率在上升。

三、面辅料在各类礼服中的运用

1. 男士礼服的面料选择与运用

由于礼服来自西方国家,对于不太习惯的东方人,礼服的概念相对模糊。一般而言,礼服比较正式,西方男性在出席正式宴会时,大多被要求必须穿着礼服。在婚礼、婚宴上,穿着正式的礼服,可以说是一种公认的礼仪。

(1) 燕尾服

燕尾服多采用黑色或深蓝色的礼服呢,也可以选用与西装相近的精纺呢绒面料,重点突出服装的简洁与大方、高贵与正式。

燕尾服的制作是全手工的，这决定了它不可忽视的内部构造和工艺技术传统。里料以高级绸缎为总里、袖里用白色杉绫缎，是其规范；袖筒在肋下内侧与袖窿相连处附加两层三角垫布，以减轻腋下的摩擦，同时兼顾吸汗的作用；其他里部附属品（衬、牵条等）都要与外部面料风格相一致。

为了在胸部形成漂亮的外观和自然的立体效果，使用加入马尾毛的马尾衬，以增加弹性，并产生容量感；翻领处采用八字形镇纳缝；从背部到燕尾部分的衬布，采用宽幅平布或薄毛毡，以不破坏整体的体积感（前后统一）。缝制的重点是丝缎驳领和上袖。

这种全手工的传统工艺适用于所有高品质的礼服制作，如晨礼服、塔士多礼服、董事套装、黑色套装、三件套装等。

(2) 昼礼服

这种礼服具有高雅、沉着、稳重的特点。传统的日礼服选择不透明、无强烈反光的毛料、丝绸、呢绒、化纤及混纺棉料制作。与午服相配的外套称为午后外套，面料选用较厚的绸缎或上好的精纺毛呢料。日装礼服根据场合的不同，可有与之相适应的搭配方式，如男士用的黑色外套。

传统的日礼服多用素色，以黑色最为正规，特别是出席高规格的商务洽谈、正式庆典等隆重的场合，黑色最能表现庄重、自尊、大方。出席庆典活动的时候，如朋友生日聚会、开张典礼等，气氛热烈而欢快，此时的礼服色彩应鲜亮而明快。

2. 常见女士礼服的面料选择与运用

(1) 女士晚礼服

女士晚礼服是女士礼服中档次最高、最具特色、最能展示女性魅力的礼服。晚礼服以夜晚的交际为目的，为迎合豪华而热烈的气氛，采用丝绒、锦缎、绉纱、塔夫绸、欧根纱、蕾丝等闪光、飘逸、高贵、华丽的面料，与周围环境相适应，色彩上也是引人注目，极尽奢华（图 2-4-16）。

随着科学技术的不断进步，晚礼服所选用的面料品种更加广泛，如具有优良悬垂性能的棉丝混纺面料、丝毛混纺面料、化纤绸缎、新型的雪纺、乔其纱、有弹力的莱卡面料等，以及高纯度的精纺面料（如羊绒、马海毛等）（图 2-4-17）。

图 2-4-16　闪光面料礼服

图 2-4-17　绉褶礼服

图 2-4-18　裘皮配礼服

此外，在礼服外搭配与丝质感超强的礼服有着强烈对比的厚重、温暖的裘皮面料，可在简洁大方之余增加礼服亮点，引领时尚潮流（图 2-4-18）。

(2) 旗袍

旗袍被称为近代中国妇女的“国服”。旗袍属于上下连属的衣服，基本要素为立领、窄袖、收腰、胸褶、下摆开衩、盘纽，在20世纪上半叶，是中国妇女最主要的服装。旗袍作为中国妇女的传统服装，既有沧桑变幻的往昔，更拥有焕然一新的现在。

旗袍面料的选择很广泛。日常穿用的旗袍，夏季可选择纯棉印花细布、印花府绸、色织府绸、各种麻纱、印花横贡缎、提花布等薄型织品；春秋季可选择化纤或混纺织品(如闪光绸、涤丝绸及薄型花呢等织物)，虽然吸湿性和透气性差，但其外观比棉织品挺括平滑、绚丽悦目，很适宜在不冷不热的季节穿用。

礼宾或演出时穿用的旗袍是十分考究的。夏季穿用，应选择双绉、绢纺、电力纺、杭罗等真丝织品，质地柔软，轻盈不黏身，舒适透凉；春秋季穿用，应选择缎和丝绒类，如织锦缎、古香缎、金玉缎、绉缎、乔其立绒、金丝绒等，这些高级面料制作的旗袍能充分展现东方女性的形体美，丰韵而柔媚，华贵而高雅，如果在胸、领、襟稍加点缀修饰，更为光彩夺目(图2-4-19～图2-4-21)。

图2-4-19 缎质旗袍

图2-4-20 缎质改良旗袍

图2-4-21 绒质旗袍

(3) 婚纱

白色的婚纱是西方女性十分宠爱的礼服形式，婚纱的造型多沿袭过去的形式，以表现女性形体的曲线美为目标，尽可能地尊重传统习俗。圆领或立领、长袖、收腰、紧身合体的胸衣配合大而蓬松的拖地长裙，是婚纱的主要造型。

婚纱面料多选择细腻、轻薄、透明的纱、绢、蕾丝，或采用有支撑力、易于造型的化纤缎、塔夫绸、山东绸、织锦缎等材料。在工艺装饰手段上，运用刺绣、抽纱、雕绣、镂空、拼贴、镶嵌等手法，使婚纱产生层次感及雕塑效果。

新娘的婚纱是婚礼的主体和亮点，要表现新娘的优雅气质。松紧程度、收放得体的造型是婚礼服成功的关键。对于婚纱面料的选用，目前往往强调面料的平挺、光亮、透明，而忽略或不重视面料的舒适性能，常使用的婚纱面料有乔其纱、绡、塔夫绸、缎、针织网眼布和蕾丝面料。

任务实施

礼服方案设计

➤实施目的

① 了解不同类型的面料对礼服设计(款型、外观、性能等)的影响。

② 熟练掌握辅料的作用，根据礼服的特点合理选配辅料。

➢考核要求

① 熟悉各种面料、辅料的种类、特点和选用原则。

② 根据礼服的特征正确选配面料、辅料，制定某一类礼服的设计方案。

➢实施内容

① 通过图书馆及网络，调研女士礼服，并根据调研情况设计两款礼服。

② 根据设计的款式，选用合适的面辅料进行制作。

示例：晚礼服方案设计

项目五

面料与辅料在童装设计中的应用

☞ **学习目标：**

- 熟知童装的特点、作用，了解不同面料对童装风格的影响
- 掌握童装面料构成，面辅料的选配原则和方法
- 能根据童装特征，进行面辅料方案设计

扫码可
浏览彩图

任务引入

童装即儿童服装，是适合儿童穿着的服装，包括婴儿服、幼儿服、校服、盛装等。如何合理选取面辅料，进行童装设计，才能更好地符合不同年龄段的儿童性格特点，是服装设计者必学内容之一。

任务分析

① 了解童装的特点，童装面料的构成与面辅料的选用关系。
② 收集童装的种类、特征、服用性能等信息资料。
③ 归纳童装面辅料的种类和选用原则。
选择一款童装样式，画出服装效果图和款式图，并制定面料与辅料的选择方案。

相关知识

相关知识一 儿童服装概述

童装是指未成年人的服装，包括婴儿、幼儿、学龄儿童至少年儿童等各阶段年龄儿童的着装。

儿童服装，除了通常所指的儿童身上所穿的衣服外，还包括头上戴的帽子、脚上穿的鞋子以及手套和袜子等穿戴用品；按穿着特点可分为内衣与外衣。

一、儿童服装的种类——内衣

1. 贴身衣裤

此类衣裤作为贴身衣物，讲究舒适透气，可使用厚薄不同的棉针织面料制成。

2. 睡衣、睡裤

通常采用保暖的全棉绒布或滑爽的真丝及人造丝面料、细亚麻布、白棉细布制作。

3. 睡袍

春、夏、秋季睡袍的面料为细亚麻布或薄棉布；冬季睡袍用薄棉布，内衬腈纶棉，并缉缝明线图案。

4. 女童睡裙

使用薄棉布、细亚麻布或绸制作，滑爽而适体，常缀以蕾丝花边与刺绣装饰。

二、儿童服装的种类——外衣

1. 婴儿服

婴儿时期的服装称为婴儿服。婴儿的身体发育快，体温调节能力差，睡眠时间长，排泄次数多，活动能力差，皮肤细嫩。婴儿装必须注重卫生和保护功能，应具有简单、宽松、便捷、舒适、卫生、保暖、保护等功能。

2. 幼儿服

幼儿服为1～3岁的幼儿穿着的服装(图2-5-1)。幼儿时期的儿童行走、跑跳、滚爬、嬉戏等肢体行为，使儿童的活动量加大，服装容易弄脏、划破，因此幼儿装要求穿脱方便和便于洗涤。另外，由于幼儿对体温的调节不敏感，常需要成人帮助及时加减衣物，因此幼儿常穿背带裤、连衣裙、连衣裤等。

3. 幼儿园服

这类服装主要作幼儿园校服之用，面料以质轻、耐洗、耐磨、不缩水的棉织物为主(图2-5-2)。

4. 少年装(学生装)

学生装主要是小学到中学时期的学生着装(图2-5-3)。考虑到学校的集体生活需要，能够适应课堂和课外活动的特点，款式不宜过于繁琐、华丽，一般采用组合形式的服装。学生装的服用功能主要体现在具有活力、运动功能性强、坚牢耐用等方面。

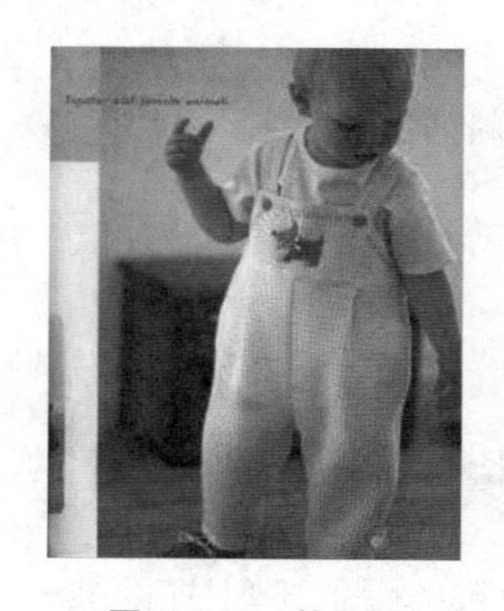

图2-5-1　幼儿服

图2-5-2　幼儿园服

图2-5-3　少年装

5. 运动装、休闲服

运动装、休闲服在运动或日常休闲时穿着。款式要求简洁、方便、轻松、舒适，面料选择耐洗、吸湿性强的面料，图案和色彩需与活泼、轻松的气氛相协调。

6. 盛装

盛装的主要用途是参加重要活动。盛装的风格有华丽、简洁、保守等类别。儿童盛装也是较为华丽、正式的服装，用于参加表演、庆祝等活动。

相关知识二　儿童服装的典型面辅料

儿童天真，活泼可爱。服装的合体会增加儿童的质朴与纯真，给人们带来愉悦的心理感受。通常，儿童服装具有以下服用特点和要求：

① 服装的款式造型简洁，便于儿童活动。

② 服装的图案充满童趣，色彩欢快、明亮。

③ 服装具有良好的功能性、舒适性。

④ 服装面料的耐用性能主要体现在洗涤、耐磨方面。

⑤ 儿童的自理和自卫能力差，因此，儿童服装面料要考虑防火和阻燃等功能。

一、儿童服装的面辅料选择原则

1. 以天然纤维构成的面料作为首选面料

针对儿童的生理特点，面料的选择上有一定的特殊性，尤其在舒适、柔软、轻盈、防撕、耐洗等方面的要求很高。儿童服装面料宜选用吸湿性强、透气性好、对皮肤刺激小的天然纤维织造，最适宜选用棉纤维，其次是麻、丝、毛类纯纺或混纺织物。

男孩子比较顽皮，所以面料的耐磨性非常重要；毛衫的领口、袖口等直接接触孩子皮肤的地方，不应有刺痛的感觉，以免伤害孩子柔嫩的皮肤。

2. 以绿色环保型面料来提高服装的档次和安全性

童装面料的要求比成人更严格。面料和辅料越来越强调天然、环保。针对儿童的皮肤和身体的特点，多采用纯棉、天然彩棉、毛、皮毛一体等无害面料；款式上则追求时尚，亮片、刺绣、喇叭形裤腿、荷叶边等流行元素，在童装设计中均有所体现。

3. 以面料舒适、柔软、服用性能强为功能要求

人们在崇尚面料舒适度的同时，对童装的悬垂性、抗皱性等方面的要求也在提高。纺织科技的突破和创新，使各种混纺、化纤面料具有与天然纤维相似的舒适度和透气性，有些甚至在防皱、防褪色及色彩、花型、造型等方面更胜一筹。

4. 正确选取辅料，注重辅料的安全问题

根据童装款式和面料的特性，合适选取辅料，装饰点缀服装，以表现儿童活泼、天真的特性，同时关注辅料的安全性。

婴儿服很少用纽扣，以防止小孩误服带来危险；注意童装上的各种辅料、装饰物的质地，如拉链是否滑爽、纽扣是否牢固、四合扣是否松紧适宜等；要特别注意各种纽扣或装饰件的牢度，以免儿童轻易扯掉并误服；有黏合衬的表面部位如领子、驳头、袋盖、门襟处，有无脱胶、起泡或渗胶等现象。

二、童装面辅料的选用

1. 机织物

(1) 棉织物

棉织物的柔软性、触感和吸湿性好,织物表面对皮肤无刺激,穿着舒适。常用种类如下:

① 平纹织物。细平布的表面平整光洁,有细腻、朴素、单纯的风格。

② 斜纹织物。包括斜纹布、劳动布、卡其、华达呢等。

③ 绒类织物。包括绒布、条状起绒的灯芯绒织物。

④ 绉类织物。表面用烧碱处理后呈泡状起皱的泡泡纱或超绉织物。

(2) 麻织物

麻织物的主要原料为亚麻和苎麻。苎麻织物突出的特点是强度高,吸湿、散湿快,透气性好,具有清爽的感觉和坚固的质地。常用种类如下:

亚麻织物,苎麻织物,纯纺、混纺或交织。

(3) 毛织物

毛织物保暖厚实,多用于儿童秋冬装。常用种类如下:

① 粗纺毛织物。织物厚实粗重,表面多茸毛,以多色毛纱混纺为特色,主要品种有粗花呢、麦尔登、法兰绒、学生呢等。

② 精纺毛织物。精梳毛纱以长纤维为原料,经精梳工序纺成,纤维在纱线中排列更整齐,纱线更细,粗细更均匀。

③ 长毛呢绒。混纺织物,羊毛与混纺线比织制成的织物。

(4) 丝织物

真丝织物由蚕丝纺织而成,主要包括桑蚕丝和柞蚕丝等。常用种类如下:

① 雪纺。布面光滑、透气、轻薄,可用作儿童衬衫、连衣裙、睡衣裤等。

② 双绉。布面呈柔和波纹状绉效应,柔软而滑爽,可用作儿童衬衫、连衣裙等。

③ 塔夫绸。富有光泽,揉搓时手感挺爽,有丝鸣声,可用作儿童礼仪服和表演服装等。

(5) 化纺面料

纯化纤面料具有吸湿性差、穿着闷热、易带静电、易沾污等缺点。用纯化纤面料制作童装,不利于儿童身体健康,应少使用,尤其是儿童内衣。

2. 针织物

针织物的伸缩性强,具有保暖、吸湿、舒适、透气、穿脱方便及不易变形等特性,是逐渐流行的一种服装材料,花色品种日益丰富(图 2-5-5)。

制作儿童服装的品种有四季可穿用的针织内衣、针织外套,如背心、内裤、裙子、外衣、风衣、薄羊毛衫、厚羊毛衫、毛衫外套等。

3. 绒面织物

织物表面有绒毛,主要品种有灯芯绒、平绒、绒布等,均适宜制作儿童秋冬装(图 2-5-6～图 2-5-8)。

灯芯绒是割绒起绒、表面形成纵向绒条的棉织物。灯芯绒由一组经纱和两组纬纱织成,其中一组纬纱(称为地纬)与经纱交织成固结绒毛的地布,另一组纬纱(称为绒纬)与经纱交织构

图 2-5-4 机织面料

图 2-5-5 针织面料

图 2-5-6 灯芯绒

图 2-5-7 平绒

图 2-5-8 绒布

成有规律的的浮纬，割断后形成绒毛。因绒条像一条条灯草芯，所以称为灯芯绒。灯芯绒的质地厚实，保暖性好。

平绒是采用起绒组织织制，再经割绒整理而成，其表面具有稠密、平齐、耸立而富有光泽的绒毛。平绒的经纬纱均采用优质棉纱线。绒毛丰满平整，质地厚实，手感柔软，光泽柔和，耐磨耐用，保暖性好，经染色或印花后，外观华丽。

绒布是指经过拉绒后表面呈现丰润绒毛状的棉织物，分为单面绒和双面绒两种。绒布布身柔软，穿着贴体舒适，保暖性好，宜制作冬季的内衣、睡衣等。

4. 常用辅料类型

童装常用的辅料有蕾丝、装饰带、铆钉等(图 2-5-9、图 2-5-10)。

图 2-5-9 蕾丝在童装中的应用

图 2-5-10 铆钉在童装中的应用

三、面辅料在童装中的运用

1. 面辅料在儿童内衣中的运用

内衣贴身穿着，面料需要具备吸湿、舒适、透气的性能，因此棉针织面料是童装的首选；真丝是纯天然、绿色环保产品，穿着滑爽、舒服、亮丽，而且对人体肌肤有保护作用（图 2-5-11～图 2-5-13）。

图 2-5-11　婴幼儿内衣

图 2-5-12　儿童内衣

图 2-5-13　幼儿浴衣

儿童服装的面料讲究童趣，自然、质朴、舒适、童真的面料适合他们。图 2-5-13 所示为以企鹅为原型的浴衣，色调柔和，面料柔软舒适，十分可爱。

2. 面辅料在儿童外衣中的运用

童装面料多为全棉卡其、斜纹布、劳动布（蓝丁尼布）、印花棉布、化纤布。婴儿服应易洗、耐用，多使用柔软而透气性好的纯棉布、绒布制作。1～3 岁的幼儿服，使用透气性强、柔软易洗的纯棉布、绒布和灯芯绒，冬季可使用化纤混纺面料及呢绒面料。

外衣实例一：CK 新款休闲童装，简单 T 恤加小外套配牛仔短裙，整体简洁大方，银色腰带起点缀作用，面料选用了舒适的全棉（图 2-5-14）。

外衣实例二：秋冬季款，长袖翻领针织衫外搭夹克小外套，下配牛仔裤，整体色调十分统一，休闲感十足的同时又不失时尚（图 2-5-15）。

外衣实例三：米色棉质风衣，里面搭黑色卫衣和白色棉质衬衫，下配牛仔裤，紫色围巾加以点缀，整体休闲感十足，并带有一点成熟感（图 2-5-16）。

图 2-5-14　外衣实例一

图 2-5-15　外衣实例二

图2-5-16　外衣实例三

3. 面辅料在幼儿园服、校服中的运用

校服以学校集体生活为主题，应具有简洁、统一的风格，没有过分华丽或繁琐的装饰。色

彩定位上，校服的色彩要给人清新大方的印象，不宜采用强烈的对比色调，以免绚丽的色彩分散学生的注意力；面料选用上，耐脏、耐磨、耐洗、透气、质地舒适、富有弹性的面料较为适宜(图 2-5-17、图 2-5-18)。

图 2-5-17　幼儿园服

图 2-5-18　校服

4. 面辅料在运动服中的运用

运动服多选用耐洗、吸湿的纯纺或混纺面料，如纯棉起绒针织布、毛巾布、尼龙布、纯棉及混纺针织布。

运动服实例一：网球服，上身为拼色弹性面料短袖，下身中裤，没有多余的装饰，整体简洁清爽、活力十足(图 2-5-19)。

运动服实例二：休闲运动服，上身为两件套，白色棉质短袖外搭紫色戴帽背心，下面为藏青色棉质带褶短裙，充满活力(图 2-5-20)。

图 2-5-19　运动服实例一

图 2-5-20　运动服实例二

5. 面辅料在盛装中的运用

女童春、夏季盛装的基本形式是连衣裙，面料宜用丝绒、平绒、纱类、化纤仿真丝绸、蕾丝布、花边绣花布等，再配以精致的刺绣装饰。

男童盛装类似男子成人盛装，面料多为薄型斜纹呢、法兰绒、凡立丁、苏格兰呢、平绒等，再配以精致的刺绣花纹；夏季则用高品质的棉布或亚麻布。

盛装实例一是白色长款雪纺连衣裙，甜美可爱，公主味十足，袖口花边和腰部金色花边的装饰，增添了柔美感；发型非常适合，极具小公主感觉（图 2-5-21）。

盛装实例二是 DIOR 产品，整体红色，十分耀眼，上身为贴身针织薄毛衣，下身为雪纺长裙，配红色芭蕾单鞋，整体给人贵族公主的感觉（图 2-5-22）。

图 2-5-21　盛装实例一

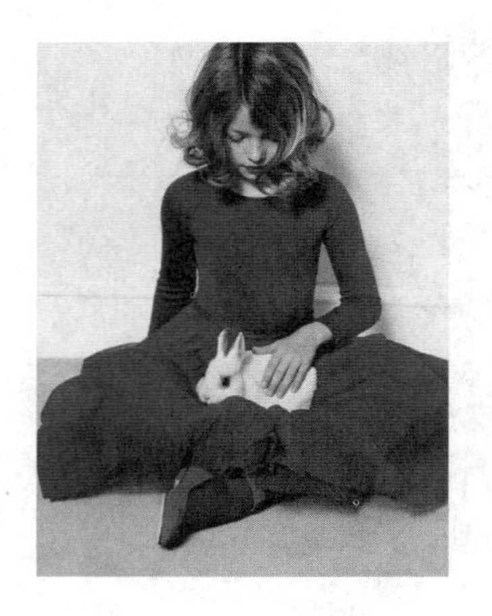

图 2-5-22　盛装实例二

任务实施

童装方案设计

➢实施目的

① 了解不同类型的面料对童装设计（款型、外观、性能等）的影响。

② 熟练掌握辅料的作用，根据童装的特点合理选配辅料。

➢考核要求

① 熟悉各种面料、辅料的种类、特点和选用原则。

② 根据童装的特征正确选配面、辅料，制定某一类童装的设计方案。

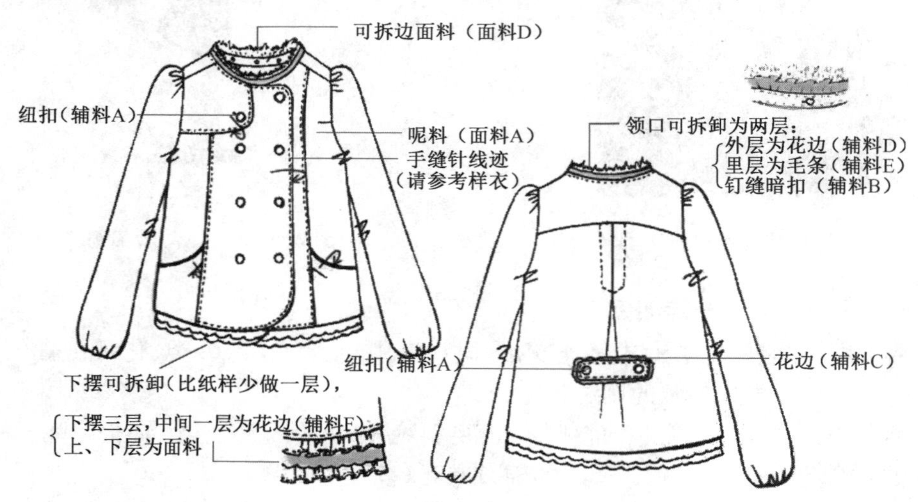

<table>
<tr><td colspan="5">面料</td></tr>
<tr><td colspan="2">面料 A</td><td colspan="2">面料 B</td><td>备注</td></tr>
<tr><td colspan="5">辅料</td></tr>
<tr><td>辅料 A</td><td>辅料 B</td><td>辅料 C</td><td>辅料 D</td><td>辅料 E</td></tr>
</table>

备注：

设计者________

项目六

服装面料的再造设计

☞ **学习目标：**

- 掌握服装材料形态设计的艺术构成要素、指导原则和设计的程序
- 掌握服装面料再造设计的常用造型方法：刺绣、贴布(拼布)绣、褶饰等
- 能根据面料特征进行面料再造方案设计

扫码可
浏览彩图

任务引入

随着科技的发展,可供设计师选择的材料范围越来越大。若想赋予作品更独特的风格,打造自己的品牌,需要在材料的创新设计上下功夫,即对材料进行塑造。因此,在学习服装材料的同时,应学会如何利用、改造现有的材料。

通过面料再造,将平淡的材料、服装变为神奇,可出现意想不到的效果(图 2-6-1)。

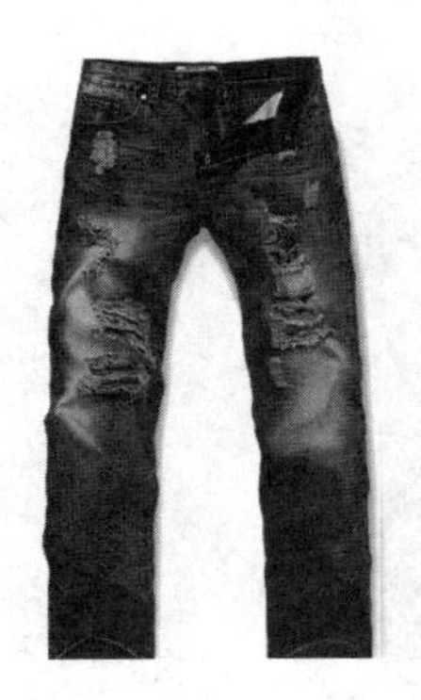

图 2-6-1

任务分析

① 了解服装材料形态设计的艺术构成要素、指导原则和设计的程序。

② 收集服装面料再造设计的图片资料,熟悉服装面料再造设计的常用造型方法,讨论服装面料再造设计的造型手段在服装设计中的应用。

③ 利用所学的造型方法,制作一款面料再造设计作品。

相关知识

相关知识一　面料再造的理念与原则

面料再造是对服装材料进行创新的一种重要手段。面对人们对服装日益增长的需求,服

装的发展，既是大众化又是个性化，要创造出符合时代脉搏的服装艺术作品，是现代服装设计师追求的目的。注重对服装材料的开发和创新，把现代艺术中抽象、夸张、变形等艺术表现形式，融入服装材料的再创造，为现代服装设计艺术发展提供更广阔的空间，是现代设计师所关注的问题。

一、面料再造的概述

服装面料再造设计

1. 面料再造的理念

材料塑造就是在符合审美原则的基础上，对原有材料进行再创性的设计加工，改变材料原本的特征和形态，使其表面产生丰富的视觉肌理和触觉肌理，从而达到创新面料的目的。如采用各种精巧而别出心裁的手法，使本来平淡无奇的面料平添精致优雅的艺术魅力；在面料上添加珠片、刺绣、反光条、花边、丝带等，赋予其全新的风格，更大限度地发挥材质的视觉美感。

服装材料艺术不仅表现在服装材料的独特处理上，还表现在不同材质的组合搭配上。设计时，应用对比思维和反向思维的方式，打破视觉习惯，以不完美的不对称美为追求目标，把金属和皮草、皮革与薄纱、透明与重叠、闪光与哑光等材质加以组合，可产生出人意料又在情理之中的出位效果。

流行的立体服装面料受到建筑和雕塑艺术的影响，通过褶皱、折叠等方法，使织物的表面产生肌理效果，加强了面料的立体外观，使采用此种面料制成的服装具有外敛内畅的效果，减轻了压迫感和束缚感。同时，特殊材料的应用延伸到佩饰、配件的各个方面，同样产生了特殊的艺术效果。因此，打开思维，广泛而有效地运用各种材料，为服装艺术的探索开辟了更广阔的空间。

随着高科技时代的到来，新颖面料的服装悄然面世，服装材料已经突破织造物的束缚，具有创新性的非织造物登上了材料的舞台。

高科技的迅速发展也为面料的形态设计和加工提供了必要的条件和手段，使设计师的灵感和创作有可能变成现实。设计师从各种资料、信息和事务中收集到具有可取性的灵感，并结合时代精神和时装流行动态，从创作和设计的角度，对各方面的灵感进行深入取舍和重组，从中找出最适合的设计方案。现代设计师把大量的精力花费在寻找新材料、新技术以及进行新的工艺试验中，期望能突破服装的固有模式，开创崭新的服饰文化和穿着方式。

2. 材料塑造的运用手法

材料塑造运用点、线、面。进行材料塑造时依然要遵循美学的规律，即统一与变化、对称与平衡、比例与分割、节奏与韵律、强调与消弱等。其表现形式如下：

(1) 表现形式

进行材料塑造时，一些平面构成的基本形式的应用能使材料焕发新的生机，如重复、近似、渐变、发射、特异、密集等。

重复是指同一画面上同样的造型重复出现的构成方式。设计中，采用重复的形式可起到加深印象、使主题强化的作用(图 2-6-2)。

近似是指形态的接近或相似。自然界中，大致相像而不完全相同的情景普遍存在，如树叶、人的形象、波涛、云朵等(图 2-6-3)。

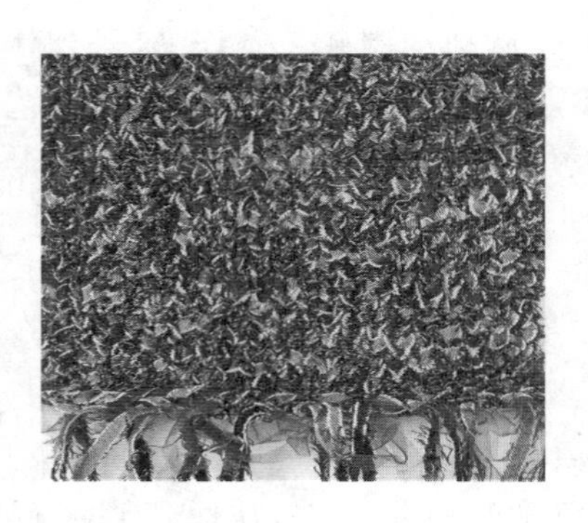

图 2-6-2　重复

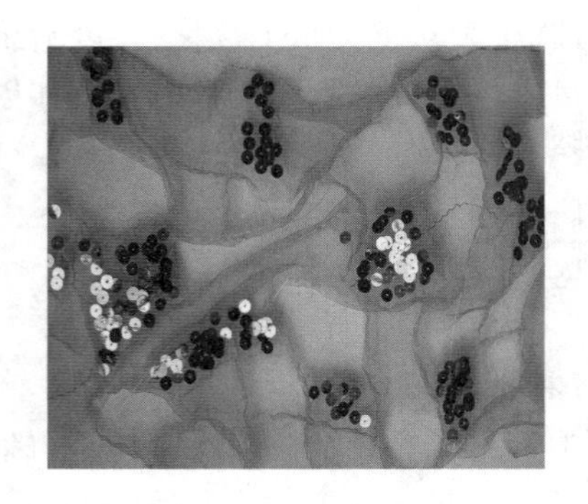

图 2-6-3　近似

渐变是指造型逐渐地、有规律地循序变动，产生节奏、韵律、空间、层次感(图 2-6-4)。

发射的现象在自然界中非常广泛，如太阳的光芒、蜘蛛网、盛开的花朵等。发射的必备条件，一是必须向四处扩散或向中心集聚，二是具有明确的中心点(图 2-6-5)。

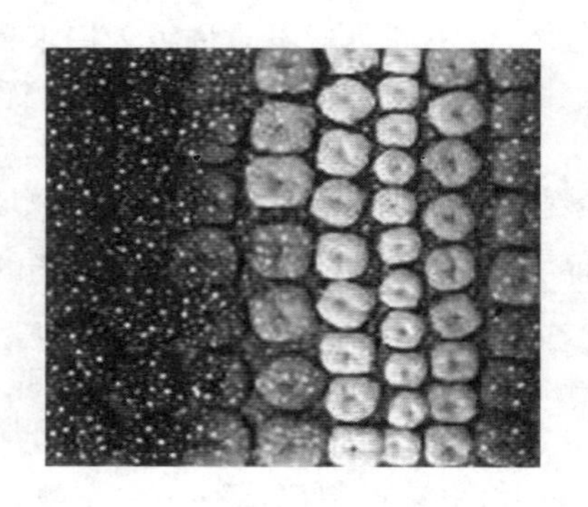

图 2-6-4　渐变

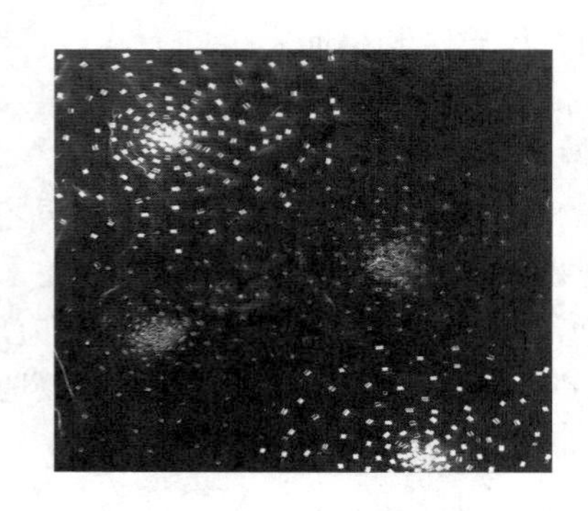

图 2-6-5　发射

特异是在有规律的基本形中寻求一种突破变化的构成形式。在自然界中，如“鹤立鸡群”“万绿丛中一点红”等，都是特异的例子(图 2-6-6)。

密集是指多个基本形在某些地方密集，而在其他地方疏散。在密集构成中，基本形的面积小、数量多，才有效果(图 2-6-7)。

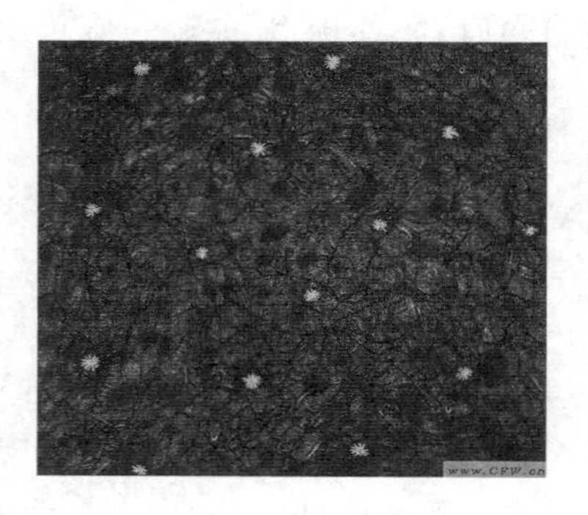

图 2-6-6　特异

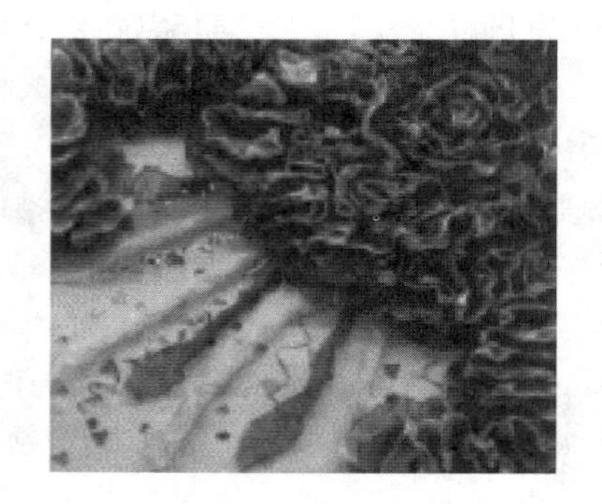

图 2-6-7　密集

(3) 面料再造的设计方法

面料再造的设计方法有很多种，一般采用的方法是在现有服装面料的基础上，对其施行剪、挖、黏、绘、绣、缝、烧等手段。多数是在服装的局部设计中采用这些表现方法，也有用于整块面料的。

① 面料的染整设计。作为面料再造的方法，染整设计主要指染色和印花，包括传统意义上的蜡染、扎染、手绘，以及电脑喷印、数码印花等现代印花技术(图 2-6-8、图 2-6-9)。

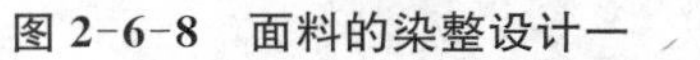

图 2-6-8 面料的染整设计一

图 2-6-9 面料的染整设计二

② 面料的辅合性设计。面料的辅合性设计是指运用联合、综合、整合等手法，把不同质感、不同花色的面料，用各种手段拼缝在一起，在视觉上形成混合与离奇的效果，以适应不同服装的设计风格。

③ 面料的增型设计。面料的增型设计是指通过缝、绣、钉、贴、挂、黏合、热压等装饰手法，在现有材质的基础上添加材料，改变面料原有的视觉和触觉效果。可以运用物理和化学的方法，改变面料原有的形态，使面料形成立体(如浮雕)的肌理效果；也可在现有面料的基础上，黏合、热压、车缝、补、挂或绣上其他材料，形成立体、多层次的设计效果(图 2-6-10、图 2-6-11)。

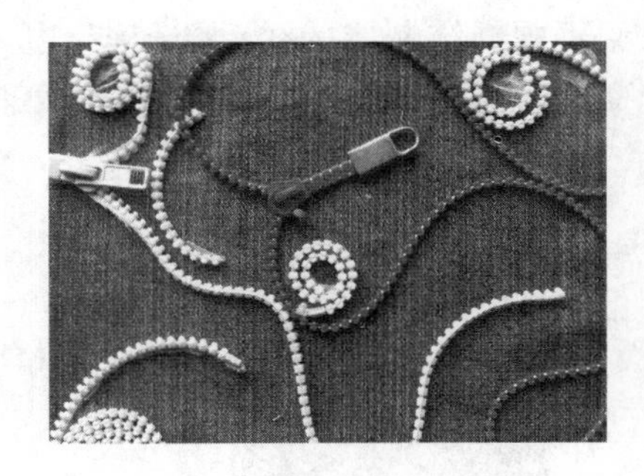

图 2-6-10 面料的增型设计一

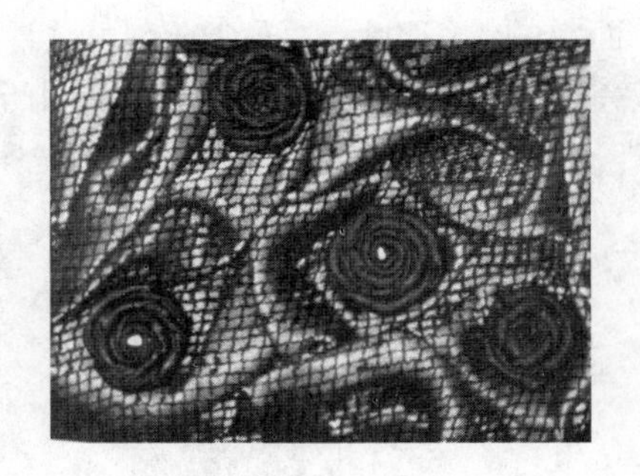

图 2-6-11 面料的增型设计二

④ 面料的减型设计。面料的减型设计是按设计构思去掉现有面料的一部分，产生新颖别致的美感，如镂空、烧花、烂花、抽丝、剪切、磨砂等，形成错落有致、亦实亦虚的效果，使服装产生更丰富的层次感(图 2-6-12、图 2-6-13)。

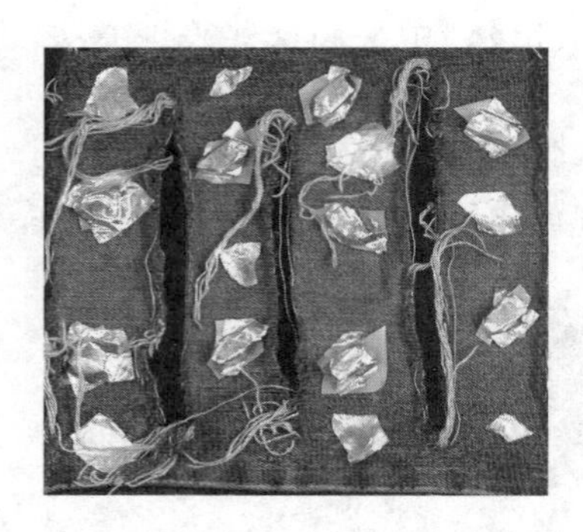
图 2-6-12　面料的减型设计一

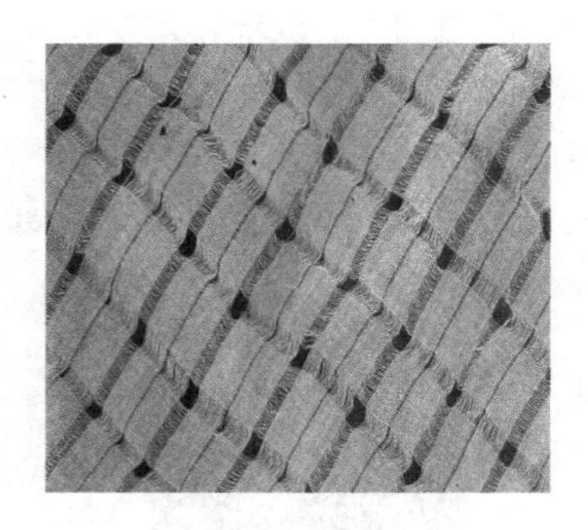
图 2-6-13　面料的减型设计二

⑤ 面料的变形设计。面料的变形设计是通过物理外力的作用，对面料进行挤压或拉伸，使其形态发生变化，产生多种立体造型，最具代表性的是自然立体的多种褶皱(图 2-6-14、图 2-6-15)。

图 2-6-14　面料的变形设计一

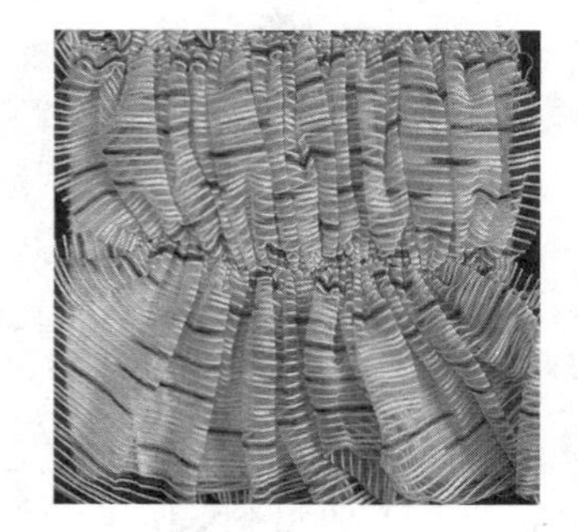
图 2-6-15　面料的变形设计二

⑥ 面料的破坏设计。面料的破坏设计是将完整的面料，用切割、挖洞、撕破、镂空、撕碎扎结、烧灼、毛边、沾色等“破坏”方法，留下人工破坏的痕迹，创造一种残缺美。

⑦ 面料的钩编设计。面料的钩编设计是指采用不同纤维制成的线、绳、带、花边，通过编结、钩织等技巧，形成疏密、宽窄、连续、凹凸等组合变化，直接获得肌理对比变化的美感(图 2-6-16、图 2-6-17)。

图 2-6-16　面料的钩编设计一

图 2-6-17　面料的钩编设计二

⑧ 面料的综合设计。面料的综合设计是指对面料本身、面料与面料之间、面料再造设计时，采用多种加工手段，如剪切和叠加、绣花和镂空等同时运用，使面料的表现力更丰富。这种方法被设计师广泛应用。

面料再造的手法多种多样，别具匠心，无一定数。但随着科技的发展，表现手法也呈现出一定的规律性：从平面化走向立体化，从具象走向抽象，从单纯走向组合，从手工走向现代，从有序走向无序，从单轨走向多轨（手法多样化），从传统走向现代，等。

相关知识二　面料再造的手法运用

面料再造（材料塑造）的设计方法可基本归纳为加法、减法和综合法。

加法的原则，主要通过添加的手法，使原有的服装材料呈现出份量感或很强的体积感，使原有的服装材料在质感和肌理上起较大变化。减法的原则，主要通过减少的手法，如剪、烧、挖洞、腐蚀等，使原有的服装材料在质感和肌理上起变化。综合法，即同时运用两种或两种以上的方法，不拘泥于一种方法的运用，使服装呈现出独特的效果。

一、服装材料塑造的加法

服装材料塑造的加法的表现形式多种多样，有填、坠、叠、堆、饰、贴、绣、染、绘、印等。下面介绍几种常用的加法塑造法：

1. 填充法

填充法是将布、棉絮、纸、线、水、沙、空气等材料填充在服装材料之内，形成凸起效果的服装材料塑造技法。

作品一（图 2-6-18）将填充了腈纶棉的纱球作为基本要素，点缀在绿色的布面上，使材料表面呈现出凹凸、虚实的艺术美感。作品二（图 2-6-19）运用本色真丝乔其纱作为基础材料，进行花样的造型，填充腈纶、涤纶等短纤维，并用缝线进行装饰，形成花蕾，再加一粒粒小珠作为点缀，使材料呈现出浪漫温馨的感觉。

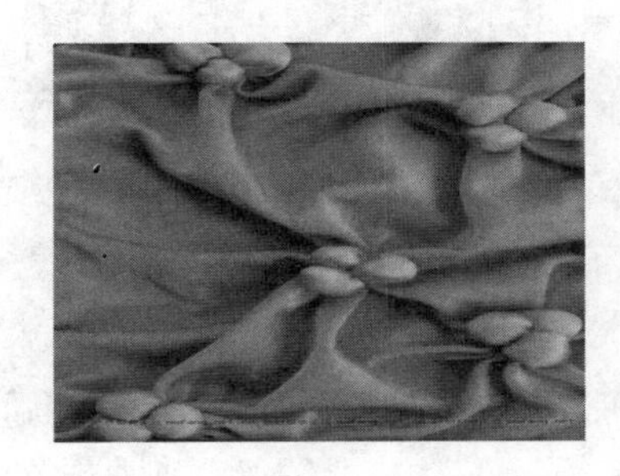

图 2-6-18　作品一（填充法实例一）

图 2-6-19　作品二（填充法实例二）

2. 堆饰法

堆饰法是将一种或多种材料进行堆积、塑造，形成具有立体装饰效果的服装材料塑造方法。

作品三（图 2-6-20）将多彩的布条折成花朵、绳带，制成一定形状，堆饰在朴素的牛仔面料上，起到装饰、点睛的作用；作品四（图 2-6-21）则为单纯的纱线和蕾丝花边的黏合使用，使布面表现出果实成熟、散落一地的意境。

图 2-6-20 作品三(堆饰法实例一)

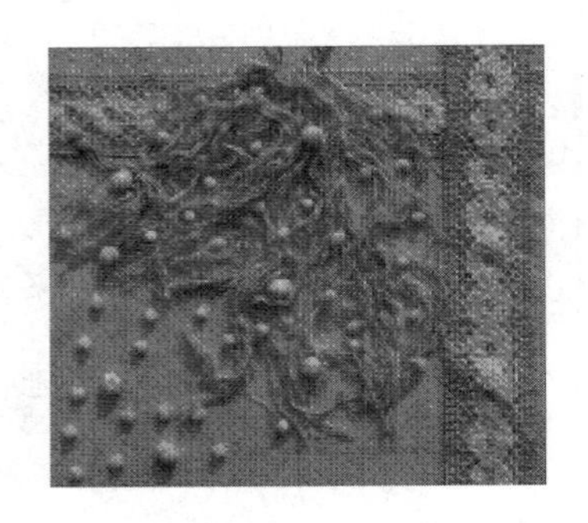

图 2-6-21 作品四(堆饰法实例二)

3. 叠加法、贴补法

叠加法是一个物体对另一物体的遮挡。在服装材料塑造中,叠加法是把材料与材料之间的部分遮挡,前面材料与后面材料在色彩、形状和肌理上的对比关系而完成材料塑造手法。作品五(图 2-6-22)运用布条、丝带迂回叠加,再用同一元素重复叠搭,整齐排列,并加以珠片、装饰球进行装饰,使材料表面呈现静中有动、动中有静的效果。

贴补法是将色彩、图案、形状、材质相同或不同的服装材料重新组合,并拼接或贴补在一起的服装材料塑造技法。作品六(图 2-6-23)将不同材质、不同色彩、不同图案、不同形状的服装材料,进行不规则的组合拼缝,既统一,又有丰富的变化。

图 2-6-22 作品五(叠加法实例)

图 2-6-23 作品六(贴补法实例)

4. 刺绣法、珠绣法

刺绣俗称绣花,是指用针、线在面料上进行缝纫,由线迹形成花纹图案的加工过程。

刺绣工艺在中国有悠久的历史,包括彩绣、十字绣、缎带绣、雕绣等。刺绣法的运用,使服装材料表面呈现精致细腻的美感,有很强的艺术感染力。作品七(图 2-6-24)运用苗族的破丝绣手法,刺绣传统的龙纹图案,整体效果古朴华丽,具有很强的装饰感。

珠绣法是指用针线绕缝的方式,将珠片、珠子、珠管等材料钉缝或缝缀在服装材料上,组成规则或不规则的图案,形成具有装饰美感的一种服装材料塑造技法。作品八(图 2-6-25)运用珠绣法,将珠片、珠子、人造水晶等多种材料缝缀在底料上,进行排列重组,通过材质的对比,相互衬托,使材料表面呈现和谐、华丽的审美效果。

图 2-6-24　作品七(刺绣法实例)

图 2-6-25　作品八(珠绣法实例)

5. 线饰法、绳饰法、带饰法

线饰法、绳饰法、带饰法是指在服装材料上装饰规则或不规则的不同种类的线、绳、带,形成花纹或抽象图案,从而赋予新颖美感的服装材料塑造技法(图 2-6-26～图 2-2-28)。

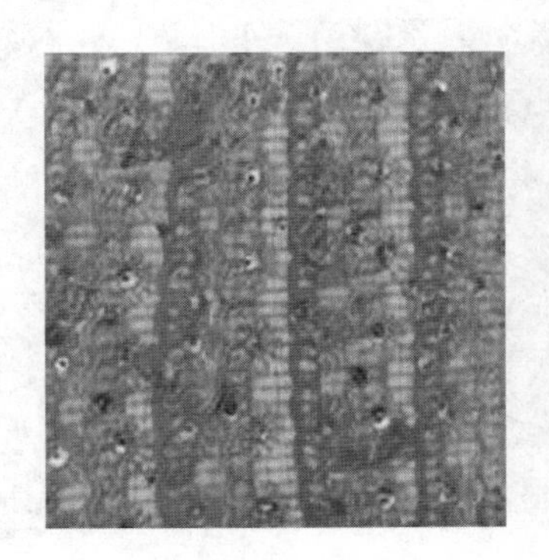

图2-6-26　作品九(线饰法实例)

图2-6-27　作品十(绳饰法实例)

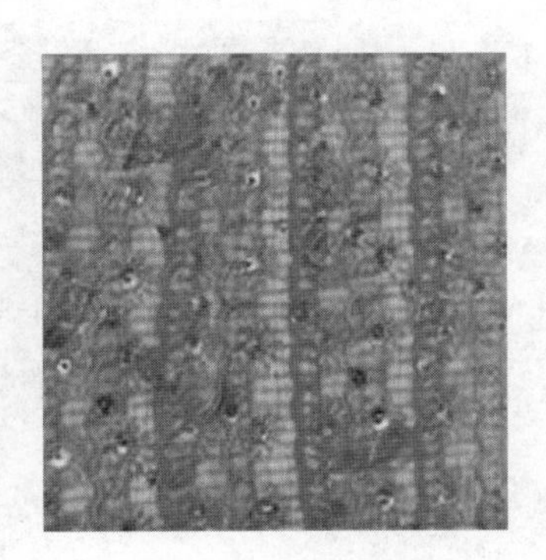

图 2-6-28　作品十一(带饰法实例)

6. 其他技法

对服装材料进行加法塑造的方法还有扎蜡染法、手绘法、褶饰法等其他技法。

扎蜡染法,是线绳结扎防染、手工染色与封蜡防染、手工染色单独使用或混合使用的材料塑造技法(图 2-6-29)。手绘法是用不易脱色的专用颜料,手工将花纹、图案绘制于服装材料上,形成自然、淳朴的特殊效果(图 2-2-30)。褶饰法是利用服装材料本身的特性,以规则或不规则的褶皱加以装饰的材料塑造方法(图 2-6-31)。

图 2-6-29　作品十二
(扎蜡染法实例)

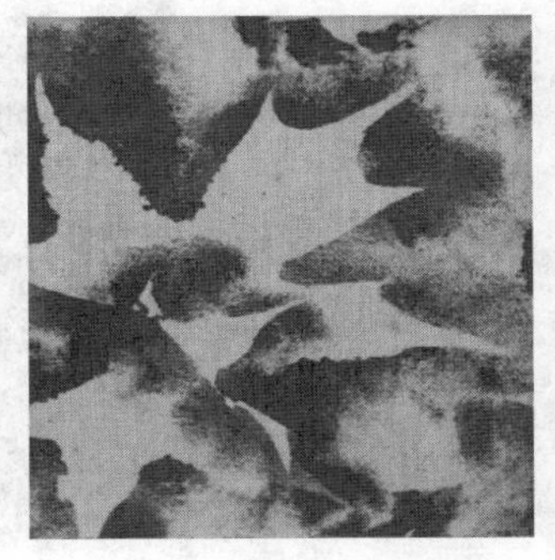

图 2-6-30　作品十三
(手绘法实例)

图 2-6-31　作品十四
(褶饰法实例)

二、服装材料塑造的减法

减法原则是经过抽、镂、剪、烧、烙、撕、磨、蚀、扯、凿等手法，将原有的材料除去和破坏局部，使其具有一种独特肌理效果的方法。

1. 剪切法

剪切法是指采用剪、刻、切等手法，将皮、毛、布、纸、塑料等材料的局部切开，有创意地“破坏”，形成抽象或具体图形的工艺。由此改变原有材料平庸、贫乏的呆板效果，使制作的服装更具有层次感和美感。

作品十五是用刀切割出弧线，整体呈现出大小疏密的有序渐变(图 2-6-32)。

作品十六是将材料进行长短不一的条状切割处理，透出底层的色彩与面料融合，并加上花朵点缀，使整体效果更为丰富(图 2-6-33)。

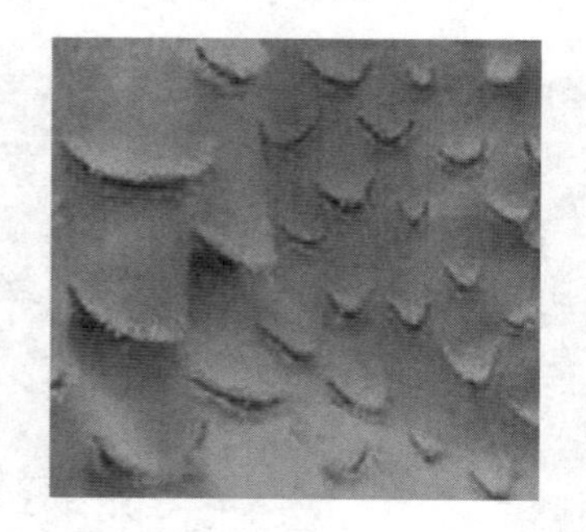

图 2-6-32　作品十五(剪切法实例一)

图 2-6-33　作品十六(剪切法实例二)

2. 破损法

破损法是指用剪损、撕扯、劈凿、磨、烧、腐蚀等方法，使材料破损、短缺的工艺。操作中可造成一种残相，这种痕迹可部分保存和利用，产生层次感，效果粗犷。

作品十七用火焰烧熏后露出里面的材质，图案绘制其内，与表层浑然一体，又略微保留火焰烧熏后的痕迹，并在表层缝缀纽扣式的材质，使视觉效果更为突出(图 2-6-34)。

作品十八创新使用海绵材料，用撕、扯等破坏手段，达到残缺、粗糙的独特效果(图 2-6-35)。

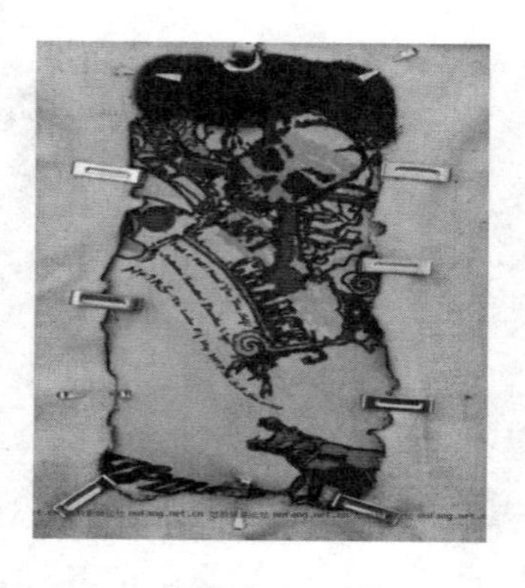

图2-6-34　作品十七(破损法实例一)

图 2-6-35　作品十八(破损法实例二)

3. 镂空法

镂空法是指将“孔”设计成花纹图案的形式，再通过机械热压或手工镂空的工艺。此方法根据风格的需要，在服装上刻出不同造型的图案，如花、动物、文字、几何等，颇具剪纸的效果。镂空的地方可重叠显现底层面料，或在镂空处添加其他创意设计，使制作的服装更具有生动性、层次性和唯美效果。

作品十九是先将面料挖剪去所设计的图形，然后用线缝制成太阳的外环，与蜡染的形成晕相得益彰，使塑造作品在统一中富有变化(图 2-6-36)。

作品二十是在印花面料上，用手工镂空的方法去除部分面料，使制作的服装在华丽之余具有一定的层次感和唯美效果(图 2-6-37)。

图 2-6-36　作品十九(镂空法实例一)

图 2-6-37　作品二十(镂空法实例二)

4. 抽纱法

抽纱法是指将织物的经纱或纬纱，按一定格式抽出后所产生特殊效果的工艺。在制作中，会形成透底的格子或图形，底层衬托不同质感和花色的材料，可形成独特的色彩效果。

作品二十一将织物的纬纱全部抽去并缀饰珠片，使面料呈现柔软无骨的状态(图 2-6-38)。

作品二十二经过分段的抽纱处理，并点缀珠管，质感更为丰富(图 2-6-39)。

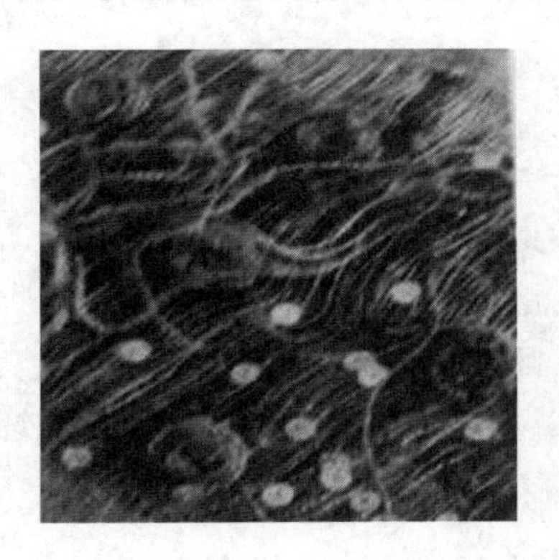

图 2-6-38　作品二十一(抽纱法实例一)

图 2-6-39　作品二十二(抽纱法实例二)

三、服装材料的综合法运用

进行服装面料再造设计时，往往采用多种加工手段，如剪切和叠加、绣花和镂空等同时运用，使面料的“表情”更丰富，创造出别有洞天的肌理和视觉效果（图 2-6-40～图 2-6-45）。

图 2-6-40 作品二十三
（综合法运用实例一）

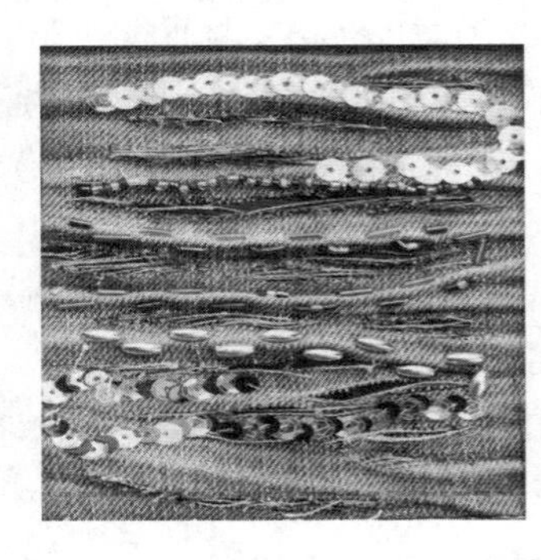

图 2-6-41 作品二十四
（综合法运用实例二）

图 2-6-42 作品二十五
（综合法运用实例三）

图 2-6-43 作品二十六
（综合法运用实例四）

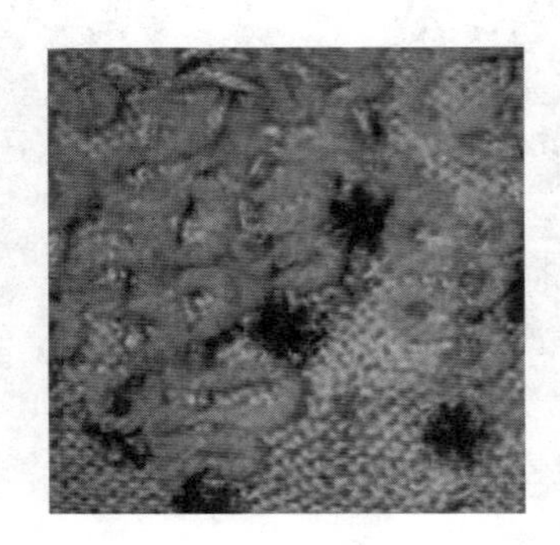

图 2-6-44 作品二十七
（综合法运用实例五）

图 2-6-45 作品二十八
（综合法运用实例六）

相关知识三 面料再造与服装设计具体应用

一、面料设计理念

根据服装设计的理念定位，为突出或强调某一局部的变化，增强该局部面料与整体服装面料的对比性，针对性地进行局部面料的再造设计，主要部位有领部、肩部、袖子、胸部、腰部、臀部、下摆或边缘等。如在服装的领部、袖口部位采用填充绗缝，使该部位变得立体、饱满，与服装的整体平整性形成对比。瑞典的服装设计师 Sandra Backlund 对编织面料质感的把握，并把这种质感在服装局部的使用发挥到了极致。设计师用镂空的织法赋予毛线新的含义，在胸部、腰部和领部等位置进行巧妙搭配，用纯手工的技法，编织出层叠的类似宫廷服饰的褶皱效果和皮草的奢华质感，构筑起新的时尚空间。

二、再造面料在服装局部设计中的应用

服装令人叫绝之处常常在某些局部设计，局部的细节表现通常是点睛之笔。一般来说，服装材料的塑造可应用在服装的各个部位，但所有的要素必须服从整体设计思想，统一在整体造型和风格中。

服装材料塑造在服装局部的应用包括边缘、中心和点缀三大类型。

1. 在服装边缘的应用

(1) 在领部的应用

衣领最靠近人的脸部，而人与人交流的关键部位是人的脸部，有人将衣领称为“服装的窗户”，它不仅引人注目，而且起到保护颈部、装饰颈部、肩部、背部、平衡协调服装整体的效果。

领部因其位置的重要性，在设计中经常会运用一些服装材料塑造的手段，起到强调、画龙点睛的作用，还常与袖口、口袋协调一致，相互呼应。

图 2-6-46 中，左侧作品，在领片上运用亮钻、珍珠，和金色的真丝面料相搭配，以营造华丽、尊贵的特点；中间作品，领部与服装同色且同材质的设计，于平凡中见细节，通过材质的再塑造，使服装的品味提高；右侧作品，采用较厚重的材料，堆砌成立体环状领型，具有较强的立体感和艺术感。

图 2-6-46　领部设计实例

(2) 在门襟的应用

门襟是指服装胸前部位的开口，又称搭门和止口，是服装的重要组成部分。它不仅具有穿着方便的作用，也大大地丰富了服装的款式，在服装设计中影响着服装整体的风格。

图 2-6-47 中，左侧作品，经过光泽管和珠管的演绎，灰色的层次感愈加丰润，服装更显品味与高雅；中间作品，鲜艳的珠扣使服装显得突出醒目；右侧作品的前襟处，将与主体色一致的细腻材料处理成褶皱，生动而有内涵。

  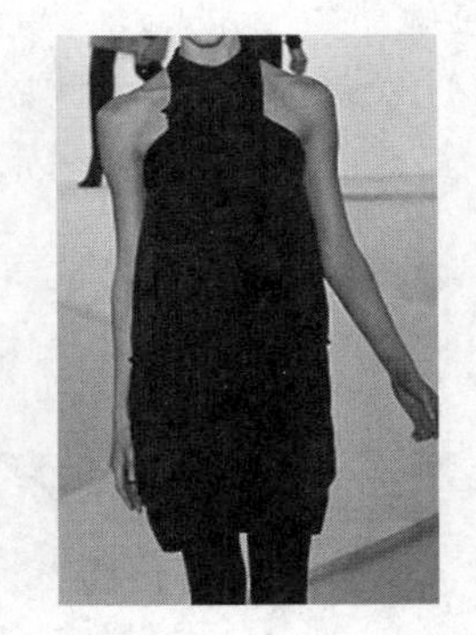

图 2-6-47　门襟设计实例

(3) 在下摆的应用

下摆通常是指上衣和裙子的下部边缘。下摆线是服装造型布局中一条重要的横向分割线，在服装的整体韵律中表达着间歇和停顿的美感。

上衣按通开襟的形式，摆角可分为圆摆、直摆和尖摆。一般衣服的下摆造型应按其轮廓造型的要求进行刻画和变化。如：Y型、O型、V型的服装，其下摆显示为收缩型；A型、X型的服装则显示为扩张型，下摆线可呈水平线形、弧线形、曲线形、斜线形等。

在下摆的设计中，运用材料的塑造技巧，给服装增添韵味的同时，还能增强稳健和安定感，并起到界定和提示服装边缘的作用（图2-6-48）。

图2-6-48　下摆设计实例

4. 在其他部位的应用

运用于裤侧缝、臂侧缝、口袋边等，能强调服装的轮廓感、线条感，具有易显修长、细致的特点（图2-6-49）。

图2-6-49　局部设计实例

2. 在服装中心的应用

这里的中心部位主要指服装边缘以内、面积较为集中的地方，如胸部、背部、腰部、腿部、肘部、膝盖等部位。在这些部位，利用材料的塑造技巧进行装饰，能够增强服装的个性特点，具有醒目、集中的效果。

（1）在胸部的应用

胸部是服装设计中最为频繁强调的部位，其视觉地位仅次于人的脸部，具有强烈的直观效果。因此，其地位格外突出，易形成鲜明的艺术感染力（图2-6-50）。

图2-6-50　胸部设计实例

(2) 在背部的应用

服装背部很适宜于材料塑造技巧的运用。此处宽阔、平坦，所受制约较少，因此表现起来较为自由，既可以与正面形式相呼应，也可以不同(图 2-6-51)。

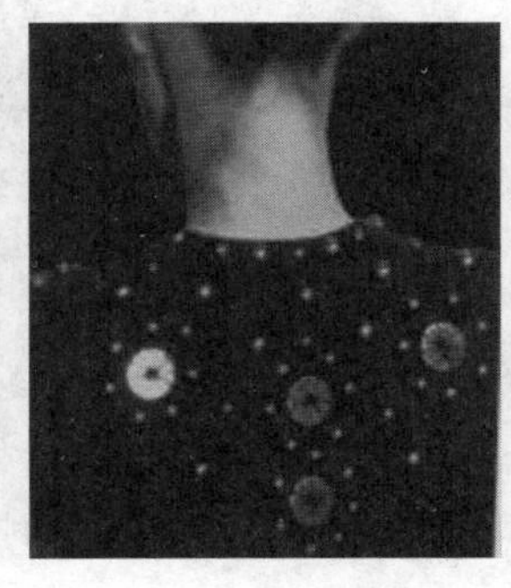

图 2-6-51 背部设计实例

(3)在其他部位的应用

在臀部、肘部、膝部等部位应用服装材料塑造，能体现出运动感，随着四肢的运动，会呈现出灵活多变的空间效果；而在肩部、腹部等部位应用，不但具有设计特色，还可突出男性的阳刚、女性的妩媚(图 2-6-52)。

图 2-6-52 其他部位设计实例

3. 再造面料在服装配件中的应用

服装配件是指与服装相关的配饰，如胸花、鞋帽、手套、围巾、包袋等。材料塑造在局部应用中的点缀效果在此体现最为突出。服装配件与服装呼应或对比，有利于营造丰富多变的视觉效果。一般来说，它们与服装总体基调相适应，起到画龙点睛的作用(图 2-6-53)。

4. 再造面料在整体设计中的应用

面料再造在服装整体设计中的应用，可大致分为创意服装设计、成衣服装设计、高级定制服装设计。

(1) 在创意服装设计中的应用

服装材料的设计及再塑造在创意服装设计中是必不可少的设计手段之一。服装材料的质地、肌理、色彩、形状、细节等表现元素，都围绕着创意服装设计的风格和款式展开(图 2-6-54)。实现完整的服装材料塑造在创意服装设计中的应用，需进行两个定位：

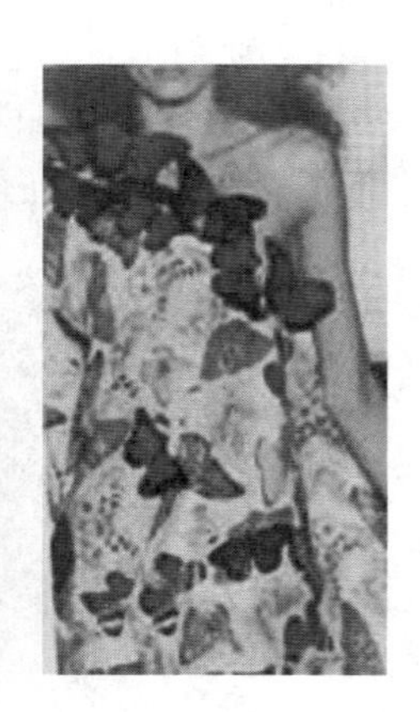

图 2-6-53　服装配件设计实例

图 2-6-54　创意服装设计实例

① 服装材料总体形象定位。创意服装的风格多种多样，或简洁含蓄，或另类前卫，或性感冷眼，或古典优雅，等等。服装材料的效果应与之相配，服装材料的再造方法因定位不同而不同。

② 服装材料基本元素定位。创造出服装独特新奇的意境，离不开服装材料塑造的基本元素，如褶皱、珠绣、抽纱、堆饰、填充等，多个基本元素的组合形成创意的整体形象。

(2) 在成衣服装设计中的应用

成衣是运用机械化，依据号型和尺码批量生产的服装。它是相对于高级定制服装，成本及价格较低的大众化服装。成衣根据批量大小、服装材料的档次和工艺的复杂程度可分为高级成衣和大众成衣。

成衣的消费属于大众消费。成衣的设计和生产一般分为四个过程：市场调研，成衣设计定位；确定成衣设计方案；确定服装材料，制作服装样板；制作成衣，批量生产。

服装材料的选择与设计是成衣设计的重要环节。随着服装材料的创新与发展，多种多样的材料在成衣设计中被采用，但原始材料的直接应用远远满足不了成衣设计的需要，对服装材料的二次加工成为必要，现已作为服装设计的重要手段，依据成衣设计生产的特点进行合理使用(图 2-6-55)。

(3) 在高级定制服装设计中的应用

高级定制服装，也称高级时装，法语为“Haute Couture”，意为“高超水平的女装缝纫业”。

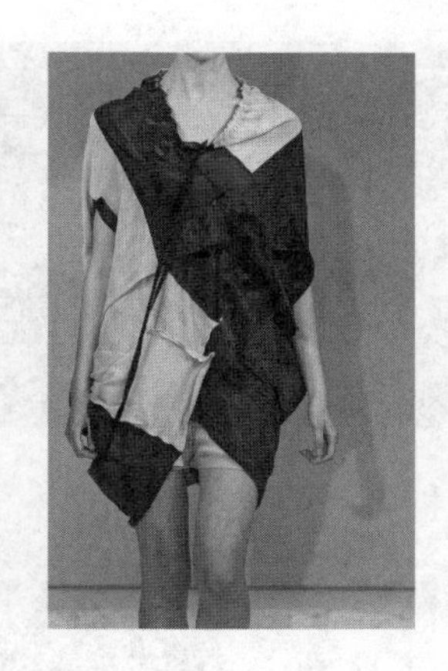

图 2-6-55 成衣服装设计实例

高级定制服装的特点是使用高档服装材料，具有独具匠心、充满艺术感的精心设计，每一件服装均为度身定制，用精致的手工缝制而成。

在高级定制服装设计中，礼服设计占有非常大的比例，礼服的面料与款式设计有着密切的联系，其质感、性能、色彩、图案等决定着礼服的效果。打破传统观念，运用订珠、刺绣、镂空、镶边、抽褶等手法，对服装材料进行二次加工，采用多种材料混搭，是礼服设计的趋势。服装材料塑造使礼服呈现出高贵华丽、美轮美奂的艺术魅力(图 2-6-56)。

图 2-6-56 高级定制服装设计实例

任务实施

加法的技能操作训练——花朵造型设计

(1) 材料准备

每朵花需要长 40～60 cm、宽 50 cm 的彩色纱料和白坯布各一份(花的大小可适当变化)，再准备好黑色底板。花朵效果如右图所示。

(2) 具体步骤

① 将白坯布放在纱料条之上，再将两层布条对折。

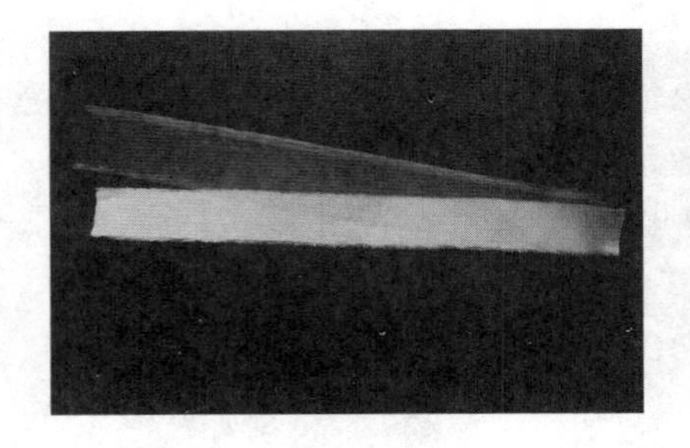
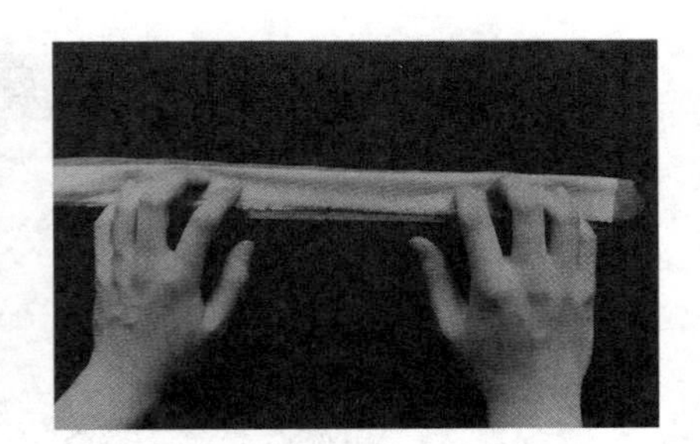

② 将对折后的双层布料拧扭。

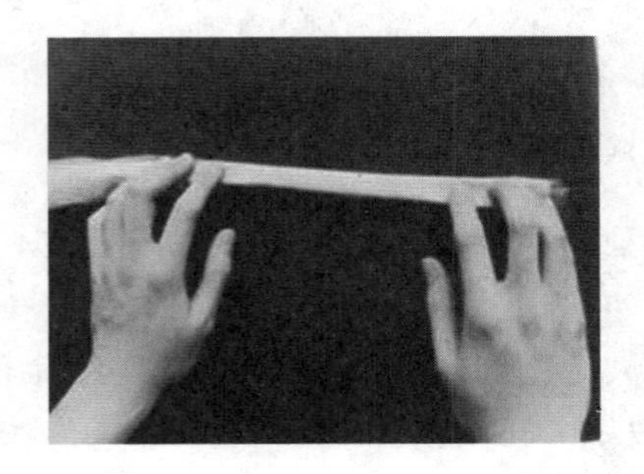
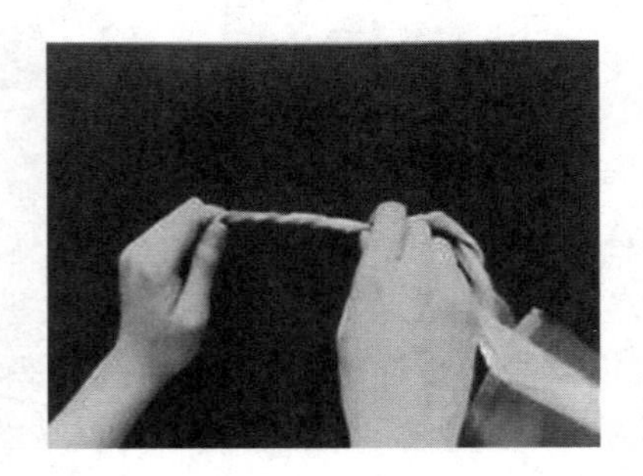

③ 将拧扭后的细条沿一个方向旋转成螺旋形，边旋转边沿一端的边盘叠边，用针线缝合固定。

④ 取合适的尺寸形成花朵的造型，完成一朵花朵的制作。采用上述方法制作各色花朵，可根据底板的尺寸大致确定花朵的数量。

⑤ 用针线将花朵与底板固定，从底板一角开始，直到排满底板，注意花朵间的位置与色彩的搭配，排列紧凑。

减法的技能操作训练——装饰造型设计(破损法)

(1) 材料准备

准备一块 30 cm×30 cm 的化纤布料、蜡烛一枝及彩色纸板或不同材质的底板多块。

(2) 具体步骤

① 将蜡烛点燃,用蜡烛火焰烧熏化纤面料,因火力不同,会产生收缩、鼓胀、焦、糊、破损等效果。本训练中,注意蜡烛的蜡油不能滴在布料上。

② 底板可变换不同色彩、质地,以获得相异的效果,烧熏后的效果如下图。

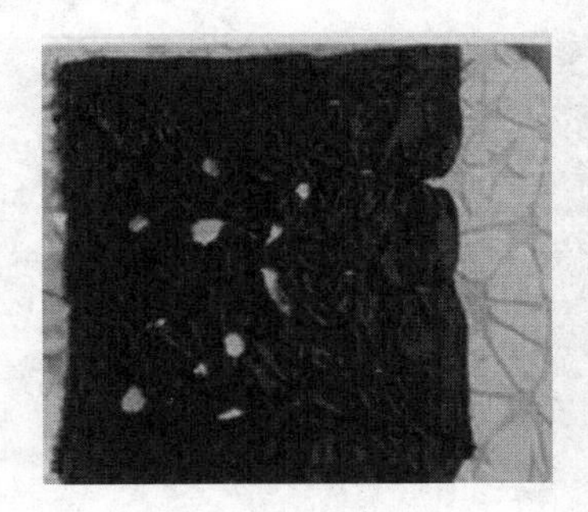

③ 本训练中,采用黑色材料作底板,再用银色的笔加以装饰。

➢实训内容

根据需要,选用任意一种再造方法(加法、减法或综合法),完成一种面料再造的方案设计。

第三篇

职　业　篇

项目一
服装生产与工艺

☞能力目标：
- 熟悉服装工艺设备，能根据服装生产工艺进行设备选型等
- 熟悉服装制作工艺技术和服装材料性能，能进行服装生产工艺流程设计，掌握各类材料的裁剪和熨烫技术等

任务一　认识服装机械设备

相关知识

服装工业由手工作业逐步向成批生产和专业化生产发展，服装加工技术的要求更高，需要相互之间的密切配合，并相应地出现了设计、制板、裁剪、缝纫等加工工序，更趋向于规范化、标准化。即服装加工业由原来的简单的单件制作发展到了今天复杂、高级的、工业化、标准化、规范化生产。

一、服装生产方式

1. 成衣化生产

采用工业标准化方法进行生产，有效地利用人、财、物，进行流水线生产、机械化生产和自动化生产，服装质量稳定，价格适中。

2. 半成衣化生产

以工业标准化生产为基础，由客户对某些部位提出特殊要求，结合工业化生产的方法，投入生产线进行生产。

3. 定制

以个人体型为标准，量体裁衣，单件制作。

4. 家庭制作

穿着者自己购料，在家缝制。

二、常见的服装机械设备

服装机械的发展伴随着服装工业的发展。从1790年的单线单针链式缝纫机发展到各类缝纫机，缝纫机转速从3000 r/min提高至8000 r/min，以及采用电气控制、微机控制等。特种专业设备不断出现，从单一的平缝机发展为功能各异的专业设备，使生产工序的划分更细致，工艺范围不断拓宽。

1. 准备机械

准备机械主要有验布机(图3-1-1)、预缩机(图3-1-2)等。

验布：面料在织造和染整加工过程中，不可避免地会产生各种疵点(织造疵点、染整疵点、印花疵点等)。面料具有疵点的区域应该做出明显的记号，以便在断料时去除或裁剪成衣片时剔除。对面料的宽度、色差、纬斜等进行检验，对面料长度进行复核。

预缩：在剪裁前消除织物中积存的应变力，使织物内纤维处于适当的自然排列状态。

2. 剪裁机械

剪裁机械主要有铺布机(图3-1-3)、断料机、裁剪机(图3-1-4)等。

铺布机将面料无张力地、一层一层地平铺在铺料台上，以备裁剪。

裁剪机根据裁剪工作原理不同分为直刀往复式、带刀式、圆刀式和摇臂式。

图3-1-1 验布机

图3-1-2 预缩机

图3-1-3 铺布机

图3-1-4 裁剪机

3. 黏合机械

黏合机械是指通过加压、温度、时间的控制，将黏合物料进行黏合的设备，主要分为辊式黏合机(图3-1-5)和板式黏合机(图3-1-6)。

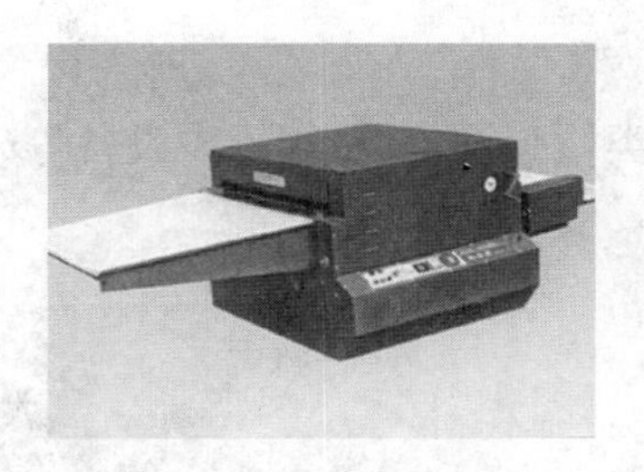

图 3-1-5 辊式黏合机

图 3-1-6 板式黏合机

4. 整烫机械

熨烫是通过改变纱线密度和排列来达到服装造型的工艺手段。熨烫注意加热、喷湿、加压和吸风抽吸的作用。整烫机械主要有熨斗(图 3-1-7)、烫台、熨烫机(图 3-18)、蒸烫机等。

图 3-1-7 熨斗

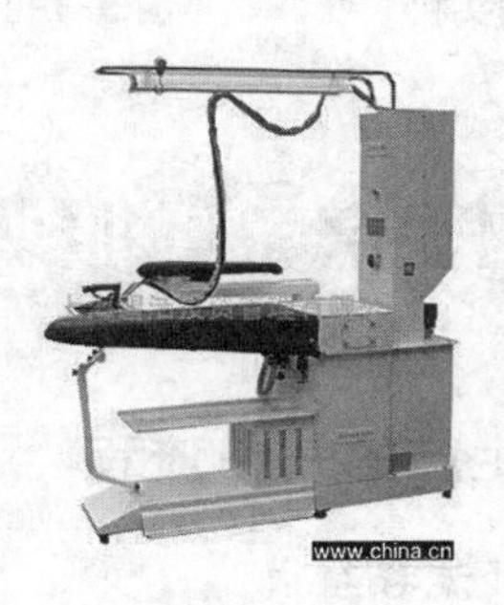

图 3-1-8 熨烫机

5. 缝纫机械

通用设备：平缝机、链缝机、绷缝机、包缝机；

专用设备：锁眼机、订扣机、套结机、暗缝机；

装饰设备：曲折缝机、绣花机、衍缝机、珠边机；

特种设备：自动开袋机、自动装袋机、自动省缝机等。如图 3-1-9～图 3-1-14 所示。

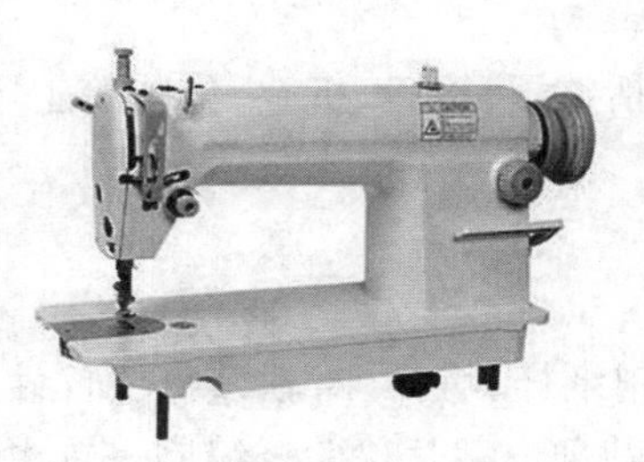

图 3-1-9 工业平缝机

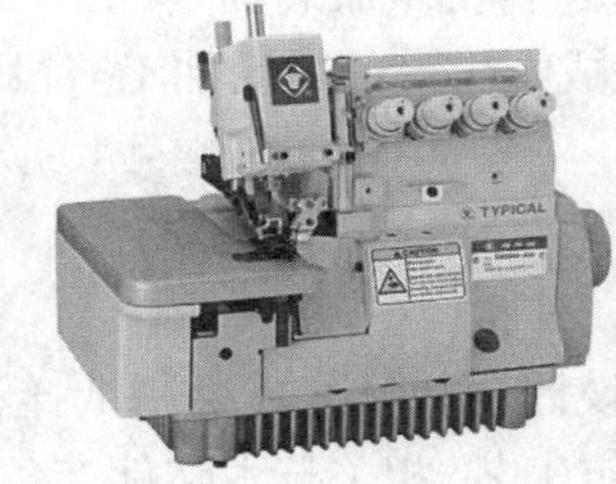

图 3-1-10 包缝机

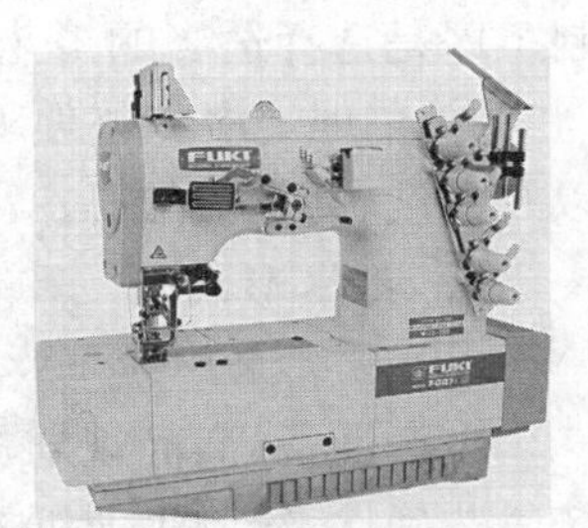

图 3-1-11 绷缝机

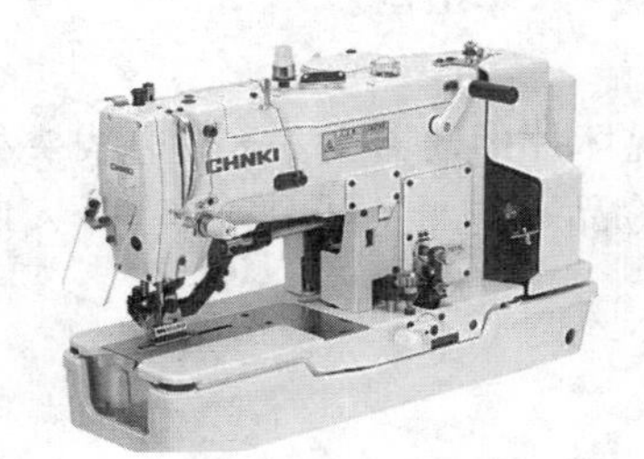

图 3-1-12 平头锁眼机

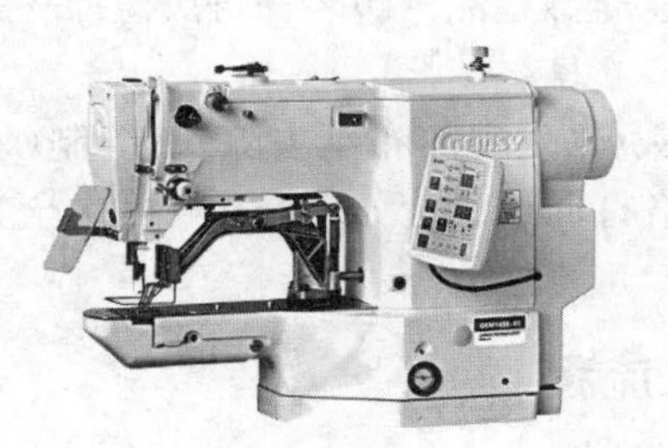

图 3-1-13 套结机

图 3-1-14 绣花机

6. 其他设备

其他服装设备有吊挂设备、包装设备、定位分类检验设备、专用维护设备等(图 3-1-5～图 3-1-17)。

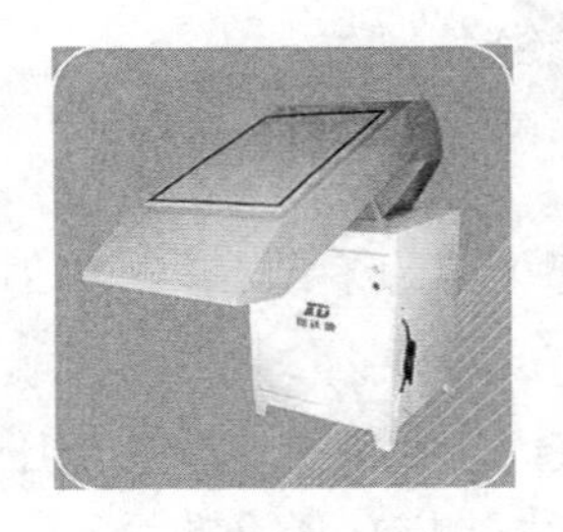

图 3-1-15　吸线头机

图 3-1-16　验针机

图 3-1-17　吊挂传输系统及配套设备

任务二　服装生产及工艺流程设计

一、服装生产的一般流程

1. 服装生产流程组成

① 生产准备。包括商品规划、款式设计、进料准备与检验、材料的预缩与整理、产前样品试制、首件生产工艺确认、绘制工业纸样、制定工艺和相关技术文件。

② 裁剪工序。包括裁剪方案的制定、排料、铺料、裁剪、验片、打号、分包、黏合。裁剪工序是成衣生产中的一个重要环节,其质量好坏不仅影响成衣尺寸规格以及产品是否达到设计要求,还直接影响产品质量和成本。

③ 缝制工序。缝制是服装工业化生产的重要组成部分,裁片通过缝制工程加工成衣。缝制工序是选择适当的工艺、设备进行批量服装加工的生产过程。

④ 整理工序。整理工序是成衣生产的最后加工阶段,包括整烫、检验、折叠、包装等工序,以及水洗、磨毛等加工。

2. 具体形式

(1) 服装企业的一般生产流程

生产准备(商品规划、款式设计、面料检验、绘制纸样、试制纸样、对样、对款、度尺、首件生产工艺确认、绘制工业纸样、制定工艺、相关技术文件准备)→裁剪→裁片检验→缝制→首次检针→全部检品→整烫→再次全数检品→包装→再次检针→总检→入库出运。

(2) 小型加工厂的生产流程

打板→纸样→排板→裁剪(发现坏布则去除)→缝制(发现坏片即时补片)→周边线头处理→技术指导检品(不合格打回或废弃)→整烫→再次全数检品→包装(再次检查)→入库出运。

二、针织服装加工流程

针织服装的加工流程一般为络纱→编织→验布→裁剪→缝制→整烫→成品检验。

1. 络纱

络纱的目的是使进厂的棉纱卷绕成一定结构与规格的卷装筒子，以适合针织生产使用。在络纱过程中，要消除纱线上的一些疵点，同时使纱线具有一定的均匀张力，对纱线进行必要的辅助处理，如上蜡、上油等，以改善纱线的编织性能，提高生产效率和改善产品质量。

2. 编织

编织方法可分为纬编和经编两大类，作为针织用衣的面料大多是纬编织物。纬编是将一根或数根纱线由纬向喂入针织机的工作针上，使纱线弯曲成圈且加以串套而形成织物。纬编对加工纱线的种类和线密度有较大的适应性，同时纬编工艺和机器结构较简单，易于操作，生产效率高。

经编是由一组或几组平行排列的纱线分别排列在织针上，同时沿纵向编织而形成织物。经编织物的脱散性和延伸性比纬编织物小，其结构和外形的稳定性较好，用途也较广。

3. 验布

由于坯布的质量直接关系到成品的质量和产量，因此裁剪前，必须根据裁剪用布配料单，核对匹数、尺寸、密度、批号、线密度是否符合要求。验布时对坯布按标准逐一检验，对影响成品质量的各类疵点，如色花、漏针、破洞、油污等，须做好标记和质量记录。

4. 裁剪

针织服装的裁剪工艺过程为断料→借疵→划样→裁剪→捆扎。

借疵是提高产品质量、节省用料的重要一环，断料过程中尽可能将坯布上的疵点借到裁耗部位或缝合处。针织面料按经向网目辅料裁剪。裁剪一般采用套裁方式，常用的有平套、互套、镶套、拼接套、剖缝套等。

针织面料在裁剪过程中应注意以下事项：

① 不要将有折叠痕迹处和有印花的边缘处使用在服装的明显部位。

② 剪裁中不要使用锥孔标记，以免影响成衣的外观。

5. 缝制

我国现有缝制设备以中高速平缝机（俗称“平车”）、中高速包缝机（俗称“拷克车”）、绷缝机等机型为主。

由于针织织物是由线圈串套组成的，裁剪后的衣片边缘容易发生脱散，故应先将衣片边缘进行包缝（俗称“拷边”），再用平缝机等进行缝制。在缝制过程中要注意掌握以下要点：

（1）缝迹

由于针织面料具有纵向和横向延伸性（即弹性）的特点及边缘线圈易脱散的缺点，故缝制针织时装的缝迹应满足以下要求：

① 缝迹应具有与针织物相适应的拉伸性和强力。

② 缝迹应能防止线圈脱散。

③ 缝迹的密度应适当控制。如厚型织物，平缝机的缝迹密度控制为 9～10 针/2 cm，包缝机的缝迹密度为 6～7 针/2 cm；薄型织物，平缝机的缝迹密度控制为 10～11 针/2 cm，包缝机的缝迹密度为 7～8 针/2 cm。

（2）缝线

纯棉针织面料采用 9.8 tex×4 或 7.4 tex×3 的纯棉及涤/棉混纺线，化纤针织面料采用 7.8 tex×2 的弹力锦纶丝和 5 tex×6 的锦纶线。缝线要达到下列质量要求：

① 缝纫用纯棉线(缝线)应采用精梳棉线,具有较高的强度和均匀度。

② 缝线应具有一定的弹性,可防止在缝纫过程中不会由于缝线的曲折或压挤而发生断线。

③ 缝线必须具有柔软性。

④ 缝线必须条干均匀光滑,减少缝线在线槽和针孔中受到的阻力或摩擦,避免造成断线和线迹张力不匀等疵点。

(3) 缝针

缝纫机针又称缝针、机针。为了达到缝针与缝料、缝线的理想配合,必须选择合适的缝针。机器的工作性质决定着机针的选用,不同种类的机器要配备不同型号的机针,见表 3-1-1。

表 3-1-1　不同型号的机针选配

缝纫机种类	中国针型	日本针型	美国针型	机针全长(mm)	针柄直径(mm)
平缝机	88×1	DA×1	88×1	33.4～33.6	1.6
	96×1	DB×1	16×231		
包缝机	88×1	DC×1	88×1	33.3～33.5	2.0
	DM13×1	DM×13	82×13		
锁眼机	71×1	DL×1	71×1	37.1～39	1.6
	136×1	DO×1	142×1		
	557×1	DL×5	71×5		
	DP×5	DP×5	135×5		
钉扣机	566	TQ×7	175×7	40.8～50.5	1.7
	566	TQ×1	175×1		

针号是机针针杆直径的代码,是对缝制物种类而言的。我国常用的针号表示方法有三种,即公制、英制和号制,见表 3-1-2。

表 3-1-2　针号的表示方法

号制	6	8	9	10	11	12	13	14	15	16
公制	55	60	65	70	75	80	85	90	85	100
英制	—	022	025	027	029	032	034	036	038	040

6. 整烫

通过整烫使针织服装的外观平整、尺寸符合设计要求。熨烫时,在衣内套入衬板,使产品保持一定的形状和规格,衬板的尺寸比成衣所要求的略大些,以防回缩后规格过小。熨烫的温度控制在 180～200 ℃较为安全,不易烫黄、焦化。

7. 成品检验

成品检验是产品出厂前的一次综合性检验,包括外观质量和内在质量两大项目,外观质量检验内容有尺寸公差、外观疵点、缝迹牢度等,内在质量检测项目有单位面积质量、色牢度、缩水率等。

三、机织服装加工流程

机织服装的生产工艺流程为面辅料检验→技术准备→裁剪→缝制→锁眼、钉扣→整烫→成衣检验→包装→入库或出运。

1. 面辅料检验

把好面料质量关是控制成品质量的重要一环。通过对进厂面料的检验和测定，可有效地提高服装的正品率。

面料检验包括外观质量和内在质量两大方面。外观主要检验面料是否存在破损、污迹、织造疵点、色差等问题，经砂洗的面料还应注意是否存在砂道、死褶印、纰裂等砂洗疵点。影响外观的疵点在检验中需用标记注明，剪裁时避开使用。

面料的内在质量主要包括缩水率、色牢度和克重三项内容。在进行检验取样时，应剪取不同生产厂家生产的不同品种、不同颜色的具有代表性的样品，以确保测试数据准确。

对进厂的辅料也要进行检验，如松紧带的缩水率、黏合衬的黏合牢度、拉链顺滑程度等。对不符合要求的辅料，不予投产使用。

2. 技术准备

在批量生产前，首先要由技术人员做好大生产前的技术准备工作。技术准备包括工艺单、样板的制定和样衣的制作三个内容。技术准备是确保批量生产顺利进行以及最终成品符合客户要求的重要手段。

工艺单是服装加工中的指导性文件，对服装的规格、缝制、整烫、包装等都提出了详细的要求，对服装辅料搭配、缝迹密度等细节问题也加以明确。服装加工中的各道工序都应严格参照工艺单的要求进行。

样板制作要求尺寸准确，规格齐全，相关部位的轮廓线准确吻合。样板上应标明服装款号、部位、规格、丝绺方向及质量要求，并在有关拼接处加盖样板复合章。

在完成工艺单和样板制定工作后，可进行小批量样衣的生产，针对客户和工艺的要求及时修正不符点，并对工艺难点进行攻关，以便大批量流水作业顺利进行。样衣经过客户确认签字后成为重要的检验依据之一。

3. 裁剪

裁剪前要先根据样板绘制出排料图，完整、合理、节约是排料的基本原则。在裁剪工序中，主要工艺要求如下：

① 拖料时点清数量，注意避开疵点。

② 对于不同批的染色或砂洗面料，要分批裁剪，防止同件服装上出现色差现象。对于一匹面料中存在色差现象的，要进行色差排料。

③ 排料时注意面料的丝绺顺直以及衣片的丝缕方向是否符合工艺要求。对于起绒面料（如丝绒、天鹅绒、灯芯绒等），不可倒顺排料，否则会影响服装颜色的深浅。

④ 对于条格纹的面料，拖料时要注意各层中条格对准并定位，以保证服装上条格的连贯和对称。

⑤ 裁剪要求下刀准确，线条顺直流畅，铺料不得过厚，面料上下层不偏刀。

⑥ 根据样板对位记号剪切刀口。

⑦ 采用锥孔标记时应注意不要影响成衣的外观。裁剪后要进行清点数量和验片工作，并

根据服装规格分堆捆扎，附上票签，注明款号、部位、规格等。

4. 缝制

缝制是服装加工的中心工序，分为机器缝制和手工缝制两种。在缝制加工过程实行流水作业。

黏合衬在服装加工中的应用较为普遍，其作用在于简化缝制工序，使服装品质均一，防止变形和起皱，并对服装造型起到一定的作用。其种类以无纺布、机织品、针织品为底布居多。黏合衬的使用要根据服装面料和部位进行选择，准确掌握胶着的时间、温度和压力，以达到较好的效果。

在机织服装加工中，缝线按一定规律相互串套连接配置于衣片上，形成牢固、美观的线迹。线迹可概括为四种类型：

(1) 链式线迹

链式线迹是由一根或两根缝线串套连接而成。单根缝线的称为单线链缝，其优点是单位长度内用线量少，缺点是当链线断裂时会发生边锁脱散。双根缝线的线迹称为双线链缝，是由一根针线和钩子线互相串套而成，其弹性和强力都较锁式线迹好，同时不易脱散。单线链式线迹常用于上衣下摆、裤口缲缝、西服上衣的扎驳头等；双线链式线迹常用于缝边、省缝的缝合以及裤子的后缝和侧缝、松紧带等受拉伸较多、受力较强的部位。

(2) 锁式线迹

亦称穿梭缝迹线，由两根缝线交叉连接于缝料中，缝料的两端呈相同的外形，其拉伸性、弹性较差，但上下缝合较紧密。直线形锁式线迹是最常见的缝合用线迹，由于用线量较少，拉伸性较差，常用于两片缝料的缝合，如缝边、省缝、装袋等。

(3) 包缝线迹

是由若干根缝线相互循环串套在缝料边缘的线迹。根据组成线迹的缝线多少而命名，如单线包缝、双线包缝等，特点是能使缝料的边缘包住，起到防止面料边缘脱散的作用。

(4) 绷缝线迹

由两根以上的针线和一根弯钩线相互穿套而成，有时在正面加上一根或两根装饰线。绷缝线迹的特点是强力大，拉伸性好，缝迹平整，在某些场合（如拼接缝）可起到防止织物边缘脱散的作用。

除了基本缝制外，还有抽褶、贴布绣等加工方式。机织服装缝制中，针、线及针迹密度的选择，都应考虑到服装面料质地及工艺的要求。

缝针根据形状，可分为 S、J、B、U、Y 型。对应不同的面料，分别采用适宜的针型。

我国使用的缝针粗细以号数区别，号数大则越粗。服装加工中使用的缝针一般为 5～16 号，不同的服装面料采用不同粗细的缝针。

缝线的选择原则上应与服装面料同质地、同色彩（用于装饰设计的除外）。缝线一般包括丝线、棉线、棉/涤纶线、涤纶线等。选择缝线时还应注意缝线的质量，如色牢度、缩水率、强度等。

5. 锁眼、钉扣

服装中的锁眼和钉扣通常由机器而成。扣眼根据其形状分为平型和眼型孔两种，俗称睡孔和鸽眼孔，睡孔普遍用于衬衣、裙、裤等薄型面料产品，鸽眼孔多用于上衣、西装等厚型面料外衣。

锁眼应注意：① 扣眼位置是否正确；② 扣眼大小与纽扣大小及厚度是否配套；③ 扣眼开口是否切好；④ 有伸缩性（弹性）或非常薄的面料，使用锁眼孔时要考虑在里层加布补强。

纽扣的缝制应与扣眼的位置对应，否则会因扣位不准造成服装的扭曲和歪斜。钉扣时还应注意钉扣线的用量和强度是否足以防止纽扣脱落，厚型面料服装上的钉扣绕线数是否充足。

6. 整烫

人们常用"三分缝制七分整烫"来强调整烫是服装加工中的一个重要工序。整烫的主要作用有以下三点：

① 通过喷雾、熨烫去掉面料上的皱痕，平服折缝。

② 经过热定形处理使服装外形平整，褶裥、线条挺直。

③ 利用"归"与"拔"熨烫技巧，适当改变纤维的张缩度与织物经纬密度和方向，塑造服装的立体造型，以适应人体体型与活动状态的要求，使服装外形美观、穿着舒适。

影响织物整烫的四个基本要素是温度、湿度、压力和时间。其中熨烫温度是影响熨烫效果的主要因素，掌握好各种织物的熨烫温度是整理成衣的关键问题。熨烫温度过低，达不到熨烫效果；熨烫温度过高，则会把衣服熨坏，造成损失。各种纤维的熨烫温度，还要受到接触时间、移动速度、熨烫压力、有无垫布、垫布厚度及有无水分等因素的影响。熨烫温度与材料的关系见第一篇项目四的相关内容。

整烫中应避免以下现象的发生：

① 因熨烫温度过高，时间过长，造成服装表面的极光和烫焦现象。

② 服装表面留下细小的波纹、皱折等整烫疵点。

③ 存在漏烫部位。

7. 成衣检验

服装的检验应贯穿于裁剪、缝制、锁眼钉扣、整烫等整个加工过程之中。在包装入库前还应对成品进行全面的检验，以保证产品的质量。成品检验的主要内容如下：

① 款式是否与确认样相同。

② 尺寸规格是否符合工艺单和样衣的要求。

③ 缝合是否正确，缝制是否规整、平服。

④ 条格面料的服装，检查对格、对条是否正确。

⑤ 面料丝缕是否正确，面料上有无疵点、油污。

⑥ 同件服装中是否存在色差问题。

⑦ 整烫是否良好。

⑧ 黏合衬是否牢固，是否有渗胶现象。

⑨ 线头是否已修净。

⑩ 服装辅件是否完整。

⑪ 服装上的尺寸唛、洗水唛、商标等内容与实际货物是否一致，位置是否正确。

⑫ 服装整体形态是否良好。

⑬ 包装是否符合要求。

8. 包装、入库

服装的包装可分挂装和箱装两种，箱装又有内包装和外包装之分。

内包装指一件或数件服装入一胶袋，服装的款号、尺码应与胶袋上标明的一致，包装要求平整美观。一些特别款式的服装，在包装时要进行特殊处理，如起皱类服装应以绞卷形式包装，以保持其造型风格。

外包装一般用纸箱包装，根据客户要求或工艺单指令进行尺码、颜色搭配。包装形式一般有混色混码、独色独码、独色混码、混色独码四种。装箱时应注意数量完整，颜色、尺寸搭配准确无误。外箱上刷上箱唛，标明客户、指运港、箱号、数量、原产地等，内容与实际货物相符。

任务三　特殊服装面料的裁制技巧

一、服装面料裁剪前的准备工作

1. 面料正反面的鉴别常识

主要根据织纹、光泽判断。一般来说，正面的织纹或花纹、光泽比反面清晰、美观。如为条纹织物，正面条纹比反面明显，也比较光洁、均匀；如为印花织物，花纹清楚、颜色鲜艳的为正面；如为毛织物，正面毛绒比反面光亮、匀整。此外，还可以根据花色、织边加以区别。

2. 面料倒顺的鉴别常识

有些织物，如印花织物、格子织物、绒毛织物及闪光织物等，是有倒顺之分的，因此裁剪制作时要考虑其方向性，否则成衣会出现效果不一致的感觉，如色光不一、格子错位等，影响服装的协调统一性。一般应保持整件服装上裁片的毛绒、格子、图案等一致，以免产生色差、反光不均匀、格子对不齐等问题。

(1) 图案面料

有倒顺之分的有树木、山水、人像、建筑物等图案的面料，一般以图案正立的一向为顺方向。除特殊设计外，排料时应顺向排列。

(2) 条格面料

有阴阳格、阴阳条的具有方向性，排料应顺向排料，不能颠倒排料。

(3) 绒类面料

绒类织物一般都有倒顺之分，如金丝绒、平绒、羊毛绒等。通常以抚摸织物表面时毛头倒伏、顺滑并且阻力小的方向为顺方向，毛头撑起、顶逆并且阻力大的为倒方向。绒毛面料的倒顺不同，会产生不同的光感、色差。排料时必须沿一个方向。

3. 单裁时面料的预缩常识

各类面料在纺织和印染过程中均受到机械力的作用，面料被拉伸，主要是长度方向被拉长，宽度方向被拉变形。在制作过程中，熨烫的湿水与温热的作用，会使面料复原，造成面料产生收缩现象，因此，在排料裁剪之前，须对面料进行预缩处理，以保证服装制成后尺寸准确。

(1) 湿水法

此法是在排料之前,将面料浸入水盆中,面料须全部浸透,并用手轻轻揉搓,以使其完全回缩。对一些不褪色的面料,也可以用热水浸泡,过一段时间后,拎出晾干烫平,即可以使用。此法主要用于缩水率较大的天然织物。

(2) 喷水熨烫

此法是在排料之前,将面料铺平,在面料的反面均匀地喷水,用熨斗将面料熨干,在湿热状态下使面料充分回缩定形,并且,整块面料都必须烫到。此法主要用于不宜水浸的毛呢、毛/涤等面料。

(3) 干烫预缩

此法是在排料之前,将面料铺平,在面料的反面用熨斗熨烫,并反复多次,使面料充分回缩,熨烫时整块面料都必须烫到。此法主要用于精细的丝绸等面料。

4. 面料经、纬纱向的使用

目前,服装制作领域应用最多的是机织类服装材料。而机织类服装材料的性质之一,是其结构由经、纬纱组成。通常将整匹面料的长度方向称为经向,将宽度方向称为纬向,经纬方向之间称为斜向,45°斜角称为正斜。

(1) 经向

经向也称直纱方向,特点是挺拔垂直,不宜被拉伸变形。因此,如非特殊设计,上装与下装的长度方向,通常都选用经纱方向;对于需要平直的服装附件,也选用经向。而且,经纱方向的加工性能最好,缝纫时,材料不宜扭曲,可以用手两端拉直缉缝。

(2) 纬向

纬向也称横纱方向,特点是可以略微拉长,伏贴性较经向好,可以表现出自然贴合的效果,通常用于袋盖、领子等需要伏帖的部件。但纬向的加工性能较经向差,缝纫时,易扭曲、不平服,因此,不能拽拉,要将其自然送入压脚,并用锥子配合进料。

(3) 斜向

斜向的特点是富有弹性,有伸缩性,最易弯曲变形,塑型性非常好,因此,通常用于有波形造型的服装、部件及女装的滚条、嵌线等。使用时最好采用正斜,因为正斜的拉伸性、塑型性最强,不宜使滚条扭曲,缉缝时应将斜条稍拉紧。若用斜向制作领子,可以避免因翻领松度不准确造成的弊病。近年出现了使用斜向为主向的服装,需要注意由于斜向的拉伸性强,服装的放松量应根据服装的造型缩小或忽略。

二、特殊材料的裁制技术

1. 丝绸面料的裁熨技术

丝绸面料华贵飘逸,且吸湿养肤,但由于其质地软柔、滑爽,给裁剪与制作增加了很多难度,因此,制作前必须掌握对该面料的处理技巧。

(1) 裁剪时的技术处理

由于丝绸面料很柔软,且纱线较细,因而,经纬向不易定位。而裁剪时经纬向的准确性会直接影响成衣的质量,所以,对丝绸面料,应该先确定衣长或袖长及某部件的宽度,然后抽出一根纬纱(所抽纬纱不能超出宽度)确定纬向,再以纬纱的垂线确定经向(若为刺绣面料,以刺绣图案为准)。如图 3-1-18 所示。若经纬纱不能相互垂直,则须对面料进行干烫定形处理。

为了保证左右衣片对称，左右衣片的轮廓线不走形，采用较薄软的丝绸面料单件裁剪时，应备有零部件纸样，裁剪各部位零部件时，不能以裁好的衣身为标准，以免零部件走样，而应以纸样为准。最好的是各零部件在一块面料上黏好衬后再根据纸样裁剪；或者，先用纸样裁好零部件的衬，将衬黏在面料上，再裁剪零部件。

裁剪时，为防止经纬纱扭曲或上下层错位，最好在布料边缘或衣片空档处，将布料固定在大小相当的薄细白布上，然后连同白布，几层同时裁剪。这样，裁好的白布可以试作样衣，用来修正面料不合体的结构。固定白布时要使布料经纬纱摆顺直，布料舒展。零部件的衬也可以按细布衣片裁配。

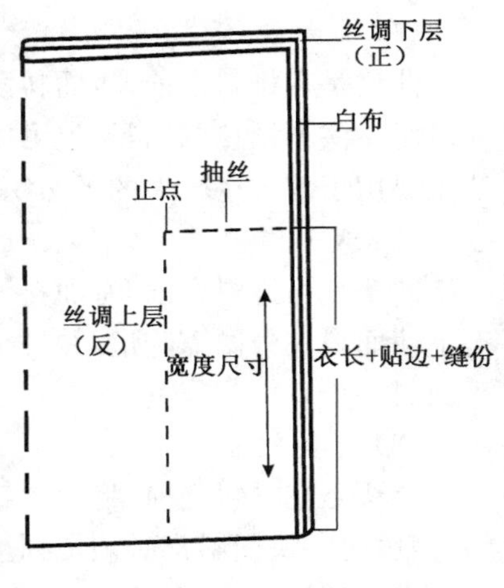

图 3-1-18　丝绸面料纱向的确定

(2) 缝制时的技术处理

① 机针、缝纫线及缝纫针距密度的确定。为了避免机针或缝纫线对丝绸面料的损伤，以及缝纫时缝迹平整，丝绸面料的缝纫机针应根据面料的厚薄选择。通常，薄丝织品选用 9 号机针，稍厚的选用 11 号机针。缝纫线应选用天然丝线或 20～50 号人造丝线，以防止损伤面料及缝份抽缩。针迹密度一般控制在 12～15 针/3 cm。若用丝绸面料制作合体服装，线迹宜用 2～3 mm 的 Z 字形(专用缝纫机)，以避免缝份损伤或脱线。

② 缝制技巧及其他辅料选配。缝制丝绸面料时，为防止各个缝合出现褶皱，可以在缝料下垫一张薄纸，缝好后撕去薄纸。绱袖时，为避免袖山头处不圆顺，应先将肩缝缝合，然后将已缝合肩缝的衣片在案板上放平，纱向摆顺，修圆顺袖笼弧线，再开始绱袖，这样可以保证成衣袖子圆顺。由于丝绸面料较薄软，对于帖明袋及锁眼的款式，应该在衣片的背面袋口起止处及扣眼处垫上一小块布料，或与布料厚薄、颜色相近的面料，以增加其牢固度，增加穿着寿命。选配里料时，应选用天然的且厚度和柔软度小于面料的里料。制作中，各部位、各部件缉合后翻转时，应先扣烫再折转，以避免各止口不顺直。同时，衣身上尽量不黏衬，最好将衬黏在贴边上。

(3) 熨烫时的技术处理

丝绸面料的熨烫温度一般控制在 110～130 ℃，但是，由于目前生产的丝绸的天然成分比例不精确，最好先在废料上试熨，以确定正确的熨烫温度。熨烫时，无论裁剪前的预缩处理还是制作过程中的熨烫，都不能喷水，最好采用干烫法，熨烫正面时要盖水布进行干烫，以免成衣表面出现极光或烫黄、烫痕，然后迅速地用冷熨斗进行冷却定形。

2. 丝绒面料裁熨的技术处理

丝绒面料具有优雅的光泽且手感独特，流动感强，但面料正面的绒毛产生的阻力，使其难以进行正规裁剪，也难以上机缝制，难以缉直线，或熨烫时易出现失光、倒绒等现象，可以参考以下技术处理：

丝绒面料有光泽、有绒毛，应尽量少熨烫。缝合后，用手指甲将缝份划倒，以免熨烫辟缝后破坏面料的光泽及柔感。

若必须熨烫时，熨斗不能压实，要在面料下垫上本面料，面面相对，然后，在需熨烫的缝份下面、两侧垫上纸板，再盖上水布进行熨烫，这样可以避免伤及底层面料。对于短绒的面料，若必须直接熨烫，不要打开蒸汽，因为蒸汽会加速面料倒毛，可在面料背面轻烫(图 3-1-19)。

黏衬时，不要打开蒸汽，要尽量将衬黏在贴边上，不宜直接黏在衣片上，贴边要裁剪得窄一些，最好采用同色平纹面料。

若绒毛不小心被烫倒，只需将面料背面放在烧开的水壶嘴上方，用热蒸汽熏，同时，用毛刷在正面刷，就可以使绒毛重新立起来(图 3-1-20)。

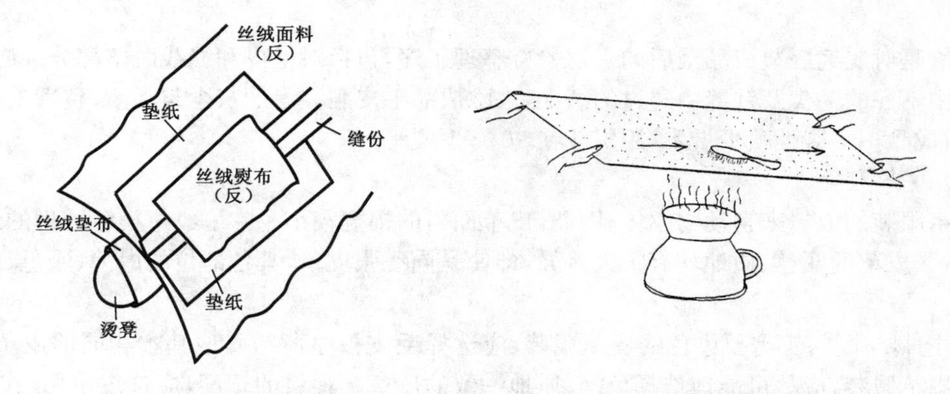

图 3-1-19 丝绒面料熨烫

图 3-1-20 热蒸修复绒毛示意图

3. 毛皮与皮革面料裁制的技术处理

(1) 毛皮面料

毛皮面料由毛皮和皮板组成，每张毛皮或同一张毛皮的不同部位，其颜色、厚薄及档次均不相同。在加工过程中，处理不当就会造成产品的种种缺陷，影响服装的外观与档次。因此，在毛皮的制作过程中，需要一些特殊的技术处理。

① 选料与配料。选料就是选择毛色、毛长、厚薄及档次符合产品要求的毛皮。对小张需要拼接或串刀的毛皮，要留出适当放量。然后将选好的毛皮，根据毛色、厚薄、毛向等确定其在服装上的主次部位，以及拼接时花纹图形的衔接完整。

② 机缝水缝。将毛皮提起，折叠毛皮，逆毛由下至上弧形辗转，口吹目测，将加工毛皮时的伤残部位找出后剪掉，然后将剪口和需挖补的部分用手缝或机缝缝合，针码要密。

③ 抨皮。抨皮是对湿润的毛皮反复揉搓，用钝刀拱皮板，其主要作用是将皮内的胶质纤维拱松，使皮板柔软平展，是裁制前必须的整理工序。有手工与机械两种方式。

④ 裁剪时的技术处理。高档毛皮服装的裁剪和机织面料不同。裁剪走刀时，走刀的方式、深度、线路以及进刀、上刀的尺寸等，都应根据毛被自然生长的刀路与毛皮的种类确定。通常采用串刀工艺，使毛皮能够产生丰富的花纹变化。由于毛皮的方向性很强，因此，裁剪时要注意毛芒的长短与方向，以保留毛被的天然花色。

⑤ 缝纫时的技术处理。

a. 机针、缝纫线及缝纫针距密度选定。毛皮服装的缝纫针距密度及机针的选配，应根据毛皮面料的厚薄确定。缝纫时，薄毛皮的缝纫针距密度为 3～5 针/cm，厚毛皮为 9 针/cm。同时，缝纫速度降低，压脚的压力调小。

b. 缝纫技巧。毛皮服装的缝制可以采用机缝或手缝两种方式。手工缝制时，将衣片放平后，边缘对齐卷缝。机缝时，由于缝份不宜咬齐，因此，毛皮面料在缝纫前应用针别好，或半成品缝纫前清查，即将缝成条状或块状的半成品绷缝在一起，形成衣片后，按照衣片的样板进行修正，再进行机缝。缝合时应沿顺毛方向缝合，中途尽量少停顿，即一气呵成，边缝边用锥子将倒伏的毛芒挑入正面，以避免服装的正面栓毛、窝毛。

⑥ 钉活与整修的技术处理。钉活一般在皮板潮湿的状态下进行，是固定半成品或成品外形的方法。将 20～30 ℃的水少量地喷在皮板上，然后将润湿的皮板面向上，按样板将成品或半成品钉在网板上，（横竖线缝要钉平直，边缘齐整）在通风处晾干后，即可固定皮板形状。

整修是对皮毛服装成品最后的一道检查整理工序，包括对毛皮和缝线脱落部分的修补，修剪毛被中不齐的毛尖及针缝中透过的绒毛，去除成品毛皮服装上的灰尘与污渍，整理毛芒使其顺直，对成品不平服处喷少量水，用熨斗在 90 ℃下熨平。

(2) 皮革面料

皮革服装的取料来自动物躯体，因此，皮革面料的幅宽较小。除了经过染色处理的皮革以外，每一张皮革的颜色、质地均有很大差异，即使是同一张皮革，其各部位的厚薄、颜色、质地均不相同。

① 选料与配料。需要染色的皮革服装，应选择毛皮板厚薄与质地基本相同的皮革；不需染色的皮革服装，应尽可能地选择色泽、质地一致的皮革。辅料的选配，应选皮革用、在 150～170 ℃下、可以黏合的衬布，里料一般选用结实、光滑、透气、吸湿的天然或混纺织物，如美丽绸、斜纹绸、羽纱等。

② 裁剪时的技术处理。皮革的缝制特点是缝制针迹无法去除，因此，缝制时不能拆、不能回针，以免表面留有针迹。这就需要在裁剪之前做以下工作：

a. 制型。采用粗布进行试缝、试穿，待修改成所需造型后，再进行下一步，即入型。

b. 入型。将所有皮革展开，把制型后的粗布或样板排置其上，并将拼接部位设置在革质良好的部分。尤其是服装的领面、前衣身等重要部位，要选择革质好的皮革。入型后的皮革要熨烫平整，冷却定形后再进行裁剪。

c. 裁剪。皮革面料的裁剪与其他面料不同，通常是将布型或样板排在皮革表面，然后用刀割的方法进行裁剪。裁剪皮革面料时，要求先下大料，再下小料，下料要齐、直，不能改刀。

(3) 缝纫时的技术处理

① 机针、缝纫线及缝纫针距密度。皮革服装的缝纫针距密度及机针的选配，应根据缝料的性质确定，通常采用 16～18 号机针；当皮革非常硬、厚时，可选择大于 18 号的机针，但要相应加大针板孔的直径，否则，会出现断线或跳线现象。缝纫时，针迹过密会破坏皮革的结构，因此，缝纫针距密度通常为 9～12 针/3 cm，装饰缝针距为 6～9 针/3 cm。缝纫线最好选用丝绸机缝丝线 20 号，装饰缝用 16～18 号。

② 缝纫技巧。皮革服装的缝制采用家用缝纫机和工业用缝纫机均可。缉缝时，要使用专用皮革料的压脚。为了解决皮料在机器上走势不好的现象，可以将厚度韧性好的电工纸剪成 1～1.5 cm 宽的长条子，缝制时，垫在半边压脚的下面，可以起到辅助送料的作用，而且可以起到调整上下料的吃势及辅助缉缝直顺的效果。缝合处要用橡胶糊或皮革专用胶水将缝份黏住，然后按工艺要求用锤子敲成分开缝或坐倒缝等。

③ 皮革的整理。皮革在裁剪前应将皮板整理平整。对于轻微的不平整现象，可以轻轻地直拉、横拉或斜拉；比较严重的皱褶要熨烫，但熨烫的温度要低，且熨斗在同一个部位停留的时间要短，要尽可能在皮革的反面进行熨烫。若必须在正面熨烫时，可以在皮面上垫上一层薄牛皮纸，以防止损坏皮面。

4. 条格面料裁制时的技术处理

条格面料的裁制，除特殊设计外，应考虑各衣片相关结构线之间的条、格的吻合与对称，尽量避免条格的切割、断裂、错位等易使服装产生凌乱、琐碎的工艺，特别是高档条格服装的裁制。

(1) 面料的整理

面料预缩与整理是条格面料裁剪排料前的首要条件。这是因为面料在印染整理过程中，在机械的牵伸下，使纱线间的紧密程度不同，而导致条格的经纬方向不直顺。因此，在裁剪之前，必须对条格面料进行高温定形整理，调整其纵横格的方向，调整上下层纵横格之间的宽窄度而使其一致，同时稳定纱线的位置，以防止剪裁时不对称或变形。

(2) 其他

① 对上衣其他部位的要求。对横不对纵，但要保证左右纵格对称。衣片通常以腰节线或胸围线作为参照线，袖子通常以袖肘线或袖山深线作为参照线，以确保前后衣片或大小袖片的横格相对。

② 注意排料方向。有鸳鸯条格的面料应沿同一个方向排料，有毛向差的条格面料也应沿同一方向排料，以避免缝合后成衣条格错位或出现色差。

③ 排料与裁剪协调。排料时，应尽可能地将需对格的部位画在同一纬度上，其他小附件尽可能靠近排料，以避免面料有纬斜或条子疏密不匀或格子大小不一致而影响对条对格。若整理过的面料，上下层的条格仍无法对齐，应该打开面料进行单层排料裁剪，以保证左右衣片的对称。

项目二
服装跟单与服装材料

☞能力目标：
- 了解跟单流程和工作职责，能安排日常工作及生产过程中的验货工作程序
- 熟悉服装制作工艺技术，掌握信息系统和面辅料跟进、计划与控制、品质监控与改善

相关知识

相关知识一　服装跟单流程

服装跟单流程，是指服装厂接到订单资料后，经过查阅、制作、定购的初步准备，接着经客户批办，再通过中期跟单生产，后期跟单发验货。具体流程如下：

下单→面辅料的确认→PP样→大货面辅料的跟踪→产品质量跟踪→产品货期的跟踪控制→出货安排。

1. 跟单前期准备

(1) 查阅订单资料

服装厂接到订单资料后，仔细查看资料是否完整准确。订单资料是跟单员跟进订单的唯一依据，只有完整的资料，才能确保跟单员跟进工作。

核对分析订单资料的具体内容如下：

① 资料是否完整。

② 文字描述是否与款式图一致。

③ 确认面辅料。

④ 查看绣印花等其他设计要素。

⑤ 了解客户的特殊要求。

(2) 制作办单，查办，寄办

跟单员研究订单资料，制作办单，列出所需的面辅料并配好，交给板房打纸样及做办，完成

后交洗水部洗水，洗回后交板房进行后整理及查验，技术部核查确认后寄给客户批核。

同时根据办房报用料，整理出用料成本表一式两份，一份给对方的跟单员，一份留底，用于成本核算及订购物料作准备。

① 初办。目的是让客户确认服装的款式造型及设计风格是否与想象的一致，缝制工艺是否达到要求等。在此阶段，客户会对办进行增加、修改等工作。初办可以使用代用面辅料制作。初办的数量一般为两件(具体按客户及己方的需求而定)。

② Fit 办。亦叫模特或试身办，具体叫法视各地的专业术语而定。一般此类办为齐色中码，主要给模特试身，以便客户查看尺码及外观造型。此办一般要求采用正确的面辅料。客户在此阶段主要修改尺寸及造型，少数会修改设计风格或增减工艺、装饰。

③ 产前办。也叫大货办，是订单生产前客户再次确认的样衣，因此制作要求比较高，需要用订单中规定的面辅料，要求最少提供两件(齐色中码)。大货办得到客户的确认并经客户质量控制(QC)召开产前会后方能进入大货的生产。

④ 船头办。是从大货中抽取，在出货前提交给客户，由客户最后一次确认的样衣。船头办确认后方能出货。

⑤ 样办检验。主要检验样衣的面辅料材质和颜色，核对款式，检验尺寸规格和包装等。

成品服装各部分的规格必须符合客户要求的公差范围，款式造型必须依照工艺文件中的款式图和款式描述逐一核对。

除了上述办以外，有些客户还会要求制作以下办：

① 销售办。齐色齐中码各一件(具体看客户要求)，用于店铺展示。

② 齐码办。一般展示于内部，便于供应商选购投标。

③ 模特办。亦叫网店办，用于客户在网上销售，其数量视客户要求而定。

(3) 订购大货面辅料，报价，检验

跟单员依照客户的订单数量及客户提供的资料，计算清楚各物料的用量，并跟进客户直接提供的面辅料尽快入厂。

对方供料时，跟单员向对方索取价格，输入相关系统。除对方供料外，其他物料原则上由采购部统一采购，跟单员将详细资料交采购部门，由采购部门进行大货面辅料采购。

某些物料由于货期紧等原因，可由跟单员自己采购。跟单员自己采购物料，选定、联系供应商，将价格输入系统，打出采购单，交给供应商，告知数量、交货期。跟单员将所有物料的价格输入系统，算出总价，交组长及总经理批核，通过后，方可进行生产。

大货布料及物料回厂后，大货布由仓库验布员验布，提供验布报告，并需给一份给客户。跟单员根据验布报告跟进，同时剪疋头布和缩水布。要洗水的交洗水部，根据客要求洗水。回厂后，由洗水部分出 LOT 色办，交客户批核(有些客户要求整个布封的疋头布批颜色，并且要求洗前与洗后的，留意布的正反面、中边色差、倒顺毛等)。然后根据做办的用料，初步计算该单的用布量，加裁或缩裁，交客户确认。跟单员必须在大货生产前整理好制单资料和物料单，在裁剪之前分发给相关部门。

物料管理控制：必须制作一份物料跟进表，进行追踪。每单物料回厂后，清楚地做好明细登记，并核查物料的规格、数量是否正确，要有处理物料质量和数量分配及物料差异，有物控的能力。节约公司成本，在大货物料发料前列出一份物料发放表，发给仓库和车间，作为发料、用料参考，不足的物料，负责追补回来，保证生产需要。

审批用料及通知开裁：核实大货物料是否和报给客户的相同，计算用布量是否够用。在有多少的情况下，询问客户是否可缩裁或加裁。遇绣花、印花时，需整理好绣、印花样办，核对正确后，才可外发。

2. 中期跟单

(1) 详细步骤

客户批办 OK 后，接下来生产大货，首先跟生产部排期，标准办、样办返厂后，根据客人的评语、要求和样办，制作大货生产单，交技术部审查。

召集工厂管理人员、QC 及客户 QC 开产前会议，核对生产工艺单是否与客户标准一致，重点包括面辅料的材质和颜色是否正确、款式是否正确。

(2) 注意事项

在生产过程中，将资料交 QC，由 QC 跟进生产质量监控，跟进生产进度，及时做好客户要求与车间生产之间的协调和沟通，遇客户更改资料时，需在第一时间传达到相关部门，并保持资料的最新版本，做好签收记录。

如发现未能达到生产计划要求的情况，及时反映给上级部门，以督促解决，并了解和部门的生产实情，以求完成预定的任务，保证货期和质量。大货因客观问题需要延期，必须写出延期原因及延期后的交货期，与客户商讨，要求尽快回复，需客人通过邮件或书面签回。

成品洗水时，必须要求车间尽快做几件进行洗水，以了解尺寸和洗水效果，同时交客户批核洗水颜色是否 OK，确定后，方可洗大货。

如在总查后发现成品有太多次品，需每件查看。轻微的次品，挑出后发货；严重的次品，应去追查相关部门的责任和当事人，通知生产厂长。

3. 后期跟单

大货包装前，核查包装的第一件包装办，确保物料齐备及包装方法正确，方可进行包装；如有客户要求批核后进行大货包装，需提前包装一件样办送客户批办。

积极准备并配合客户的初查、中查、尾查，并将客户的查货信息反馈到各部门。

生产成品后按客户要求挑船头办或收货办给客户，目的是让客户了解大货的生产情况和订单质量，样办的数量根据客人的要求而定。在出货前一星期，需做好商检资料，交报关员进行商检。商检需要什么资料，问明报关员后再提供。

客户验货合格后，核实出货数量，整理装箱单及出货通知书，并向相关部门汇报，可以安排出货。

出货后，整理并保存好有关的生产资料及标准样办，遇次布及不合格的物料，整理好数据资料报客户，以安排退回给客户，修正生产中的不足之处，以免翻单时不清楚。

相关知识二　服装跟单主要工序与服装材料

一、面料跟单与服装材料

面料跟单是成衣跟单的重要组成部分，主要任务是跟踪、协调、组织、管理订单生产所需的面料供应，确保订单所需的面料按预定的颜色、规格、数量、质量准时供应到生产部门，避免因面料问题影响订单生产。

1. 面料跟单内容

面料跟单工作的任务较复杂，跟单员必须对面料跟单的工作职责十分清楚，按职责分工，做好面料跟单日常工作。面料跟单的工作职责包括：

① 收集并了解面料市场和面料供应商的信息资料。

② 给面料部发出生产计划单。

③ 跟进面料样板制作情况。

④ 跟踪客户对面料样板批核及修改意见。

⑤ 向面料供应商反馈客户批核意见，跟进面料修改。

⑥ 计算、核对面料用量，填写面料订购清单。

⑦ 发出面料订购清单，督促落实面料采购计划。

⑧ 跟进、督促大货面料生产。

⑨ 协调、组织大货面料运输、查验、点收等工作。

⑩ 做好订单生产完成后的剩余面料返还、转运工作。

2. 面料样板跟单

面料价格商定后，需准备面料样板，交客户审核确认后，才可签订采购订单，从而确保购进的面料规格、颜色、质量等与客户订单要求相一致，避免在面料的颜色、纱线、印花等问题上与客户发生争议。

在整个面料跟进过程中，跟单员需要的面料样板有色样板、纱样、确认面料样板、头缸样板、缸差样板、洗水测试样板、印花或染色或绣花确认样板等。

(1) 面料颜色样板跟单

面料颜色样板，俗称“手掌样”，是面料供应商或面料织造厂按照客户或服装企业的要求，针对选定的颜色第一次织造出、用于确定面料颜色的样板，简称“色板”。

颜色样板的织制俗称打小样，织制时要求精美、快捷、完整、准确。通常，先由客户指定需打样的色号。跟单员可以通过面料供应商寻找颜色相近的布样，供客户选择，以节省打样和批复的时间。颜色样板织造好后，由跟单员跟进后续审核事宜，包括将颜色样板交面料开发部和客户批复，回收客户批复、修改意见等。

(2) 面料测试样板跟单

面料测试内容主要包括缩水率、热缩、性能、洗水或染色测试等。

缩水率测试一般由加工厂或面料部派专人负责，跟单员跟进测试情况，及时收取缩水率测试报告，并将测试结果通报客户。面料缩水率测试方法和缩水率标准应严格按照订单合同上的规定或客户要求，无论采用哪种标准，同一批各种颜色面料的缩水率误差不得超过±2%。

无需洗水测试的面料，如法兰绒、莱卡、斜纹布和麻织棉布等，一般需做热缩测试，其测试用的面料裁剪数量与洗水测试相同。热缩测试多数采用熨烫加热的办法，测试面料受热后的伸缩情况。热缩测试同样需填写测试报告，并分送客户批复及面料部、采购部、纸样CAD部、生产部、跟单部各一份备查。

一些对服装质量要求较高的客户，通常要求对面料性能进行综合性测试。面料性能综合测试由纺织品专业检测机构(如ITS,SGS或BV公司)完成。为此，跟单员应剪取3～5 m测试布样，列明需测试的技术指标，寄送检测机构。

纺织品测试主要分面料测试与成品测试两大类，其主要测试项目包括尺寸稳定性、色牢度、综合性能（拉伸、撕破、顶破强力、接缝性能、纱强、抗起毛起球等）、织物结构、成分分析、服装试验、其他测试（护理标签使用的试验与标签建议、成衣尺寸测量、色差等）、附件测试、燃烧测试、填充棉试验、地毯试验项目、环保纺织品测试等。

洗水或染色样板的跟单，跟单员要根据客户提供的洗水标准，选择合适的洗水厂进行面料或成衣的洗水测试。洗水完成后，跟单员须认真核对洗水后面料样板的颜色、手感、缩水率、柔软度和褪色磨白效果等，并送交客户批复。对于一些需要测试特殊洗水效果的面料样板，要将剪出的面料样板制作成一截裤筒形状的洗水模型，以更好地检验洗水后的效果，特别是检验磨白洗水效果和缝道、裤脚的雪花凸凹花纹等。

对于特殊要求的订单，除日常服装面料的日晒色牢度或汗渍牢度测试、耐磨测试以及功能服装面料的保暖度或凉爽感测试、防污防尘测试、防水测试等，对出口外贸成衣的面料还需进行阻燃测试、重金属含量、对人体有害的微量元素的测试等，以确保服装产品符合进出口的检测标准。而需通过烘干的成衣，烘干后需测试抗撕裂强度。

（3）其他面料样板跟单

除面料颜色样板、测试样板外，还有一些其他面料样板，如纱样、印花、绣花样板、手感样板、头缸样板、缸差样板、确认样板等。

① 纱样样板。为确定面料的组成成分、手感和特性而制作的纱线样板。

② 印花、绣花样板。按客户要求，在已织造好的色样面料上制作各种装饰图案的样板，由客户批复确认印花或绣花后效果，确认内容包括底料颜色、印花料或绣花线、颜色搭配、花型、质地、绣花色线等。

③ 手感样板。跟单员应向客户索取最终的手感样板，并将手感样板和标准要求等资料一起交给面料部或加工厂。面料部或加工厂进行大货生产或成品洗水时要完全按照手感样板的要求。

④ 头缸、缸差样板。头缸样板将大货生产中的第一件成品作为生产前样板，提交给客户批复确认；缸差样板将不同的染色缸次的批次不同的面料制作样板，用于判断面料色差是否在可接受范围内，作为控制大货面料的颜色标准。

⑤ 确认样板。客户对面料整体效果最终确认的样板，包括面料质地与成分、厚薄、弹性、悬垂性、纹理、幅宽、图案、手感、颜色等，同时对大货的供应商、产地、定量等资料审核。

3. 面料采购跟单

面料采购跟单是生产订单所需的面料供应商转移到服装企业的管理过程，是服装企业供应链管理中的基本活动之一。

在面料采购过程中，跟单员需要跟进的主要工作包括：发出订购单和面料标签样板，跟进供应商提交的面料颜色样板，跟进大货面料颜色样板与手感样板，批复并确认样板颜色与手感，跟进大货面料的交货日期和地点，检验面料的质量、数量和颜色。

面料采购跟单可分为三阶段：面料采购前期、面料采购中期、面料采购后期。

① 面料前期跟单流程。收集面料信息资料→ 制定采购跟单计划→反复计算采购数量→填写面料订购清单→确认大货头缸样板→做好大货面料投产前准备。

在面料采购跟单流程中，颜色样板的跟进和批复是采购前期最主要的跟单工作，是保证大货面料顺利生产的关键点。

② 面料中期跟单流程。做好大货面料跟进→面料数量与质量等级控制→做好大货面料运输安排→面料大货查点验收。

③ 面料后期跟单流程。制作面料卡(C/T)→试排料→成衣洗水测试→面料溢缺值核算→剩余面料返还→面料资料管理。

二、辅料跟单与服装材料

辅料是服装必不可少的组成部分,包括里料、衬垫、絮填料等(详见第一篇项目三)、包装材料、生产辅助材料与耗材。

1. 辅料跟单内容

辅料跟单的主要任务是协调、组织、管理辅料采购,保障订单生产所需辅料的供应。辅料跟单工作职责包括:

① 收集并了解辅料市场和辅料供应商的信息资料。

② 发出生产计划单给辅料部。

③ 跟进辅料样板制作情况。

④ 跟踪客户对辅料样板的批核及修改意见。

⑤ 向辅料供应商反馈客户的批核意见,跟进面料修改。

⑥ 清点辅料库存,核对辅料用量,填写“辅料订购清单”。

⑦ 发出“辅料订购清单”,督促落实辅料采购计划。

⑧ 跟进辅料生产进度,督促按时交货。

⑨ 协调、组织辅料运输、查验、点收等工作。

⑩ 做好订单生产完成后的剩余辅料返还、转运工作。

2. 辅料样板跟单

辅料样板必须先经生产、辅料、跟单等部门评核,确保各种辅料能及时通过客户的批复。

(1) 收集并分析辅料资料

需收集和整理的资料包括评核用辅料卡、辅料供应商详细资料、客户提供的款式草图(PDM)、销售订单、生产制造单、辅料报价表。

(2) 确定辅料供应途径

辅料的供应途径主要有三种:客户提供辅料、加工厂采购辅料、服装贸易公司采购辅料。根据情况确定辅料供应途径。

(3) 确定批复期和到货期

跟单员审核上述资料以后,初步确定各种辅料的采购期和批复期,并根据客户的交货期确定辅料的到货期。

(4) 辅料样板评核要点

客供或厂供辅料样板的评核要点:辅料的品牌或供应商的供应情况,辅料所用原材料的规格、颜色、质量等情况,辅料的物理性能和化学性能(收缩率、色牢度、耐磨性等)。

(5) 制作辅料样卡

辅料经营业跟单部批复后,工厂提供大货辅料卡,交驻厂质检员检查合格,然后由加工厂将厂供大货辅料卡和质检报告寄给服装公司跟单部存档。跟单员收到厂供辅料卡及时审核查对后交客户审批。

（6）发放辅料卡

跟单员将客户最终确认的厂供大货辅料卡和客户的最新批核评语，寄给加工厂采购部或辅料部，作为大货辅料采购的标准。

3. 辅料采购跟单

辅料采购跟单包括辅料采购前的准备、大货辅料采购跟单。

辅料采购前要准备好辅料的相关资料、样板，了解需要采购的辅料种类和数量，预算所有的用量，列出采购清单，同时应详细清查仓库里可用的辅料仓库量。

辅料采购前，跟单员要收集和审核与辅料相关的资料，如客户提供的辅料颜色原色板、辅料原手感样板（如里料、花边等）、辅料样板、合同复印件、设计图与生产图样、客户提供的成衣样板、辅料搭配款式要求、颜色分配表、颜色标准、辅料更改说明等。

在辅料采购过程中，跟单员需要跟进的主要工作包括：确定辅料采购提前期、用量预算，详细填写"辅料订购清单"，签订采购合同，大货辅料前准备（线与衬的匹配情况、排版安排、热缩与水缩的测试、成衣与辅料的组合测试等），核实控制交货期，查验大货辅料质量，确认与发放大货辅料卡，核算辅料溢缺值，整理辅料采购资料。

三、质量跟单与服装材料

在跟进生产进度的同时，必须安排专门部门或人员对订单生产进行有效的控制，确保产品符合质量要求。QC部门是负责质量监控的专门部门，既要负责订单生产过程中的质量控制，又要承担查验成品的质量，并编制各种验货报告，作为加工厂交货与客户付款的重要依据。

1. 质量跟单的工作内容

QC主要监控成衣生产全过程的工艺程序、制作方法是否符合设计要求，根据客户与服装企业共同订立的标准、要求，对产品进行检测和鉴定。

QC包含三层基本含义：在产品生产的各阶段，对产品生产的质量进行检查、控制；发现并纠正生产中影响产品质量的问题，采取改善与预防措施；检测产品质量情况，编制检验报告，向加工厂、公司、客户等部门反馈。

QC工作主要包括准备工作、查验工作、评估决断三个方面，其中查验工作贯穿成衣生产的全过程。准备工作的内容收集相关资料、选定查验项目（进料查验、半成品查验、成品查验、返修查验）、选择查验标准及安排查货日程。查验工作是质量跟单的核心工作，主要分初期检查、中期检查和尾期查货。

（1）初期检查

① QC到厂后，首先深入生产现场巡视，了解订单生产的整体工序、每道工序的作业情况、半成品的质量水平。

② 检验产前样板。

③ 大货开裁前，详细查询面料质量情况，留意是否有严重缸差、边差等。

④ 检查纸样的布纹、尺码、缩水率以及标签架排放是否正确。

⑤ 检查所有辅料标准卡。

⑥ 查验洗水测试板的质量情况。

⑦ 详细了解包装方法。

(2) 中期查验

① 大货的总体质量是否符合要求。

② 成品款式、制作工艺等是否正确。

③ 面料、辅料有无疵点。

④ 半成品、成品的颜色、尺寸是否符合标准。

⑤ 大货绣花或印花是否正确。

⑥ 关键工序的车工技术水平、工艺质量是否符合要求。

⑦ 熨烫后、洗水后的成品手感、尺寸、工艺等是否符合要求。

(3) 尾期查货

① 再次核对款式、面辅料是否正确。

② 再次检查制作工艺、绣花或印花等质量。

③ 再次核对大货颜色和手感,特别是洗水后的颜色、手感。

④ 再次量度成品的尺寸,核对颜色、尺码分配情况。

⑤ 检查商标、吊牌及其所标示的内容是否正确。

⑥ 核对包装材料、包装方法与装箱尺码等是否符合要求。

完成各类质检报告,如进料检查报告、裁床质量检查报告、尺寸质量报告、半成品质量检查报告、成品质量检查报告。质检报告的内容包括时间、抽查比率或数量、疵点、评语、建议、签名确认。

2. 常见的服装疵点

服装疵点是指成衣各部位、细节的质量不符合设定的标准要求或有瑕疵。根据疵点的严重性、产品的类型、行业标准以及订单标准等,疵点可界定为严重疵点、普通疵点、轻微疵点。所有的疵点都要在质检报告中清楚记录。

(1) 严重疵点的界定

① 能明显看到,严重影响成衣外观效果。

② 使用后会出现问题。

③ 面料走纱、浮纱。

④ 制作工艺水平低,手工粗糙。

⑤ 成衣尺寸、颜色与质量标准的差距很大。

⑥ 根据客户规定的某类疵点要界定为严重疵点。

(2) 普通疵点的界定

① 成衣尺寸、颜色与质量标准有差距,但在可接受范围内。

② 面料极少数部位的走纱、浮纱等,但不影响成衣外观。

③ 个别部位的制作不够精良,但使用后问题不会恶化。

(3) 轻微疵点的界定

不影响成衣使用,对成衣外观基本没有影响。

(4) 面料常见疵点

面料上的疵点严重影响成品的外观质量。常见疵点有磨损、破边、破洞、横档、皱边、杂物织入、斜纹路、弓纱、粗纱、吊经、缩纬、混纱、走纱、针孔、断疵、双纱线、浮纱、抽丝、纱结、筘痕、稀纬、色污、印花中的干痕、印花错位、聚浆、带色、水渍、色斑、污点、色横档、背面印渍、色差。

各类织物的常见疵点种类如下：

① 棉织物疵点。常见的有破洞、边疵、斑渍、狭幅、稀弄、密路、跳花、错纱、吊经、吊纬、双纬、百脚、错纹、霉斑、棉结杂质、条干不匀、竹节纱、色花、色差、横档、纬斜等。

② 毛及毛混纺织物疵点。主要有缺纱、经档、厚薄档、跳花、错纹、蛛网、色花、沾色、色差、呢面歪斜、光泽不良、发毛、露底、折痕、边道不良、污渍、吊纱等。

③ 丝织物疵点。包括经柳、浆柳、筘柳、断通丝、断把吊、紧懈线、绞路、松紧档、缺经、断纬、错经、叠纬、斑渍、卷边、倒绒、厚薄绒、横折印等。

④ 麻织物疵点。主要为条干不匀、粗经、错纬、双经、双纬、破洞、破边、跳花、顶绞、稀弄、油锈渍、断疵、蛛网、荷叶边等。

⑤ 针织物疵点。常见的是云斑、横条、纵条、厚薄档、色花、接头不良、油针、破洞、断纱、毛针、毛丝、花针、稀路针、三角眼、漏针、错纹、纵横歪斜、油污、色差、搭色、露底、幅宽不一等。

(5) 辅料常见疵点

① 黏合衬常见疵点。耐洗性不良、破洞(衬布表面扎穿)、异色(衬布表面有目视明显的色污)、烂边(衬布边缘破损，造成布边凸凹不平整)。

② 拉链常见疵点。拉链强力不良、尺寸偏大或偏小、平整度不良、链牙缺损、链牙歪斜、色泽不良、拉链带贴胶强度不良、拉头电镀不良。

③ 扣件常见疵点。扣件尺寸不良、扣件色差、扣件电镀不良、扣件破损、嵌扣拉力不良。

④ 商标常见疵点。图案或字体模糊、图案或字体错误、露底色、浮纱、表面皱褶、表面卷曲、表面不平整、尺寸不良、商标变色、剪折不良。

⑤ 品牌常见疵点。图案或字体模糊、图案或字体错误、印刷位置偏差、油墨附着、图案缺损、尺寸不良、裁切口不良。

⑥ 其他辅料常见疵点。外观不良、尺寸不良、形状不良、功能性不良。

由于裁剪、刺绣或印花、黏合、车缝、手缝修补、洗水、后期(熨烫、包装)等工序的设备不良或操作不良造成的各类疵点，都须仔细检查核对。

附：某公司面辅料检验标准(供参考)

目的：为了更好地对公司的原辅材料进行检验，特制定产品检验规范标准。

范围：适应于原辅材料的进料检验。

原辅材料的分类：

A类：面布、里布、棉(行棉)；

B类：衬布(纸)、拉链罗纹针织(下兰、领头)、铁扣；

C类：包装袋、商标、洗水标、合格证、织带、松紧带、扣(纽扣、铁扣)。

A类的检验项目、方法抽样说明及合格范围判定

样品	检验项目	检测方法	抽样说明	合格范围判定	备注
全	大货颜色	确认核对采购部提供的色卡	每批每缸每色须抽到	缸差允许≥4	—
毛	色牢度	水温≥60 ℃，加适当洗衣粉或皂片，样布：水=1∶50，浸泡水洗 30 min，晒干	每批每缸每色须抽到	对样本≥4	按面料标准规定

（续 表）

样品	检验项目	检测方法	抽样说明	合格范围判定	备注
全毛	缩水率	依据采购单提供数据，取样不少于1 m×1 m，在经纬向各作3点记号，水温≥40 ℃，加适量洗衣粉，浸泡搓洗30 min，晒干	按缸不少于1 m×1 m	在第一批基础上±1%	按面料标准规定
	门幅	根据采购单要求，用尺测量（针洞以内）	每批每色100%检验	±12 cm	—
	色差	利用左、中、右、缝合对比	验布时左右折合对比，段头、段中取样对比	经缝合后，无明显跑色或对比阴阳色≥4.5级	—
	外观疵点	在验布机上进行检验，用标示号为记（污点、破洞、纱头）	每批每色100%全检；若疵点严重可重检	损耗≤3% 100码≤10个疵点	—
	克重	依据采购单的要求，用克重机进行取样测试	每批缸距布端3 m处	允许与采购单要求±10 g	—
	不起毛、不起球	进行干摩擦（若有争议，送检测中心确定）	每批每缸任意处	不明显起毛、不允许起球	—
	手感	根据采购部提供的大样，用手触摸比较	批色每缸任意段	与大样无明显差异	—
	密度	根据采购单要求，用手撕拉，看是否有轻微开裂	批色每缸各距布端2 m处	符合标准，不开裂	—
涂层	大货颜色	确认核对采购部提供的色卡	每批每缸每色须抽到	对样本≥4	—
	门幅	根据采购单要求尺测量（针洞以内）	每批每色抽100%	±12 cm	—
	色牢度	水温≥40 ℃，加适当洗衣粉或皂片，样布：水＝1：50，浸泡水洗30 min，晒干	每批每缸每色须抽到	对样本≥4	—
	色差	利用左、中、右缝合对比	验布时左右折合对比，段头、段中取样对比	经缝合后，无明显跑色或阴阳色≥4.5	≥4.5
	外观疵点	在验布机上进行检验，用标示号为记（污点、破洞、纱头）	每批每色100%全检	损耗≤3% 100码≤10个疵点	—
	手感	根据采购部提供的大样，用手触摸比较	批色每缸任意段	与大样无明显差异	—
	无脱胶（皮）	A为用手规则搓擦；B为在汽熨斗有垫物或包布条件下进行熨烫，来回四五次	每批色、各缸1支距布端2 m处取样	经手搓或熨烫后，不允许脱胶（皮）的现象	—

（续　表）

样品	检验项目	检测方法	抽样说明	合格范围判定	备注
水洗	大货颜色	确认核对采购部提供的色卡	每批每色每次抽验	缸差允许≥4	—
	色牢度	水温≥60 ℃，加适当洗衣粉或皂片，样布：水＝1：50，浸泡水洗 30 min，晒干	每批每缸每色须抽到	对样本≥4	—
	缩水率	根据采购单提供数据，取样不少于 1 m×1 m，在经纬向各作 3 点记号后，水温≥40 ℃，加适量洗衣粉，浸泡搓洗 30 min	每批每缸不少于 1 m×1 m	在第一批基础上±1%	—
	门幅	根据采购单要求，用尺测量（针洞以内）	每批每色 100%全检	±2 cm	—
	色差	利用左、中、右、缝合对比	验布时左右折合对比，段头、段中取样对比	经缝合后，无明显跑色或对比阴阳色≥4 级	—
	外观疵点	在验布机上进行检验，用标示号为记（污点、破洞、纱头）	每批每色 100%全检，若疵点严重，加倍检验或全检	损耗≤3% 100 码≤10 个疵点	—
	手感	根据采购部提供的大样，用手触摸比较	批色每缸任意段	与大样无明显差异	—
	密度	根据采购单要求，用手撕拉，看是否有轻微涨裂	批色每缸各试距布端 2 m 处	符合标准，不涨裂	—
复合	大货颜色	确认核对采购部提供的色卡	每批每色每次抽验	缸差允许≥4	—
	色牢度	水温≥60 ℃，加适当洗衣粉或皂片，样布：水＝1：50，浸泡水洗 30 min，晒干，晾干	每批每缸每色须抽到	对样本≥4	—
	缩水率	根据采购单提供数据，取样不少于 1 m×1 m，在经纬向各作 3 点记号后，水温≥40 ℃，加适量洗衣粉，浸泡搓洗 30 min 后，晒干，晾干	每批每缸不少于 1 m×1 m	在第一批基础上±1%	—
	门幅	根据采购单要求，用尺测量（针洞以内）	每批每色 100%全检	±2 cm	—
	色差	利用左、中、右缝合对比	验布时左右对比，段头、段中取样对比	—	—
	外观疵点	在验布机上进行检验，用标号为记（污点、破洞、纱头）	每批每色须抽检、若疵点严重可重检	损耗≤3% 100 码≤10 个疵点	—
	手感	根据采购部提供的大样，用手触摸比较	批色每缸任意段	与大样无明显差异	—
	无起泡无脱层	水温≥40 ℃，加洗衣粉浸泡搓洗 30 min，晒干，晾干	批次每缸各一支取距布端 2 m 处	经晒干，不允许有脱层、起泡	—

（续 表）

样品	检验项目	检测方法	抽样说明	合格范围判定	备注
棉类	型号（厚度）	根据采购单要求，用克重机或尺测量	每批抽检 2 支	与采购单相符	—
	弹性	用于挤压扭曲使其变形	每批任意抽检	扭曲变形后，随即恢复原状	—
	外观	摊开、平放、目测	每批抽检 2 匹	不断线、不松线、不刮纱、不打折	—
里布	色牢度	水温≥60 ℃，加适当洗衣粉或皂片，样布：水＝1∶50，浸泡水洗30 min，晒干，晾干	每批每色每次抽 50 cm	对样本≥4	—
	缩水率	根据采购单提供数据，取样不少于 1 m×1 m，在经纬向各作 3 点记号后，水温≥40 ℃，加适量洗衣粉，浸泡搓洗 30 min，晒干，晾干	每批每缸不少于 1 m×1 m	在第一批基础上 ±1%	—
	门幅	根据采购单要求，用尺测量（针洞以内）	每批每色 100% 全检	±2 cm	—
	色差	利用左、中、右缝合对比	验布时左右对比，段头、段中取样对比	—	—
	外观疵点	在验布机上进行检验，用标号为记（污点、破洞、纱头）	每批每色须抽检 20%，若疵点严重可加倍检验或全检	损耗≤3% 100 码≤10 个疵点	—
	里布密度	根据采购单提供数据，用密度镜进行测量	批色每缸各 1 支	符合数据，不开裂	—

注：里布根据相应要求进行抽检。

B 类检验项目、方法、抽样说明及合格范围判定

品名	检验项目	检测方法	抽样说明	合格范围判定	备注
衬布（纸）	型号规格	按采购单要求目测、对样、尺量	每批按缸号抽检 2 支	型号不符合规格 2 cm	—
	黏合度	经熨烫后，用手搓	每批抽检到	不起泡、不脱层、不渗胶、不脱胶	—
拉链	颜色、规格	按采购单要求对色卡、用尺量	批色抽检 20% 颜色允许轻微偏差；规格允许 0.2 cm		
	滑性	用手试拉来回	批色抽检 20%、无明显停顿		
	收缩性	用汽熨烫	每批抽检 2 条	允许收缩≤0.2 cm	
	外观及牢固性	摇摆链齿，左右插及拉链头	批色抽检 20%	拉头无斑点，刮痕，不允许链齿，左右插松动，拉头松动	

（续 表）

品名	检验项目	检测方法	抽样说明	合格范围判定	备注
罗纹针织	颜色、规格	按采购的样本及采购要求，对样本及测量	抽检10%	颜色与样本相符，规格±2 cm	
	色牢度和收缩性	按采购单提供数据，水温≥40 ℃，30 min水洗、汽烫	每批抽检到	与采购单相符	
	外观（领头、下兰）	摊开、平放、目测、力搓	抽验20%	允许不明显起毛，不允许起球、断纱、破洞、毛边	
扣	颜色、图案	对照采购确认的样品进行验收	抽检20%	与样本相符合	
	外观	对外观仔细检验	抽检20%	应整洁、无斑点、无刮痕	
	牢固性	利用供应商提供模具，试打若干个后反复拉扯	试打若干个	经试打及拉摆无松动，无脱落，扣面平洁无凹凸	

C类检验项目、检测方法、抽样说明及合格范围判定

序号	检验项目	检测方法	抽样说明	合格范围判定	备注
1	颜色图案	按采购确认样品，进行对样检验	每批抽检20%	不合格率为1%以内	—
2	规格	按采购单的要求，用尺测量			—
3	外观	对外观进行逐一检查，不允许有斑点、残缺，表面应整洁			—

说明：原辅材料必须经过检验员的检验，合格方可入库，不合格的要及时处理。

项目三

服装设计与服装材料

☞能力目标：
- 了解服装设计流程和工作职责，能捕捉面料及服装流行趋势和设计灵感
- 熟悉服装制作工艺技术，掌握面辅料性能，运用各种服装知识、剪裁及缝纫技巧等，设计出实用、美观及合乎穿着者的服装

相关知识

一、服装设计概述

1. 设计与服装设计

(1) 设计概念

设计的原意是指“针对一个特定的目标，在计划的过程中求得一种问题的解决和策略，进而满足人们的某种需求”。设计所涉及的范围十分广泛，包括社会规划、理论模型、产品设计和工程组织方案的制定等。当然，设计的目标体现了人类文化演进的机制，是创造审美的重要手段。

设计是物质生产和文化创造的首要环节，总是以一定的文化形态为中介。例如：运用大致相同的建筑材料进行建筑工程的设计，不同的社会文化会诞生不同的建筑形式；运用相似的服装设计构思，不同的社会规范会产生完全不同的设计风格。

设计的任务不仅是满足个人需求，同时需要兼顾社会、经济、技术、情感、审美的需要。由于这些众多的需要之间本身存在一定的矛盾，所以设计任务本身就包括各种需要之间的协调和对立关系。现代的设计理念在更新，同样要遵循设计的规范，要考虑这众多的“需要”。

设计同时具有“事实要素和“价值要素”。前者说明事态的状况；后者则用理论和审美的命题进行表述，即“好坏和美丑”。不同类型的设计侧重的思维类型往往有差异。例如：在工程设计中更重视理性分析；在产品造型设计和工业设计中则重视整体的过程，需要运用形象思维的因素；在服装设计中则更注重“美感”；等。

(2) 服装设计概念

服装设计是一个总称,根据不同的工作内容及工作性质可以分为服装造型设计、结构设计、工艺设计。服装设计顾名思义是设计服装款式的一种行业。

服装设计是科学技术和艺术的搭配焦点,涉及到美学、文化学、心理学、材料学、工程学、市场学、色彩学等要素。"设计"指的是计划、构思、设想、建立方案,也含意象、作图、制型的意思。服装设计过程即根据设计对象的要求进行构思,并绘制出效果图、平面图,再根据图纸进行制作,达到完成设计的全过程。

服装设计运用各种服装知识、剪裁及缝纫技巧等,考虑艺术及经济等因素,再加上设计者的学识及个人主观观点,设计出实用、美观及合乎穿着者的衣服,使穿着者充分显示本身的优点并隐藏其缺点,更衬托出穿着者的个性。设计者除对经济、文化、社会、穿着者的生理与心理及时尚有综合性了解外,最重要的是要把握设计原则。设计原则是说明如何使用设计要素的一些准则,是经过多年经验、分析及研究的结果,也就是美的原则在服装中的应用。

2. 服装设计原则

服装设计以突出美感为主,设计的原则主要有以下五项:

(1) 统一原则

统一也称为一致,与调和的意义相似。设计服装时,往往以调和为手段,达到统一的目的。良好的设计中,服装的部分与部分之间及部分与整体之间各要素(质料、色彩、线条等)的安排应有一致性。如果这些要素的变化太多,则破坏了一致的效果。形成统一最常用的方法就是重复,如重复使用相同的色彩、线条等,就可以形成统一的特色。

(2) 加重原则

加重即强调或重点设计。虽然设计中注重统一的原则,但是过分统一的结果,往往使设计趋于平淡,最好能使某一部分特别醒目,以造成设计上的趣味中心。这种重点的设计,可以利用色彩的对照(如黑色洋装系红色腰带)、质料的搭配(如毛呢大衣配毛皮领子)、线条的安排(如洋装自领口至底边的开口)、剪裁的特色(如肩轭布及公主线的设计)及饰物的使用(如黑色丝绒旗袍配金色项链)等达成。但是上述强调的方法,不宜数法同时并用,强调的部位也不能过多,应选择穿着者身体最美好的部分,做为强调的中心。

(3) 平衡原则

当设计具有稳定、静止的感觉时,即是符合平衡的原则。平衡可分对称的平衡及非对称的平衡两种。前者以人体中心为想象线,左右两部分完全相同。这种款式的服装,有端正、庄严的感觉,但是较为呆板。后者是感觉上的平衡,也就是衣服左右部分的设计虽不一样,但有平稳的感觉,常利用斜线设计(如旗袍的前襟)达成目的。此种设计给人的感觉是优雅、柔顺。此外,亦须注意服装上身与下身的平衡,避免过分的上重下轻或下重上轻的感觉。

(4) 比例原则

比例是指服装各部分之间大小的分配,看来合宜适当。例如口袋与衣身大小的关系、衣领的宽窄等,都应适当。黄金分割的比例,多适用于衣服上的设计。此外,对于饰物、附件等的大小比例,亦须重视。

(5) 韵律原则

韵律指规律的反复而产生柔和的动感。如色彩由深而浅、形状由大而小等渐变的韵律,线条、色彩等具规则性重复的韵律,以及衣物上的飘带等飘垂的韵律,都是设计中常用的手法。

二、服装设计岗位职责及职业要素

1. 服装设计部门的工作职能

制定服装设计部门的工作职能，明确本部门的主要工作任务和责任，是进行岗位设置和岗位描述的前提。服装设计部门的主要职能如下：

① 根据公司总体战略规划及年度经营目标，围绕商品部制定的产品计划，制定公司各品牌的年度开发计划，并按计划完成设计和打板任务。

② 与公司现有产品与营销中心沟通，进行销售跟踪，根据市场反馈的情报资料，及时进行设计改良，调整不理想因素，使产品适应市场需求，增加竞争力。

③ 负责组织产品设计过程中的设计评审、设计验证和设计确认。

④ 负责相关技术、工艺文件、标准样板的制定、审批、归档和保管。

⑤ 负责与设计开发有关的新理念、新技术、新工艺、新材料等情报资料的收集、整理、归档。

2. 岗位描述

服装设计部门的岗位设置，因公司的规模和运营模式的特点而各不相同，要从设计工作的实际需要出发，力求规范、实用，切忌繁琐和程式化。一般由设计、制板、工艺三部分的岗位组成，设计岗位主要包括首席设计师、设计师岗位，制板岗位主要包括板房主管、制板师岗位，工艺岗位主要包括工艺师、样衣师岗位。服装设计部门的岗位描述要以完整性、逻辑性、准确性、实用性、统一性为原则，在岗位分工的基础上对本部门的主要职能进行细化分解，要做到工作有所属，责任和权力界定清楚。

(1) 首席设计师

负责公司所属品牌在品牌风格和产品风格上的整体控制，负责分配其他设计师的工作任务和日常的设计管理工作，负责与企划、生产、营销等部门的沟通协调工作。具体如下：

① 负责公司各品牌的定位、形象、风格的制定，各季产品的开发并组织实施，对公司各品牌产品的畅销负重要责任。

② 每年在第一季前制定第二年的产品风格及结构，3 月交营销总监审核，营销部、产品部、开发部三方达成共识后投入设计及试制。

③ 每季新产品样板必须提前半年试制完成交营销部审核。

④ 负责设计部日常工作的调度、安排，协调本部门各技术岗位的工作配合。

⑤ 负责纸样、衣样、制单工艺技术资料的审核确认、放行。

⑥ 负责组织力量解决纸样、车办工艺技术上的难题。

⑦ 负责与营销沟通，提高所开发产品市场竞争能力。负责与生产部门沟通，保证所开发产品生产工艺科学合理，便于生产质量控制，降低生产费用。

⑧ 负责制订本部门各岗位工作职责、定额、规章制度，并检查、考核。

(2) 设计师

负责具体产品系列的设计，包括设计图稿、选择面辅料和配饰、跟踪审核制板、工艺和样衣以及安排助理设计师的工作。具体如下：

① 了解市场流行趋势，根据公司品牌风格与定位及消费者需要进行设计。

② 按计划负责设计完成款式效果图。

③ 负责对自己设计款式的要求做好打样前所需的资料等工作。

④ 对初板的审定跟踪以及确定款式、打板。

⑤ 配合纸样师确定款式的尺寸及工艺要求。

（3）板房主管

负责公司所属品牌的板型风格设计，分配其他制板师的工作任务及日常制板管理。具体如下：

① 负责制定板房生产作业计划并组织实施。

② 负责对板房人员的培训、考核。

③ 负责板房日常工作调配、安排，协调本部门各技术岗位人员以及和设计人员的工作配合。

④ 负责解决纸样、车板工艺技术难题。

⑤ 负责对生产质量的前提控制。

⑥ 负责纸样、样衣、工艺生产单和其他工艺文件的审批、确认和放行。

（4）制板师

严格按照设计图稿的要求，根据成衣加工的特点，负责结构设计和制作原始样板。具体如下：

① 按设计师的要求做出新板，经审核批板后，规范画出实样（含修剪样）。

② 负责每个新板的正确尺寸及效果的确定。

③ 负责根据不同质地、不同肌理的面料，对纸样做出不同的细节处理。

④ 负责对裁板、车板过程中所发现的异常问题的沟通和解决。

⑤ 按要求填好各新板的表格、制单等，并存档留底。

⑥ 在工作过程中，必须直接与设计师配合，沟通解决所出现的问题。

（5）工艺师

根据设计、制板的要求制定工艺，指导样衣师制作、修改样衣，并考虑批量生产的工序和流程编写成衣加工工艺单。具体如下：

① 工艺制单设计须详细列明对各个部位的要求。

② 样板、工艺单、纸样要经副经理审批、经理批准方可下达裁床和车间。

③ 针对新款核查唛架，准确用料，绘制经纬纱线路、核查裁片。

④ 负责各款制单、纸样存档留底，以备查询。

⑤ 负责制定生产工艺流程、作业指导书及材料消耗工艺定额、标准工时定额。

⑥ 开货前负责详细讲解各部位工艺要求及其可能出现的问题，并将其贴在样板上。

⑦ 抽查车间成品、尾部成品的尺码是否准确，杜绝错码。

（6）样衣师

严格按照原始样板，根据原材料的特性和工艺的合理性，制作和修改样衣。具体如下：

① 严格根据纸样师要求，准确制作工艺，及时制作新款样衣，做好工艺流程、每道工序的详细记录，并把需注意的地方作一个重点说明。

② 对自己产品必须自检自量，以最好的质量交办。

③ 在制作过程中发现异常，必须及时与纸样师或主管沟通解决，要灵活变通，确保工作质量和工作效率的提高。

3. 设计师的专业素养

以布料为素材，以人为对象，运用艺术手段和工艺技术，创造出全新美的形象。设计师的工作是整个服装企业的重中之重，设计产品的成败直接影响着企业发展的兴衰。服装设计师是企业的主角，肩负着企业发展的重要责任。服装设计师的基本专业要素，将其概括为质料、色彩、线条等。

(1) 质料

质料是制作服装的素材，其特色由外观及手感形成。外观之花纹，其利用布料中纱的安排及加工，形成表面的特征，如有些面料光滑，有些粗涩，有些反光，有些吸光。相似花纹互相配合时，有保守、庄严、不显明之特点；不同花纹相配时，则有快活、轻松与对比的特色。如：丝绒，宜设计优美的线条；厚挺料不贴身，可制成夸张独特的轮廓；表面粗糙者，合于任何体型，具运动感；长毛料高贵，往往将体型扩大。选择质料时，要注意区分这些特性。

(2) 色彩

选择质料时不仅要考虑质料的外观，还要考虑质料的颜色选配。色彩分有彩色及无彩色两类。不同颜色在心理及视觉上，常有不同感受。如：红、黄、橙为暖色，有温暖感；青为寒色，有寒冷感；高彩度及暖色，有凸出接近感，称前进色；低彩度及寒色，有后退不明显感，为后退色；暖色及高明度者，看上去面积较实际大，称膨胀色；寒色及低明度者，有相反的效果，称收缩色；轻重感，高明度为轻色，反之为重色。

服装的配色，除常用单色（色相同，明度或彩度不同）、类似色（色环上的相邻色）、对比色（色环上的相对色）及无彩色配合外，亦常使用层次配色、统一配色（一色为主，配以他色）及分割配色（不调和色中，插入另一色，使其调和）等。

(3) 线条

服装的式样，必须靠线条完成。如开口、接缝、连续的纽扣等，均为服装上的线条。依形态分，线条可分直线、圆线及曲线三类。采用何种线条要兼顾材质的特性。

直线有单纯、有力之感，此种线条组成的服装，往往显示出简单、庄重的特色，适用于运动型服装，或表现坚强有力之个性。圆线为快乐、女性化之象征，穿起来活泼、可爱。曲线则有优雅、柔顺之特性，适用于优雅型的服装。依方向分，线条可分纵线、横线及斜线三类，有单用或混用，常选择一种为主，再以其他线条配合，使变化中有一定的特点。

三、服装设计工作流程

1. 设计部的常规工作程序

服装设计部是服装生产的前沿阵地，也是核心部门，常规工作程序如下：

① 首席设计师根据公司总体战略规划及年度经营目标，围绕市场部制定的产品计划，依据公司的品牌风格和产品风格定位，制定公司服装品牌的年度产品开发计划。

② 首席设计师和设计师根据年度产品开发计划，制定具体的新产品服装系列设计方案，并由企划部、营销部和总经理确认通过。

③ 设计师根据具体产品系列的设计方案，组织设计师设计图稿、选择面辅料、配饰，设计款式图稿经首席设计师和设计师审批通过后，由板房主管安排制板师打样板。

④ 制板师按款式设计图稿和设计师的要求制板，经设计师审核批板后，工艺师根据设计、制板的要求制定工艺要求。

⑤ 工艺师依据工艺要求指导样衣师制作、修改样衣，样衣师根据设计、制板和工艺要求制作、修改样衣，为工艺师提供各个环节的准确数据，样衣经设计师、制板师、工艺师审核通过后，由工艺师编写完整的工艺单。

⑥ 各个产品系列样衣完成后，协同公司的企划部、供应部、市场部、生产部等进行审核，设计部根据审核意见进行修改完善，经总经理确认。

⑦ 新产品投入生产线和进入市场后，设计部门随时跟踪反馈技术、质量、销量等信息，并根据生产和市场的需要，及时做出调整方案，实施调整措施。

2. 服装设计部产品开发的具体工作流程

服装设计部门的工作流程是指贯穿整个设计过程的各个环节的配合过程。如果工作流程中矛盾重重，运作环节不顺畅，势必影响产品开发的顺利进行，影响整个服装生产进程。

设计工作一般流程：收集资料（设计灵感、选择面料）→规划设计风格→设计定案（平面图）→样品制作（板房打板、工艺师作板）→审批样衣→制作工业性样衣和制定技术文件。

① 收集资料。在设计构思之前，要了解各种市场信息，做好充分调查。寻找设计灵感，生活产生灵感，灵感源于艺术，艺术源于生活。选择面料：完美设计的开始，首先是材质。

② 规划设计风格。根据市场调查和企业品牌战略对产品的要求，设计师加上自己对艺术的独特理解，绘制草图或者表达创意的服装效果图。由于只是构思的图样，可以没有明确的尺寸。

③ 确定设计方案。考虑技术细节，从色彩、质地、完整性及后处理几个方面，确定与创意相吻合的面料和辅料等。

④ 样品制作。确定不同比例、尺寸的正确位置，画出剪裁的式样及其构成部分，通过样品进一步审查设计方案，并且计算工时，编制工序，为车间生产安排计划。

⑤ 审批样衣，包括形式、面料、加工工艺和装饰辅料等方面。

⑥ 制作工业性样衣，制定技术文件（包括扩号纸样、排料图、定额用料、操作规程等）。

经过签批，可以批量生产，经过数天制作，完成质量检查后，包装完善，到仓库备货。

附：产品开发制作流程图(供参考)

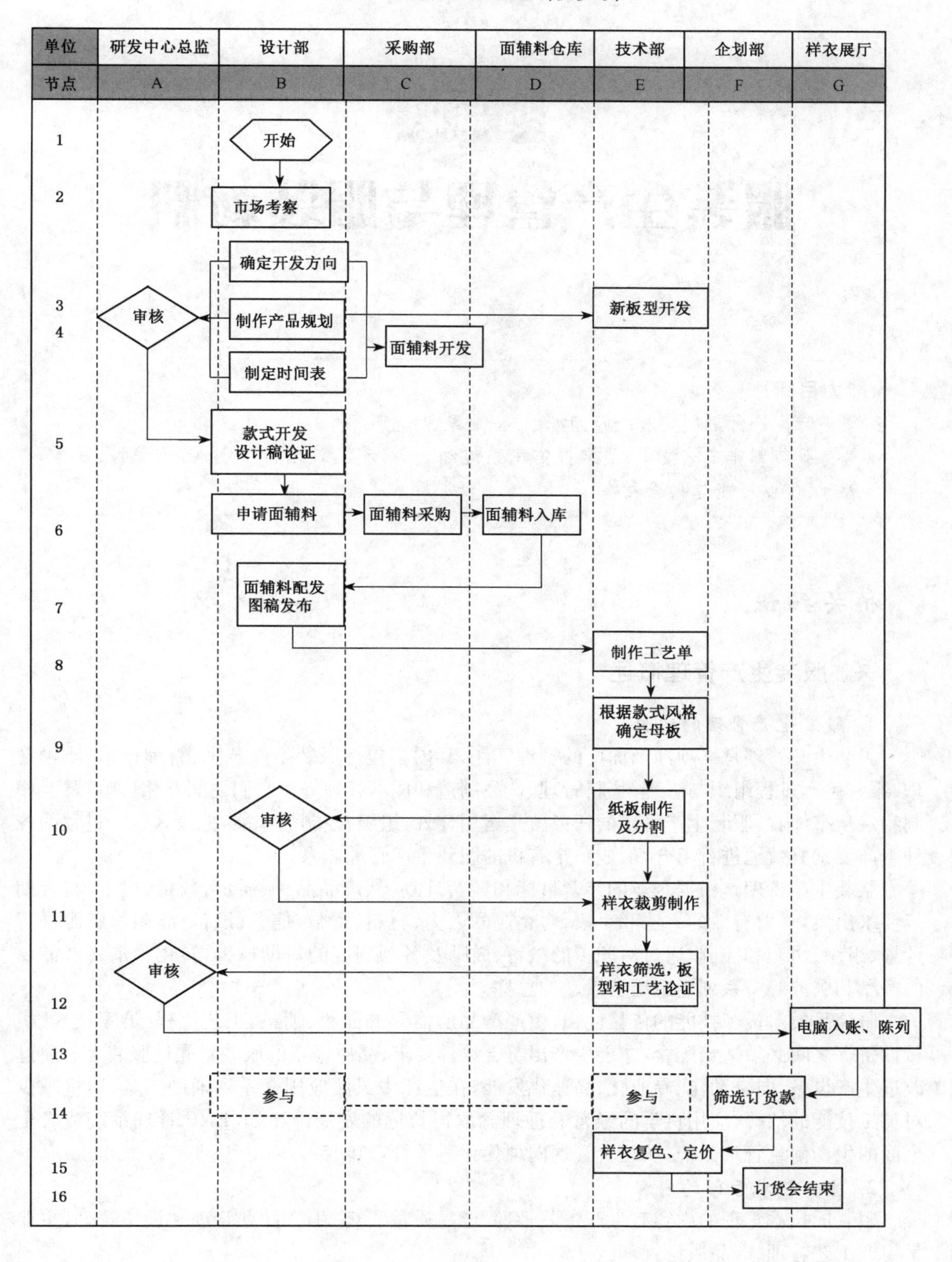

项目四

服装生产管理与服装材料

☞能力目标：

- 能进行生产计划制定和生产组织、作业分配、管理实施
- 熟悉服装制作工艺技术，能掌握信息系统和物料流程、计划与控制、品质管控、成本管理、作业研究与制程改善

相关知识

一、服装生产管理概述

1. 服装生产管理的概念

服装生产管理是一项涉及面广的管理工作，其内容包括服装生产技术、管理技术、质量管理、服装生产过程组织与管理、物料管理、产品制造和成本管理等。它们之间互相影响，又互相制约。从整体看，服装生产管理的任务就是运用计划、组织、控制的职能，把投入生产过程的各种生产要素有效地进行组合，形成一个有机的服装生产管理体系。

服装生产管理是根据企业的经营目标和经营计划，从产品品种、质量、数量、成本、交货期等要求出发，采取有效的方法和手段，对企业的人力、材料、资金、信息、设备、能源等资源进行计划、组织、协调和控制，通过对职工的教育、鼓励及各项制度的贯彻执行，转化为消费者需要的产品和服务等一系列生产运营活动的总称。

服装品质对员工技能的依赖性强，生产产品所需要的面料、辅料、工艺流程、员工技能、机械设备等之间必须适当配合，才能生产出符合设计要求、品质稳定的服装。先进服装企业通过改进生产设备，向自动化、专业化、高速化发展，在生产中灵活应用一系列辅助工具，尽量减少对员工技能的依赖，应用科学的经营管理理念取得长远的发展。比如，ERP 管理系统或者更全面的生产信息管理系统，从经验管理向现代化科学管理转变。

2. 生产技术管理的内容

服装厂技术管理的内容有生产工艺管理、产品质量管理、生产计划管理和设备管理，主要是生产工艺管理、产品质量管理。

(1) 生产工艺管理

其具体内容如下：

① 认真进行样品试制。服装厂通过样品试制(在样品试制之前，首先对面料进行理化性能分析)，可以初步掌握主辅料的性能、工艺流程、操作要求、用料量及工时消耗等数据。在正式投产前制定出可行的技术工艺标准、准确的用料计划、劳动定额及成本核算。

② 做好主辅料的收缩试验。收缩率试验应根据合约规定或国家有关标准进行(浸水收缩、喷水熨烫收缩、水洗或砂洗收缩等)。水洗、砂洗服装不仅要对主辅料进行收缩试验，还要对缝制后的样衣进行收缩试验，才能得出准确的收缩率数据，为样板制作、主辅料消耗定额计算提供可靠的依据。

③ 严把打板、排料关。在服装厂的技术工作中，打板和排料最为重要。样板按主辅料收缩率的加放量要正确，线条要清晰，钉眼和缝头要准确，标志要明确；排料必须纱向准确，保证衣片对称，紧密套排，尽量节省用料。排料是服装厂降低成本的关键环节。样板和排料图作出后，严格审核后才能使用。

④ 严格制定工艺技术标准。工艺技术标准是生产指导性文件，必须严格制定，其内容包括款式简图、规格、用料定额、工序流程图及工时定额、各加工环节的技术要求、设备配置及流水作业。

⑤ 及时对车间生产进行技术指导，特别是新产品投产时，使生产顺利进行，内容包括：新产品投产时指导车间消化工艺技术文件；合理安排流水生产程序；指导工人按技术标准进行操作；分析研究工序及工时定额的合理性；做好首件产品鉴定；认真执行质量检验程序；等等。

⑥ 管理好技术档案。技术档案是企业组织生产产品的依据，又是新产品投入生产可借鉴的重要资料，具有一定的保密性。

(2) 产品质量管理

质量管理工作是服装厂技术管理的重要内容，具体如下：

① 制定产品质量检查和管理制度，并督促实施。

② 根据技术标准和合同要求，对主辅料及产品生产过程中的半成品及成品进行检查，判断合格与否，并对车间的质量指标完成情况进行考核。

③ 对疵品返工原因和责任进行判断、分析，并组织、监督改进措施，定期进行质量汇报。

服装企业质量管理的具体检验内容有主辅料复合检验、样板检验、首件产品鉴定、裁片检验、半制品加工质量检验、成衣质量检验、包装质量检验等。

(3) 生产计划管理

生产计划管理包括企业经营计划和生产作业计划的制定、生产调度等管理工作。

(4) 设备管理

包括编制设备年度、季度大中修计划，制定设备采购、保管和领用规定，制定设备检验标准及设备使用与保养规定等。

二、服装生产管理与材料的关系

1. 服装生产工艺管理与材料

(1) 服装生产流程

生产管理模式和品质要求不同，服装生产流程就不同。一般来说，品牌服装公司拥有生产部门和设计部门，部分大中型服装厂也有自己的设计部门，样板的制作以及经客户或设计师确认在跟单环节完成。服装生产是指根据产前版、客户评语和生产订单实施大货生产的过程。成衣生产工艺流程具体如下：

营销计划→设计→试样→工业化样板→推档→排料→裁剪→编号分色→缝制→整烫→检验包装→出厂。

(2) 服装生产的三大步骤

① 生产准备阶段。生产准备阶段包括原材料和生产技术的准备。

原材料的准备包括原材料的选择、进厂材料的复核与检验、材料的预缩整理等内容。

生产技术的准备是指产品在投入生产前所进行的各种技术性准备工作，如款式设计、结构设计、制板、推板、工艺设计等，使生产过程更加科学合理，产品质量得到保证，从而使经济效益达到最佳。

② 生产阶段。生产阶段包括排料、裁剪、缝制、熨烫等过程，是服装生产的重要环节，是从原料到实际成品的具体操作过程。

③ 后整理阶段。后整理阶段包括熨烫、整理、检验、包装、储存等环节，是服装成品消除疵病、保证服装质量的最终环节。

(3) 服装生产工艺管理

① 生产准备。面辅料检验内容包括面料疵点率、色差、布封、缩水率、纬斜、克重以及跟单资料法规，检查辅料（钉扣、缝纫线、黏合衬、拉链等）是否符合要求，制作辅料卡给车间各组长，核对数量和订单数。

货前板：根据产前板、工艺资料和缩水资料出纸样，用大货布料先裁几套裁片，让生产车间制作样衣（每组两件），主要检验大货生产时工艺和尺寸能否完全符合客户要求及操作人员对工艺的理解程度，防止大货出现严重错误）。完成货前板后，召集纸样师、管理人员、QC 及客户 QC 开产前会议。

② 品质控制。根据产前会的要求，实施生产组织的检验程序，设置相应工序，查裁片、制衣车间中查节点、印绣花和洗水中查节点、尾查和包装前自己抽验（如果客户 QC 需要抽样送交第三方检测公司，则要协助客户 QC 抽样），使得品质控制贯穿整个生产过程，确保大货生产品质。

③ 调整大货纸样并排料。根据面料缩水率，将标准纸样（或网样）进行放大或缩小绘图，称为纸样放码，又称推档，确保大货尺寸符合客户尺寸表的跳码要求。目前，大型服装厂多采用电脑来完成纸样的放码工作。在不同尺码纸样的基础上，结合面料规格，还要制作生产用纸样，并画出排料图。

完整、合理、节约是排料的基本原则，包括排料、辅料、算料、坯布疵点的借裁、套裁、裁剪、验片、编号、捆扎、画位（扫粉）等。

排料就是在满足设计和制作工艺的前提下，将服装的衣片在样板确定的幅宽内进行科学的排列。排料的工艺要求为裁片的对称性、面料的方向性、节约面料。

④ 裁剪与裁片处理。裁剪方案可以为各个工序提供依据，合理地利用生产条件，提高生产效率，有效地节约原材料。裁剪方案包括床数、层数、号型搭配、件数。制定裁剪方案的原则是符合生产条件、提高生产效率、节约面料。

⑤ 配套工艺。包括印绣花、黏合衬（烫朴）。印绣花可以穿插在裁片缝纫前、洗水前或者成衣后。黏合衬在服装加工中的应用较为普遍，其作用在于简化缝制工序，使服装品质均一，防止变形和起皱，并对服装造型起到一定的作用。

⑥ 缝制工艺。缝制是服装加工的中心工序，可分为机器缝制和手工缝制两种。如何合理地组织缝制工序，选择缝迹、缝型、机器设备和工具等，都十分重要。具体材料的缝制工艺见本篇项目一的相关内容。

⑦ 洗染工艺。洗水是多数服装生产的必要环节。一般服装为普洗。部分服装要求洗水前清剪线头。在牛仔服装加工中，洗水变得非常重要和复杂。洗水赋予服装稳定形状和个性化风格，如酵素洗、漂洗、炒雪花、成衣件染等。

⑧ 后工序。包括打钉扣、车唛头、熨烫、烫钻、清剪线头、成衣验针、尾查等工序。服装加工最后经过熨烫处理，达到理想的外形，使其造型美观。熨烫可分为生产中的熨烫（中烫）和成衣熨烫（大烫）两类。尾查前要清剪线头，部分客户要求要过验针机。尾查是包装前对成品的一次全面的工艺、疵点检查，以保障符合客户查货标准，以免翻箱和耽误出货期。整烫工艺与材料关系见第一篇项目四的相关内容。

⑨ 包装。根据跟单资料为服装成品挂上吊卡、价钱卡，根据包装方法入袋，主要分为挂装和箱装，箱装又分为平装和褶皱捆扎包装。

⑩ 成衣检验。成衣检验是出货前由客户 QC 执行的一次综合性抽样检验，一般在包装完成以后，按照 AQL 的抽样规则，包括吊卡资料、成分、洗水说明、唛头资料、疵点、次品率等。

2. 服装质量检验与材料

服装的质量检验按其生产过程分为入库检验、样板复核、裁剪检验、半成品检验和成品检验。

(1) 入库检验

入库检验是指面料、辅料、部件或产品入库时的检验。面料入库检验一般包括数量复核、匹长、门幅、纬斜、色差、疵点、缩水率检验等。面料的入库检验通常采用抽验检查，面料的成本不同，抽验的比例也不同。一般来说，毛料织物或毛混纺织物的检验比例为 100%，一般布料只抽验 10%。

① 匹长。按抽样比例抽取需要检验的面料，放在温度为 20 ℃±2 ℃、相对湿度为 65%±2%的标准环境中 24 h，使织物松弛。对圆筒卷装包装的材料，一般放在量布机上核查，如针织面料。对折叠包装的材料，先求出折叠长度的平均值，再数出折叠数，并量出不足一个折叠长度的余段长度，一般应用于机织物料。按下列公式计算匹长：

匹长(m)＝折叠长度平均值×折叠数＋余段长度

② 门幅。门幅的测量方法：量度布边之间的距离，即面料最外边的两根经纱之间的距离，此为实际幅宽。在服装生产中，含有边撑针眼的布边是不能用来制衣的，这就需要测量有效幅宽，或称有用幅宽。在距布两端 1 cm 以上处开始，以相等的间隔测量织物的幅宽至少五处，求出平均值，即为织物的幅宽。

③ 纬斜检验。纬斜是指纬纱与经纱不成垂直状态而形成的疵点。

机织物纬斜的检验步骤：在布面垂直的状态下，首先找一根平衡线为参照，以其中的一端对准平衡线，再测另一端高(低)出平衡线的高度。以高(低)出的高度除以门幅的宽度，就是纬斜值。

平纹的纬斜不超过 5%，横条或格子不超过 2%，印染条格不超过 1%。若纬斜过大，可通过人工矫正和机器矫正两种方法正纬，也可要求退货或索赔。

④ 色差检验。检验材料的色差时常用的标准光源包括：

D65——标准照明体，其相关色温约为 6504 K 的平均昼光。

TL84——荧光光源，其相关色温为 4000 K，是欧洲市场上较重要的商业对色光源。

CWF——冷白荧光灯，也是指荧光光源，其相关色温为 4150 K，主要用于美国商业和办公机构。

UV——紫外线灯，单独使用或者与其他光源配合使用，用以检查织物是否增白或含有荧光增白剂等。

A——标准光源，指分布温度为 2856 K 的透明玻壳充气钨丝灯（白炽灯），主要用于家庭居室的重点照明。

根据色差样卡，每 10 m 观察比较一次，对门幅中间和布边的颜色进行比较评定，记录色差级别。服装的款式、成本不同，对面料的色差要求也不同。同一件服装，不同部位，其色差要求也不同。一般来说，毛料的色差不低于 4.0 级，印染布料不低于 3.0 级。

⑤ 疵点检验。在标准光源下进行，检验时光源和视觉的位置同色差检验。织物疵点见本篇项目二的相关内容。检验时发现疵点应作好标记，以便于在排料时避开疵点。疵点严重时，及时上报采购和技术部门处理，或向生产厂家提出退货或索赔要求。

⑥ 尺寸变化率检验。布料或成衣的尺寸变化率按样本上规定或量度的长度，计算洗涤前后的差值而得到。

针织面料的尺寸变化率测试，分为平摊晾干、悬挂晾干和翻转干燥。平摊晾干是指将洗涤后的面料针织铺在平面上晾干；悬挂晾干是指将洗涤后的针织面料竖直悬挂在绳或杆或衣架上晾干；翻转干燥是指借助旋转滚筒中的热空气对针织面料进行干燥。

机织面料的尺寸变化率测试，沿着织物的经向和纬向，用黄油笔画出 50 cm×50 cm 的正方形，车成裤筒，根据相关标准洗水后拆开测定。例如：

洗前经向 50 cm，洗后为 47 cm；洗前纬向 50 cm，洗后为 48 cm。则：

$$经向缩水率=[(47-50)\div 50]\times 100\%=-6\%$$

负值表示收缩，正值表示伸长。

⑦ 辅料检验。辅料检验包括松紧带缩水率、黏合衬黏合牢度、拉链顺滑程度等。对不能符合要求的物料，不予投产。配套用的材料，要核对其规格、色泽和数量是否有短缺、差错，以便及时纠正。

里料、袋料检验：检验其数量与订单是否相符；测量里料、袋料的缩水率，看其是否与面料相符；主要部位的里料色差不低于 4 级；里料要求光滑，有一定柔软性，色泽与面料相配。

缝线类检验：检验缝线的线密度、股线、捻度、捻系数、强度、伸长率等物理指标，及可缝性和装饰性。

黏合衬检验：除核对数量外，还进行剥离强度、缩水率、热收缩、耐干、水洗性能和渗胶性能。

(2) 样板检验

样板检验内容：基准样板进行存档，生产样板进行毛样和裁剪，辅助样板进行净样、缝纫、修剪。基础样板要求不起翘、不变形、耐磨、多次使用。

样板复合内容：款式、结构与数量、规格，各样板间配置、归拔、形状、刀口、定位标记、省位或褶裥、跳档、书写标记、丝绺标记。

(3) 裁剪检验

裁剪车间的检验包括开裁前检验和验片，开裁前检验指铺料检验、画样检验。

铺料检验：铺料层数是否符合要求，各层面料在交界面是否做好记号，阔门幅在下层，窄门幅是否在上层，铺料用布率是否低于二级排料额定指标；拖布方式及倒顺毛面料铺料是否符合工艺要求，正反面是否弄错；是否做到三齐一准，即上手布头齐、落布刀口齐、靠身布边齐、铺料长度准(两头不超过 1 cm)。

画样检验：主要检验衣片丝绺的歪斜问题。不同服装的画样，对丝绺允许误差有不同要求。毛呢服装的丝绺一般不允许偏斜，特别是生产高档条格毛料服装时，各裁片的丝绺更不允许偏斜，否则直接影响外观。生产一般的中低档印花和素色布料服装时，为了节约原料，在一定范围内允许有误差。

(4) 半成品检验

半成品检验是指服装各部件组装成完整产品之前，对各部件进行的检验。在成衣生产中指对生产全过程从辅料到熨烫、后整理各个点进行检验。通常，半成品检验是缝纫车间的中间检验，往往通过自检、互检(上下工序的检验)、专检结合完成。

检验项目有裁剪疵点、缝制疵点、熨烫疵点、外观尺寸，检验位置依据服装特点确定，如西装上衣的检验位置有前片、背、侧缝、肩、领、袖、下摆等。

(5) 成品检验

成品检验是指服装熨烫成型后对成品进行的检验，包括规格检验、疵点检验、色差检验、缝制检验和外观检验。

规格检验：用量尺测量成衣各部位的尺码，对照工艺单，检查是否符合要求。

疵点检验：分为致命疵点(断针、防弹衣质量不保证等)、严重疵点(出售或使用时极易发现或产生的疵点，而且不能修补)、小疵点(出售或使用时不易发现或产生的疵点，可修补，不影响服装的正常作用及功能)。

色差检验：用色卡对成品进行色差对比检验。高档男、女呢服装的主要部位应高于 4 级，其他部位不低于 3.5 级。常规服装的主要部位为 4～5 级，其他部位不低于 3 级。

缝制检验：检查缝制密度、牢度，各部位线迹是否顺直、整齐、牢固、松紧适宜，拼接范围，眼位不偏斜，扣与眼位相对，滚条顺直、宽窄一致等。

外观检验：从整体上对成品造型适体方面的检验，检验内容较多。西服的外观检验有领、肩、止口、袖等部位是否平复顺直、尺寸误差等以及熨烫效果、上衣架检验等。

附：衬衫生产工艺单(供参考)

品名：普通男士衬衫　　批号：　　样板号：　　订货单位：自销

编制员：XXX　　审核员：XXX　　日期：

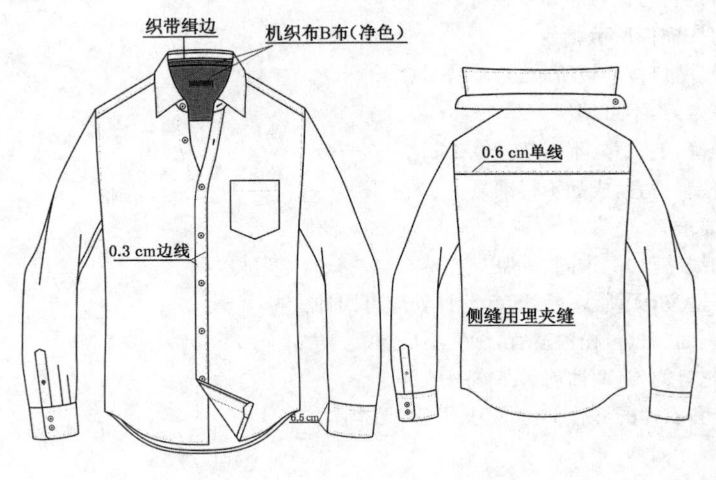

(1) 款式结构图(正反面)

穿着效果：白领的职业形象，作为陪衬的衬衫，会表现出一种内在的魅力，赋予穿着者挺拔清洁的形象。

配色：衬衫的颜色与西服、领带的颜色搭配。

面料：普通衬衫的用料多为素色、小条格、小点的纯棉织物，时装化的外用衬衫，除棉、麻、丝等天然织物外，也可以选择变化多样的混纺及化纤面料。

(2) 成品规格尺寸表

部位	规格				
	160/84A	165/88A	170/92A	175/96A	180/100A
衣长	64	68	70	72	74
胸围	84	88	92	96	100
腰围	68	70	72	74	76
肩宽	36	38	40	42	44
袖长	56	60	62	64	66
袖口	21	24	26	28	30

(3) 面辅料的规格表及使用部位

面辅料名称	规格	数量	使用部位
毛/涤精纺	—	—	上衣
尼龙绸	—	—	前身、后身、袖子
缝线	丝线	—	明线部位
衬料	有纺	—	领子、袖开叉、袖口
商标	小号	2个	上衣
纽扣	大(2.3 cm) 小(2 cm)	4个 2个	上衣

(4) 裁剪工艺要求

① 核实样板数是否与裁剪通知单相符。

② 各部位纱向按样板所示。

③ 各部位钉眼、剪口按样板所示。

④ 推刀不允许走刀，不可偏斜。

⑤ 钉眼位置准确，上、下层不得超过0.2 cm。

⑥ 打号清晰，位置适宜，成品不得漏号。

(5) 缝纫工艺要求

① 各部位缝制线路整齐、牢固、平服。

② 上下线松紧适宜，无跳线、断线，起落针处应有回针。

③ 领子平服，领面、里、衬松紧适宜，领尖不反翘。

④ 绱袖圆顺，吃势均匀，两袖前后基本一致。

⑤ 袖头及口袋和衣片的缝合部位均匀、平整、无歪斜。

⑥ 锁眼定位准确，大小适宜，两头封口。开眼无绽线。

⑦ 商标位置端正。号型标志、成分含量标志、洗涤标志准确清晰，位置端正。

⑧ 成品中不得含有金属针。

(6) 整烫工艺要求

① 各部位熨烫平服、整洁、无烫黄、水渍及亮光。

② 领型左右基本一致，折叠端正。

③ 一批产品的整烫折叠规格应保持一致。

(7) 成品检测与包装

① 领窝圆顺对称，领面平服。

② 领尖对称，长短一致。

③ 商标、标记清晰端正。

④ 成衣折叠端正平服。

⑤ 各部位熨烫平挺。

⑥ 各部位保持清洁，无脏污，无线头。

⑦ 水洗后效果优良，有柔软感，无黄斑、水渍印等。

⑧ 成品内外、各部位整烫平服，无烫黄、极光、水清、变色等。面料与黏合衬不脱胶、不渗脱，不引起面料皱缩。

⑨ 标志、包装、运输和贮存按 FZ/T 80002 的规定执行。

主要参考文献

[1] 朱松文,刘静伟.服装材料学[M].5版.北京:中国纺织出版社,2015.
[2] 朱远胜.服装材料应用[M].3版.上海:东华大学出版社,2016.
[3] 吴微微.服装材料学·应用篇[M].2版.北京:中国纺织出版社,2016.
[4] 王革辉.服装材料设计[M].2版.上海:东华大学出版社,2016.
[5] 冯麟.服装跟单实务[M].2版.北京:中国纺织出版社,2015.
[6] 刘小君.服装材料[M].北京:高等教育出版社,2016.
[7] 倪红.服装材料学[M].北京:中国纺织出版社,2016.
[8] 杨乐芳,张洪亭,李建萍.纺织材料与检测[M].2版.上海:东华大学出版社,2018.
[9] 万志琴,宋慧景.服装生产管理[M].5版.北京:中国纺织出版社,2018.
[10] 李月月.服装材料与设计应用[M].北京:化学工业出版社,2018.
[11] 梁冬.纺织新材料的开发及应用[M].2版.北京:中国纺织出版社,2018.
[12] 刘楠楠,陈堔.服装面料再造设计方法与实践[M].西安:西安交通大学出版社,2018.
[13] 陈新凯.环保纺织材料、技术及其发展研究[J].纺织报告,2018(8):52-53.
[14] 乔辉,沈忠安.功能性服装面料研究进展[J].服装学报,2016(2):127-132.
[15] 彭孟娜,黄俊,马建伟.服装面料与黏合衬配伍的常见问题及分析[J].上海纺织科技,2018(2):48-50.